彩图 1　马唐

彩图 2　狗尾草

彩图 3　牛筋草

彩图 4　稗草

彩图 5　一年生早熟禾

彩图 6　狗牙根

彩图 7　白茅

彩图 8　芦苇

彩图 9　双穗雀稗

彩图 10　碱茅

彩图 11　播娘蒿

彩图 12　荠菜

彩图 13　藜

彩图 14　猪殃殃

彩图 15　田旋花

彩图 16　大巢菜

彩图 17　铁苋菜

彩图 18　问荆

彩图 19　苣荬菜

彩图 20　刺儿菜

彩图 21　苍耳

彩图 22　蒲公英

彩图 23　胜红蓟

彩图 24　繁缕

彩图 25　反枝苋

彩图 26　马齿苋

彩图 27　葎草

彩图 28　阔叶车前

彩图 29　车前

彩图 30　酢浆草

彩图 31　扁蓄

彩图 32　大马蓼

彩图 33　卷茎蓼

彩图 34　酸模

彩图 35　婆婆纳

彩图 36　异型莎草

彩图 37　香附子

彩图 38　萤蔺

彩图 39　扁秆藨草

彩图 40　碎米莎草

彩图 41　水生植物

彩图 42　挺水植物

彩图 43　浮叶植物

彩图 44　沉水植物

彩图 45　水缘植物

彩图 46　喜湿植物

彩图 47　漂浮植物

彩图 48　灯光诱杀

彩图 49　黄板诱杀

彩图 50　杨树腐烂病

彩图 51　柳树溃疡病

彩图 52　银杏干枯病

彩图 53　合欢枯萎病

彩图 54　毛白杨破腹病

彩图 55　桃树流胶病

彩图 56　国槐瘤锈病

彩图 57　棕榈干腐病

彩图 58　松材线虫病（1）

彩图 59　松材线虫病（2）

彩图 60　雪松枯梢病

彩图 61　泡桐丛枝病

彩图 62　水杉赤枯病

彩图 63　大叶黄杨立枯病

彩图 64　月季枯枝病

彩图 65　银杏叶枯病

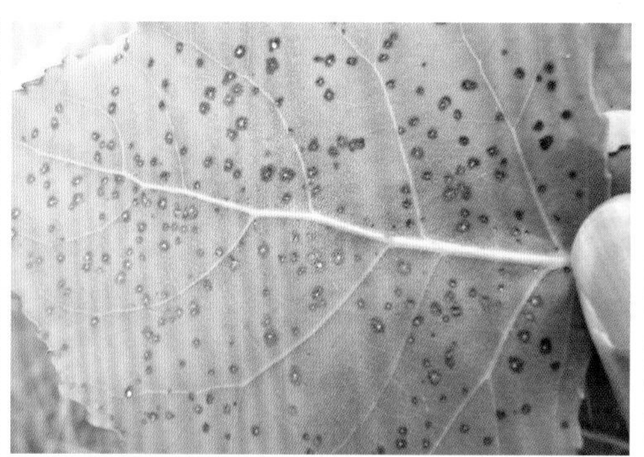

彩图 66　杨树褐斑病

彩图 67　桃树细菌性穿孔病

彩图 68　碧桃缩叶病

彩图 69　梨树黑星病

彩图 70　梨树锈病

彩图 71　樱花褐斑穿孔病

彩图 72　红枫叶枯病

彩图 73　鸢尾细菌性软腐病

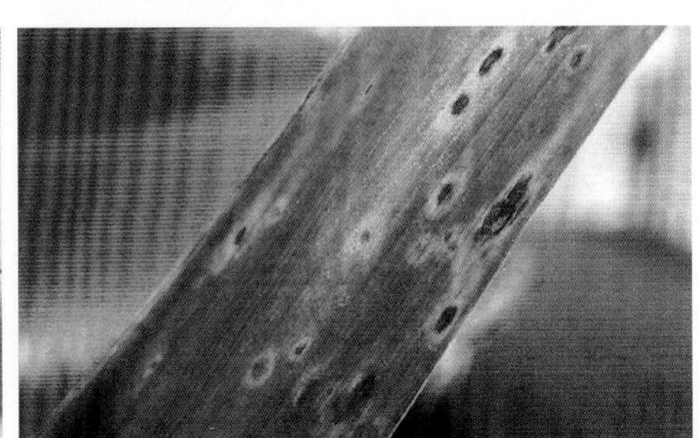
彩图 74　鸢尾褐斑病

彩图 75　月季灰斑病

彩图 76　月季黑斑病

彩图 77　月季霜霉病

彩图 78　紫薇煤污病

彩图 79　杜鹃黄化病

彩图 80　紫荆角斑病

彩图 81　山茶花炭疽病

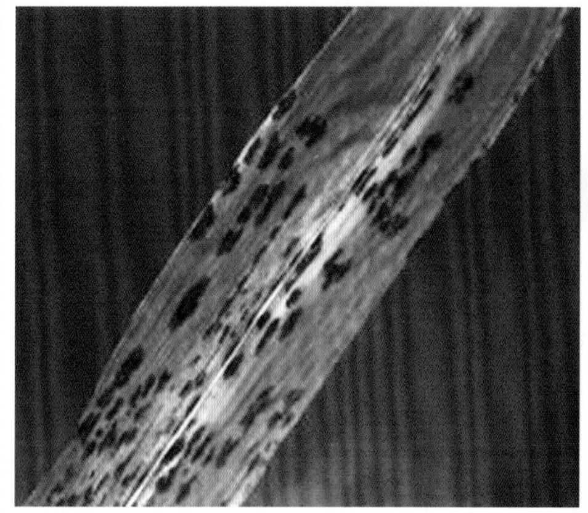
彩图 82　竹黑痣病

彩图 83　桂花炭疽病

彩图 84　桂花褐斑病

彩图 85　加拿利海枣黑点病

彩图 86　香樟黄化病

彩图 87　香樟赤枯病

彩图 88　广玉兰叶斑病

彩图 89　广玉兰褐斑病

彩图 90　大叶黄杨白粉病

彩图 91　大叶黄杨疮痂病

彩图 92　苏铁叶斑病

彩图 93　苏铁斑点病

彩图 94　苏铁白斑病

彩图 95　红叶石楠灰霉病

彩图 96　红叶石楠赤斑病

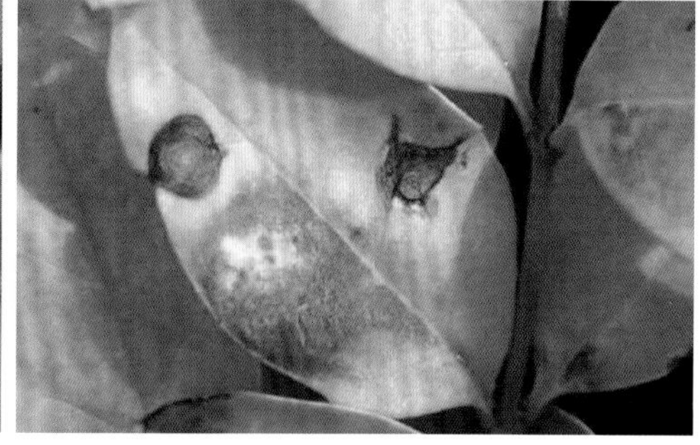

彩图 97　金叶女贞褐斑病

彩图 98　油松针锈病

彩图 99　松针红斑病

彩图 100　罗汉松叶枯病

彩图 101　樱花根癌病

彩图 102　根结线虫病

彩图 103　幼苗猝倒病

彩图 104　大蓑蛾

彩图 105　黄刺蛾

彩图 106　国槐尺蛾

彩图 107　舞毒蛾

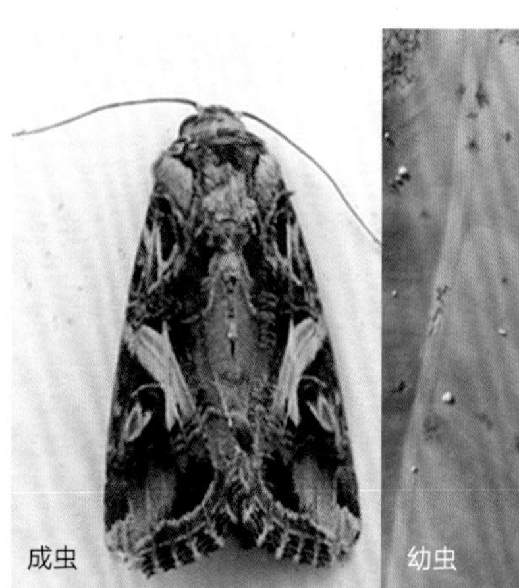

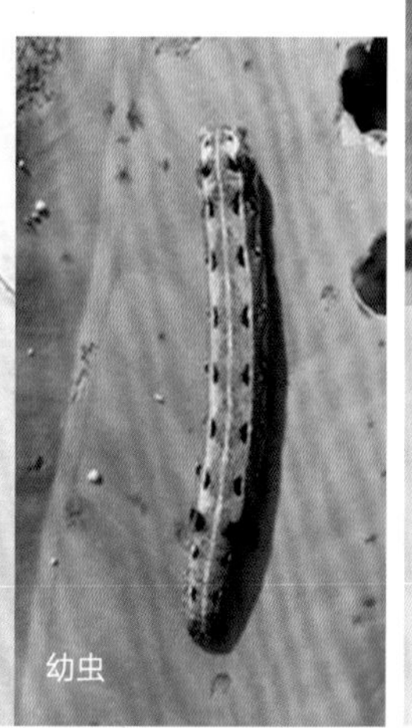

彩图 108　斜纹夜蛾

彩图 109　霜天蛾

彩图 110　马尾松毛虫

彩图 111　黄杨绢野螟

彩图 112　美国白蛾

彩图 113　美国白蛾危害状

彩图 114　杨扇舟蛾

彩图 115　柑橘凤蝶

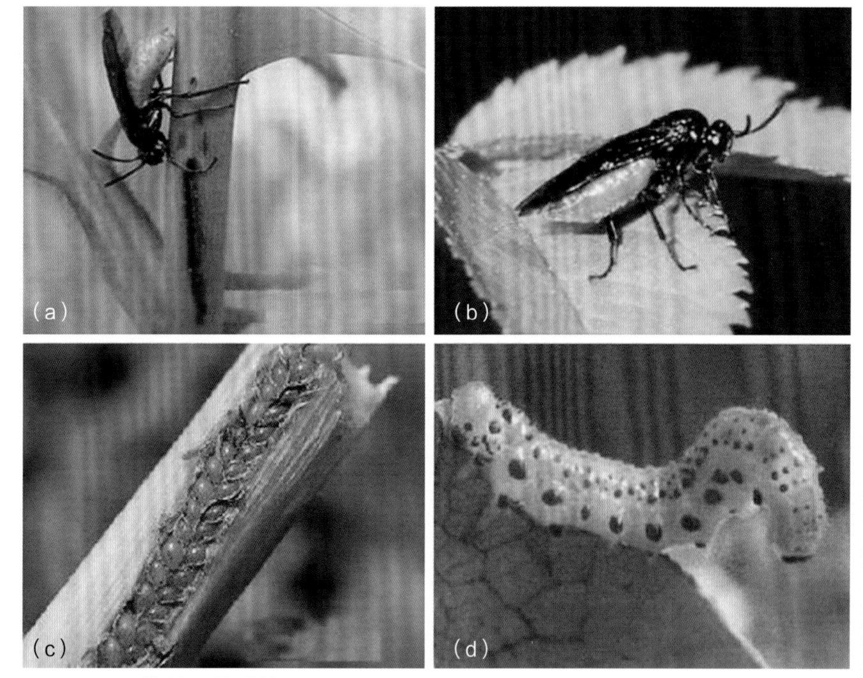

彩图 116　蔷薇三节叶蜂

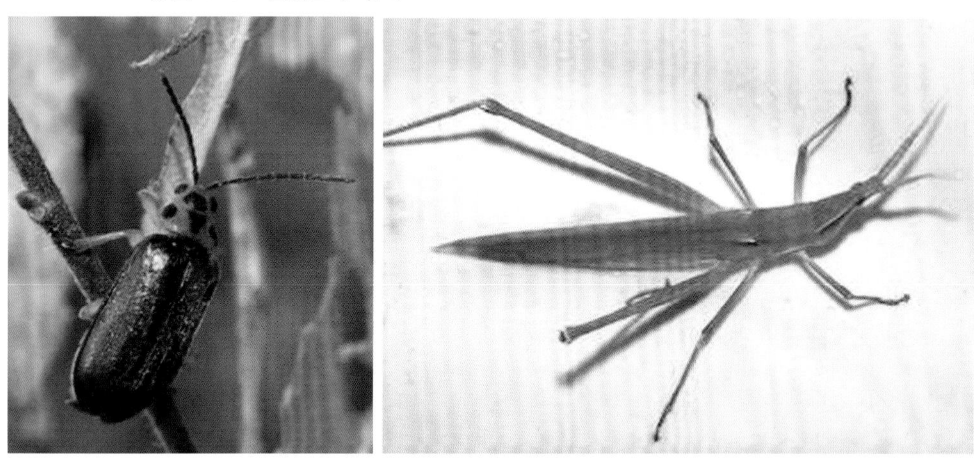

彩图 117　柳蓝叶甲

彩图 118　短额负蝗

彩图 119　灰巴蜗牛

彩图 120　大青叶蝉

彩图 121　斑衣蜡蝉

彩图 122　合欢木虱

彩图 123　桃蚜

彩图 124　梨网蝽

彩图 125　吹绵蚧

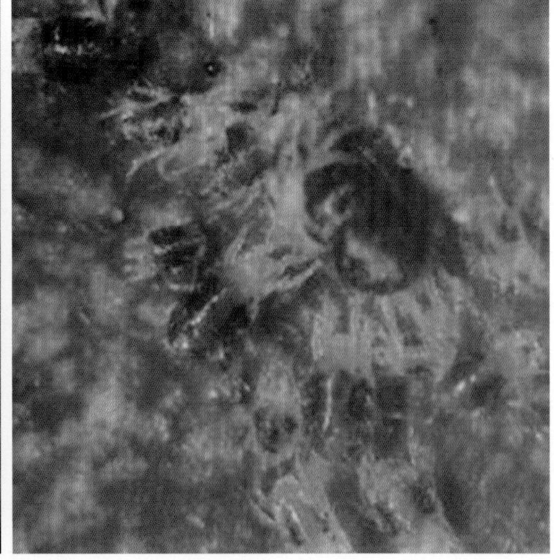

彩图 126　柏小爪螨

彩图 127　星天牛

彩图 128　小蠹虫

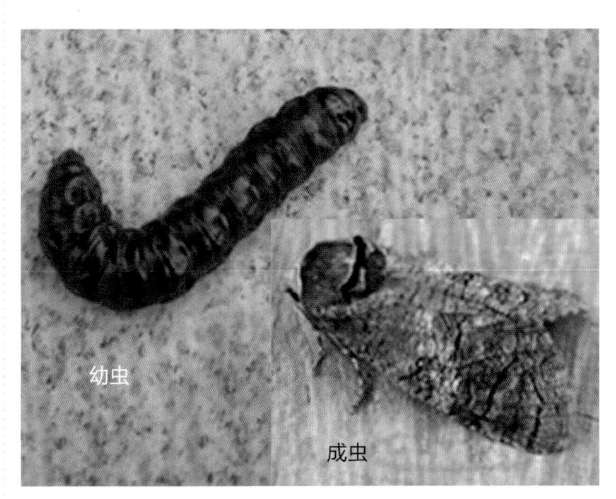

彩图 129　芳香木蠹蛾东方亚种

彩图 130　白杨透翅蛾

彩图 131　蝼蛄

彩图 132　小地老虎

彩图 133　蛴螬

彩图 134　潜叶蝇

彩图 135　潜叶蝇为害状

彩图 136　草履蚧

彩图 137　龟蜡蚧

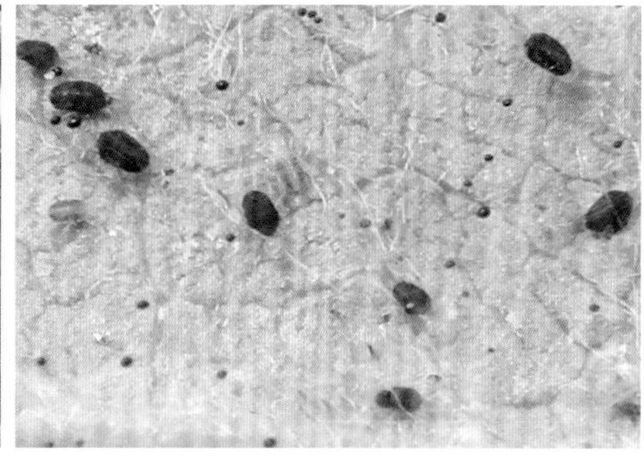
彩图 138　朱砂叶螨

彩图 139　大叶黄杨窄吉丁虫

彩图 140　椰心叶甲

现代园林养护实用技术

王运兵　余　昊　王刘豪　主编

化学工业出版社
·北京·

内容提要

本书以园林养护实用技术为主线，主要介绍了园林苗圃，园林树木的配置与栽植，树木衰弱原因分析及对策，园林植物病虫害无公害防治技术，园林植物施肥与生长调节剂应用技术以及园林植物内疗、内养技术六部分的内容。在第一版的基础上，修订、补充至510多个园林养护中常用、关键的知识和技术要点，并配有140幅高清彩图。

本书可供广大园林工人、园林技术工作者阅读使用，也可供农林院校师生参考。

图书在版编目（CIP）数据

现代园林养护实用技术/王运兵，余昊，王刘豪主编．—2版．—北京：化学工业出版社，2020.6
ISBN 978-7-122-36433-3

Ⅰ．①现…　Ⅱ．①王…②余…③王…　Ⅲ．①园林植物-植物保护　Ⅳ．①S436.8

中国版本图书馆CIP数据核字（2020）第039364号

责任编辑：冉海滢　刘　军　　　文字编辑：孙高洁
责任校对：边　涛　　　装帧设计：关　飞

出版发行：化学工业出版社（北京市东城区青年湖南街13号　邮政编码100011）
印　　装：大厂聚鑫印刷有限责任公司
710mm×1000mm　1/16　印张14¼　彩插10　字数283千字　2020年10月北京第2版第1次印刷

购书咨询：010-64518888　　　售后服务：010-64518899
网　　址：http://www.cip.com.cn
凡购买本书，如有缺损质量问题，本社销售中心负责调换。

定　　价：68.00元

第二版前言

在科技发展日新月异的大背景下，园林养护行业的技术进步和创新也非常迅速，诸如园林智能化施药技术及系统、园林水肥药一体化技术等已开始在园林养护中使用，并显示出优越的效果和发展前景。本书第一版出版以来，受到了业界广大园林技术人员和养护工人的好评，在指导园林养护上发挥了较大的作用。期间，编者收到广大读者不同形式的咨询反馈，解答了他们提出的一些技术问题，同时，也就本书的相关内容与之进行了交流。为适应园林养护行业的快速发展和广大读者的需求，从读者的实际需求出发，补充读者反馈的各种问题，我们对第一版的内容进行了修订和补充。

本书修订工作由河南科技学院、河南淇林园林技术有限公司、《新植保》杂志社组织多名专家共同完成。各位编者结合近几年各自的教学、科研成果和实践技术经验，将最新研究成果充实到本书中，并结合生产实际，突出技术的先进性和实用性，尽可能为读者实际应用着想，使内容条理清晰、直观明了、言简意赅，以“务实”的内容彰显“实用”的特色。

本书在第一版的基础上，增加了“树木衰弱原因分析及对策”一章（第三章），同时增加了先进新型的喷药器械与系统、农药药害及其防治对策、病虫害物理防治新技术和生物防治新技术、园林病害的主要症状识别、园林植物水肥药一体化技术等方面的内容，共增加了75个新的知识和技术要点。除此之外，本书还对苗圃杂草防除技术、园林植物病虫害无公害防治技术、园林植物施肥与生长调节应用技术以及园林植物病虫害的内疗、内养技术等章节的100多个知识和技术要点进行了修订或补充，更加突出了本书在技术、方法等方面的先进性和实用性。

修订后，本书共阐述了510多个园林养护中常用、关键的知识和技术要点，并配有病虫草害彩图140幅。全书共分六章：第一章为园林苗圃；第二章为园林树木的配置与栽植；第三章为树木衰弱原因分析及对策；第四章为园林植物病虫害无公害防治技术；第五章为园林植物施肥与生长调节剂应用技术；第六章为园林植物内疗、内养技术。

值得欣慰的是，我们提倡的“根施长效、绿色环保”的病虫害防控理念，已经得到园林养护行业的普遍认可，我们研发的方法和技术，正在得到广泛的应用，这有力地促进了园林病虫害绿色防控的健康快速发展。因此，园林植物内疗、内养技术（第六章）的内容仍然是修订后第二版的亮点之一。希望本书成为广大园林养护工作者的良师益友，为农林院校师生、科研工作者提供借鉴和参考。

本书在修订过程中，得到了河南科技学院、河南淇林园林技术有限公司、《新植保》杂志社相关领导的大力支持，并引用了国内外有关的研究成果，在此一并致谢。同时也感谢家人和朋友的大力支持。由于时间紧迫，修订过程中的疏漏之处，恳请广大读者批评指正。

编　者

2020 年 2 月于新乡

第一版前言

园林绿化是现代化城市的重要标志，是改善城市生态环境的重要途径，园林养护管理是园林绿化事业的核心工作，在园林绿化工作中起着举足轻重的作用。它是一种持续性、长效性的工作，有较高的技术要求。园林养护管理内容包括整体面貌维护、植物保护、绑扎修剪、浇水施肥、花坛花境的花卉种植、环境保洁、日常管理等内容。园林绿地的建成并不代表园林景观的完成，俗话说“三分种，七分养”，只有高质量、高水平的养护管理，园林景观才能逐渐达到完美的效果。

但是，目前行业对园林养护管理缺乏足够的重视和认识，普遍存在着“重建植、轻养护”的现象。园林养护需要投入大量的人力、财力、物力。由于目前市场竞争比较激烈，很多施工单位在施工招投标时期都把免费养护一年，甚至两年作为一种优惠条件承诺于建设单位。所以造成很多园林养护管理没有收入，只有投入，而其生态效益和社会效益又不直接体现为经济效益。换句话说，就是不能给企业创造经济效益。事实上，园林养护管理是实现园林价值向使用价值转换的关键环节，更是提高园林绿化景观效果必不可少的持续性、长效性工作。虽然现在政府部门、机关团体、企事业单位都特别重视绿化工作，但往往只是重建设而轻管理，苗木成活率低、养护管理不到位、养护质量较差，导致绿化景观效果差而难以收到预期的效果。

目前我国园林绿化养护方法和技术力量还相当落后。养护人员的业务素养也普遍不高。在很大程度上，园林绿化属于事后养护、被动养护，缺乏前瞻性、预见性，未能进行整体、全面的养护管理。因此，要加强对养护人员的专业技术培训以及理论知识的提升，要通过各种渠道促进园林养护技术的普及，不断学习新的理论知识，学习先进技术，以全面提高整个养护人员的业务水平。为了适应行业的发展和广大园林科技人员的要求，我们编写了本书。

本书全面、系统地介绍了园林养护的实用技术，共阐述了462个知识和技术要点，并配有病虫草害彩图140幅。全书共分五章，第一章为园林苗圃；第二章为园林树木的配置与栽植；第三章为园林植物病虫害无公害防治技术；第四章为园林植物施肥与生长调节应用技术；第五章为园林植物内疗、内养技术。

本书是由河南科技学院、《新植保》杂志社、河南省淇林园林技术有限公司组织多名专家编著的。各位专家结合自己多年的教学、科研成果和实践技术工作经验，经过参阅大量的最新资料精心编著。在编写过程中，尽量采用最新研究成果来充实本书内容，尽可能结合生产实际，尽可能突出技术的先进、新颖和实用，尽可能为读者实际应用着想，以一个个知识或技术要点为主体进行阐述，每一个主要病虫草害的特征或为害症状都配有彩图放在文前。这样既条理清晰、直观明了、言简意赅，又重点突出、新颖实用。以“务实”的内容彰显“实用”的特色。特别是我们研发的“根施长效、绿色环保”的技术成果，是对园林植物内疗、内养技术（第五章的内容）的提升和创新，在园林植物病虫害的防控过程中，起到了引领的作用，这也是本书的亮点之一。本书既是广大园林工作者从事园林养护的良师益友，也可供农林高校师生、科研工作者及园林技术人员参考。

本书在编写过程中，得到了河南科技学院、《新植保》杂志社、河南淇林园林技术有限公司领导的大力支持，并引用了国内外有关的研究成果、资料和图片，在此一并致谢。同时也感谢我们的家人和朋友的大力支持。由于水平有限、时间较紧，书中疏漏之处，恳请广大读者批评指正。

编　者

2015 年 10 月于新乡

目录

第一章　园林苗圃　/ 001

第二章　园林树木的配置与栽植　/ 048

第五章　园林植物施肥与生长调节剂应用技术 / 184

第六章　园林植物内疗、内养技术 / 204

第一章 园林苗圃

第一节　苗木繁育的基本要求

一、 园林苗圃的特点与规划

1. 园林苗圃的特点

园林苗圃是专供城市绿化、美化，为改善生态环境繁育各种植物材料的生产基地，其生产特点为：

（1）繁育苗木门类品种多　大型城市园林苗圃树种及品种都在 300 个以上。包括各种形态，如高大乔木常绿树、落叶树、低矮的各种花灌木、地被植物等。从观赏性上又分为观树形、观花、观果、观叶、观枝干几种。功能上分为绿化树种、美化树种、抗污染树种、抗盐碱树种、防风固沙树种和垂直绿化树种、立体绿化树种、木本地被树种等。

（2）产品规格全　常绿乔木按高度、落叶乔木按胸径、花灌木按年生分成若干规格等级。培育在圃苗木，有大苗、中苗、小苗各种等级供客户选择。

（3）生产周期不等　一些常绿乔木大苗如白皮松从播种到养成 4～5m 高的大苗，在苗圃培育要经过 20～30 年。落叶乔木达到出圃规格，要培育 4～6 年或 6 年以上。最快的花灌木也要培育 2～3 年。由于园林苗圃的苗木品种多、产品周期长，要求繁殖、养护的技术要全面，经营管理、计划性要强，生产集约化程度要高。园林苗圃的建立和运营是一个系统工程。

2. 园林苗圃的设置条件

（1）交通条件　园林苗圃应尽量设置在变通方便的地方，尤其是较为固定的大、中型苗圃，育苗物资及大量苗木的运出、运入，交通条件很重要。必须保证起重机械和大型运输车辆的顺畅出入。

（2）水源条件　育苗必须有良好的灌溉条件，才能保证育苗生产的正常进行。首先是水源问题，应尽量应用河流等地上水。使用地下水源应考虑地下水深度、出水量、水质、水污染等条件。地下水含盐量不超过0.1%，在盐碱地经营苗圃时，应考虑打深水井。

（3）地形条件　苗圃用地，地形应平整或略有缓坡，避免没有任何排水条件的涝洼地。如在山区则应考虑向阳、背风位置，应尽量避开风口。

（4）土壤条件　土壤一般应选择沙质壤土、轻壤土。沙质壤土、轻壤土透水通气性好、保水保肥能力强，有利于耕作。黏重土壤改造后也可以应用。沙性土壤虽然也可以改良，但经营生产常绿树，很难掘带土坨，应慎重考虑。盐碱涝洼地虽有排水位设施，但盐渍化容易造成对多种园林苗木的伤害，应尽量避免。一般重盐碱地及过分酸性土壤不宜选作苗圃。

3. 园林苗圃的管理区划

大型苗圃以5000m^2（50m×100m），中小型苗圃以2000m^2（40m×50m）较为合适。区分品种、规格，便于分区管理。各小区用圃路和水渠、排水沟划分开。根据育苗生产及管理的需要，苗圃应划分为生产区、辅助生产区和管理区。生产区用地不得少于苗圃总面积的75%。一般可分为以下几个小区。

（1）繁殖区　包括有性繁殖区、无性繁殖区、保护地栽培区，占育苗面积的8%。

（2）小苗移植区　占育苗面积的10%～15%。

（3）大苗培育区　占育苗面积的75%。

（4）科学试验区　占育苗面积的2%～3%。

（5）母本、新优品种展示区　占育苗面积的2%。

（6）辅助生产区　包括防护林、圃路、灌水、排水渠道、积肥场等，占总面积的20%左右。

（7）管理区　包括行政办公、职工宿舍、食堂等生活设施，以及仓库、机械队（车库、机械修理）、油库等，占总面积的5%左右。

4. 园林苗圃生产用地规划

（1）播种区　播种区主要任务是进行种子繁殖，要为种子繁殖准备必要的生产条件。配套设施有种子库、种子处理加工场地、种子沙藏催芽场地。有条件的应建温室或保护地塑料大棚、荫棚，并采用容器育苗技术，做到全年播种，达到播种育苗工厂车间化。

播种区的灌溉设施、排水设施必须健全、有效。最好采用喷灌、滴灌设备，保证种子出苗时的温、湿度。繁殖区的土壤必须有良好的物理性状，以沙壤土为好，应富含有机质(达4%以上)、土壤酸碱度适中。不符标准，应加以改良。繁殖区忌施未腐熟的有机肥，避免招致地下害虫。

（2）扦插繁殖区　扦插繁殖区主要任务是利用树木枝条进行扦插育苗，应具备扦插育苗的生产条件，尽可能做到全年都可进行扦插育苗作业。主要设施有：供春天扦插的小拱棚作业区;夏天扦插的荫棚下设小拱棚作业区、全光照间歇喷雾扦插床；供秋季扦插的半地下阳畦扦插床。大规模扦插区应配置扦插基质消毒设备。扦插区供水采用微喷或滴灌，能有效地促成插条存活、生根。扦插生根、出床缓苗应设一定规模的荫棚。

（3）小苗移植区　通过有性繁殖和无性繁殖的小苗要从繁殖苗床中移出，进行一段时间的集中养护进一步发育根系，积累养分培育壮苗，为进入大苗培育区做好准备。该区要求土壤肥沃，保护地设施及水、肥设施齐备。

（4）大苗养护区　经培育成熟的小苗要适时移植、定植到大苗区进行养护，使其增高增粗、扩大树冠、养成成品苗木，达到出圃的规格要求。大苗养护区应具备苗木生长发育所必需的供水、排水、供肥、防寒等条件。

（5）优良母本区　为保证苗木品质及计划的完成，必须从种子、插条做起，保证采种、采条来自优良品种的母株。苗圃应建立自己的采种、采穗圃。优良母株区可单独建立，也可结合防护林体系或“十边”(如路边、渠边)建立，也可以取自本圃保养苗。如为采种定植的锦熟黄杨、红叶小檗，供扦插采条用的紫薇品种有红薇、翠薇、银薇、红王子锦带、四季锦带花等，供嫁接采接穗、接芽的品种如碧桃、重瓣榆叶梅等，供埋条用的雄性毛白杨。

（6）展示示范区　园林苗木新、优品种展示示范相当重要。公园绿地种植的不少花色品种，对社会有一定示范作用，一些新、优品种在尚未被社会普遍认识的情况下，苗圃必须对其优良的欣赏性能进行展示，让园林设计师、客户对其了解、欣赏并应用。示范区可单独划出场地，也可结合办公管理区绿化设计一起进行。如各种藤本月季、丰花月季、地被月季品种的展示，玉兰各品种的展示。苗圃最新推出的新、优品种都应建立示范区，让顾客认识了解。

（7）试验区　试验区主要任务是对苗圃新、优品种进行先期开发，从国内外引进、驯化、筛选苗木，丰富园林苗木新、优品种。另一项任务是研究、引进育苗生产、繁殖养护新技术工艺，为育苗生产进行品种贮备和技术贮备。试验区除配备一定数量的科技人员外，还应配备比较完善的科研及生产设施，如土壤肥料试验室、化学试验仪器设备、各种试验测试仪器等。试验区根据课题研究需要，应建立一定规模的温室及塑料棚(荫棚)等保护地设施。

5. 园林苗圃辅助生产用地规划

苗圃生产辅助用地主要包括道路系统、排灌系统、防护林系统等。这些用地是为育苗生产服务的，既要满足服务于生产的要求，又要尽可能减少用地面积。

（1）道路系统　道路系统是连接苗圃各作业区与外界交通运输的动脉，保障各项育苗作业顺利进行，每个区域都应畅通无阻。道路系统分为主干环路、支路、作业道。主干环路和支路应能通行大卡车及履带拖拉机、吊车等大型器械，用于吊装大苗、进出吊运作业，因此，应坚实耐轧；主干环路一般应作铺装，支路和作业道可不铺装；主干环路宽度应不少于7m，标高应高出育苗区20cm。支路是联结主路和各育苗区的通道，宽度3～4m，标高应高出育苗区10cm左右。作业道是区间作业小路，宽度在2m以内，标高低于相邻育苗区10～20cm，兼作排水沟使用。

（2）灌溉系统

① 水源。分为地上水源(即河水、湖塘水)和地下水源(即井水)。地上水源水温及水中可溶性养分有利于树木生长。地下水就近提水方便，是苗圃普遍应用的水源。

② 灌溉方式。分为漫灌、喷灌、滴灌。

a. 漫灌方式是由水源通过灌渠、支渠、垄沟进入育苗地。要求灌渠、垄沟、育苗地之间要有0.1%～0.3%的落差。渠道边坡与地面一般成45°。漫灌方式比较原始，但成本低、建造容易。其不足是浪费土地面积、漏水、漏肥，尤其是沙质土壤的苗圃浪费更为严重。

b. 喷灌、滴灌方式由水管连接水源和育苗地，育苗地设计喷头或滴头。人工控制给水量，可节约用水、防止土壤板结。该给水方式还可以配以施肥设备，给水、给肥一次完成，节约了土地面积，有利于苗圃机械化作业，是当前苗圃发展的方向。但成本高、投入较大、技术要求较高。

这里必须提示，喷灌形式不适合苗木移植作业。移植作业必须使用已经接到作业区的水源，对移植苗木实行漫灌。这样既可及时保证移植苗用水，又可使根区土壤严实，及时形成团粒结构和毛细管供水体系。

（3）排水系统　园林苗圃苗木品种较多，有很多怕涝品种。苗圃应建立科学有效的排水体系保障苗木存活。首先应考虑苗圃总排水要和周围排水体系沟通，标定苗圃总体排水高程和苗圃总体排水方向，以此为依据规划苗圃内排水体系。排水体系设有主排水渠、支排水渠、作业区排水作业道。育苗地至圃地总排水出口坡降为0.1%～0.3%。路、灌渠和排水渠交叉处应做涵洞。排水渠宽度应根据本地区降雨量的经验数据确定。大、中型苗圃主排水渠一般宽为2m，支渠宽为1m，深0.5～1m；耕作区内小排水沟宽0.3～0.5m，深0.3～0.5m。每年雨季到来之前进行修整、清理排水沟。

（4）积肥场　积肥场是专门为有机肥的堆制和栽培土的囤积而设置的场地。苗圃管理过程中有很多枯枝烂叶、杂草要集中处理，城市园林公园绿地每年需要处理的园林垃圾数量也相当大，这些园林垃圾都是培肥地力的好材料。另外，苗圃所需的各种有机肥，如各种饼肥、畜禽粪便、绿肥等堆制发酵也要准备场地，苗圃每年出圃土球苗木需回填耕作土，也要一定面积的场地来囤积。这些促进苗圃生产进入良性循环的举措和设施往往被忽略，故苗圃区划设计时，要划出一定的面积作为积肥场。所占面积可为总面积的2%～3%，位置应选在交通方便又远离办公区之处。需要提示，城市生活垃圾、城市化粪池中的人粪尿以及含盐量高的污水、污泥不要进入积肥场。

（5）防护林　防护林是苗圃生态保护系统，就像农田林网一样，其构成包括边界防风林、林荫道、渠道林、采种母树林、采穗圃、高篱风障等。边界防护林主要作用是确定苗圃边界、防止牲畜侵入和防风沙。大、中苗圃一般以高大乔木为主，辅之以高大刺篱。小苗圃的边界防护林则作为篱墙使用，如种植花椒、枸杞、刺槐等。结合圃路和渠道种植的防护林称为林荫道和渠道林，除起到生态防护作用外，还可结合保留种质资源，建立采种母株林带、采穗圃(林)等。高篱风障作为较永久设施，一般建植在播种区、扦插区、珍贵苗养护区的北侧、西侧，在冬季起到防风、防寒作用。高篱风障常密植常绿乔木，如桧柏、侧柏，高度在3m以上。防护林的功能一般为综合性的，除防护作用外还可作为采种母株、采穗母株，但要求防护林树种不能成为恶性病虫害虫源、病源或中间寄主。

二、园林苗圃生产指标的确定与管理

1. 园林苗圃产品结构的确定

苗木生产的目标要明确，应避免盲目性。苗木产品结构是苗圃生产经营的基础，确定、设计苗木产品结构的依据有两条：一是本地区园林树木品种规划，该规划是对城市绿化美化经验的总结；二是新、优苗木品种。园林工作者不断引进开发新的优良的园林苗木品种，不断更新原有的苗木产品结构，这些新、优苗木被生产并推向绿化苗木市场，有一个被人们认识的过程，谁掌握了绿化苗木新、优品种生产的主动权，谁就有竞争力。

2. 园林苗圃生产计划的确定

苗木生产计划分为全年生产计划和阶段生产计划，如春季工程计划、秋季工程计划等。无论是全年或是阶段性计划都要围绕着以下内容安排。

（1）繁殖计划　根据产品结构确定所需繁殖的树种及品种，确定繁殖方式、方法，确定繁殖数量等。

（2）移植计划　在上一年繁殖生产产品产量的基础上，根据产品结构总体规划确定各树种及品种移植数量。

（3）保养计划　移植的苗木经一年后转入保养，内容包括水、肥、防病治虫、中耕除草、修剪、防寒。

（4）出圃计划　苗木经过几年的养护管理，高度、粗度、生产量等达到了出圃的规格，这些苗木经过分类等处理后就可以列入出圃计划。

（5）全年及阶段用工计划　根据全年及阶段作业内容、规模数量，除以各项作业的施工定额，可以计算出所需用工的数量。生产部门把用工计划提交给劳动部门，为生产准备足够的劳务。用工计划的季节性很强，为节省开支，苗圃一般招用季节工。

（6）全年及阶段用料计划　各项作业计划内容都包括生产用材料的具体内容，如肥料、农药、出圃包装、防寒材料、工具、机械、燃料等。生产部门将用料计划提供给后勤部门，后勤部门可及时为生产提供物资保障。

（7）科研计划　苗圃的科研主要有两方面的内容，即引进和选育新、优园林植物材料以及研究开发苗木繁殖、养护新技术工艺。生产部门每年都要根据生产实际需要，提出科研课题，写出开题报告和科研试验方案；确定课题负责人、参加人；确定完成步骤、完成时间；确定所需经费。苗圃要为科研创造必要的条件，本单位技术力量不足可以寻求合作单位共同完成。试验取得成果后应适时转入中试扩大成果。生产部门可将成果列入试生产计划，尽快把试验成果转化为生产力。

（8）外引苗木计划　苗圃每年都要有计划地从国内外引进一部分苗木。外引苗木主要有以下几部分内容。

① 本圃原来缺少的苗木品种，引进后增加了产品结构的内容。

② 计划扩大繁育的品种缺乏母株，引进目的是扩大繁殖量。

③ 自身繁殖小苗成本高、繁殖能力差，引进外地繁育的小苗降低成本。

④ 苗圃本地气候和土壤等条件不如引进地区优越，如自己培育苗木，生长量小、成本高。

⑤ 引进代销成品苗木或引进中档苗继续培养，既可降低成本又可增加经济效益。

计划内容为确定外引苗木树种及品种、规格、数量。确定外引地区、单位及掘苗、进苗时间和运输方式，本圃预留移植地面积。外引计划中，一般都要强调技术措施，提出外引苗木移植成活率。

（9）定植大苗计划　大苗是指超出苗圃苗木出圃规格的苗木。落叶乔木要求胸径大于8cm，常绿树一般要求高度大于3m。因为定植养护大规格苗木占地多、在圃养护时间长、资金周转慢，最终经济效益可能不会很高。但园林苗圃，首先是国营苗圃，必须考虑社会需要和环境效益，为城市建设重点工程有计划地定植大苗是其一项重要任务。

定植大苗计划要以城市建设总体规划中绿化任务为依据，根据城市园林耕种规划确定品种、数量，预计年生长量，提前若干年进行育苗准备工作。

3. 园林苗圃生产指标管理的四量

四量是苗木生产计划、产品产量计划的数量指标，包括苗木出圃量、苗木繁殖量、苗木生长量及苗木在圃量。通过四量可以有目的、有计划地控制生产规模，调控苗木产品结构，控制生产各阶段有序地、可持续地发展；可以有计划、按比例、可持续、充分地利用苗圃的土地和生产设施资源，降低育苗成本，争取最大产出；出现问题时能够及时调整，紧追市场，追求最大的经济效益。四量的关系是，出圃量和在圃量比例大致为1∶(8～10)；移植量和出圃量大致比例为1∶0.8；繁殖量和移植量大致比例1.6∶1。

（1）苗木出圃量　苗木出圃量是体现苗圃苗木生产能力的一个重要指标，用以衡量苗圃的经营规模、技术水平和管理水平。出圃量取决于土地规模、土地利用率，取决于出圃品种及其规格，但最终取决于苗木生产技术水平和管理水平。出圃量和经济效益不形成比例关系，因产品结构和规格不同，经济效益相差很大。

（2）苗木繁殖量　苗木繁殖量是苗木生产的基础，其量化标准是由总出圃量倒算得出的。繁殖总量扣除繁殖苗的成品率、移植苗的成活率、保养苗的保存率的损失部分才能完成出圃苗计划。繁殖量计划分为繁殖品种的数量和各品种的繁殖量两个因子。这两个因子数量的确定要以苗木市场为依据，同时还要结合本圃的生产条件和技术能力。

（3）苗木生长量　苗木生长量是检验苗木养护管理水平的标准。水、肥、病虫防治、除草、修剪、防寒等管理水平高，苗木生长量就会大，就能达到育苗规范制定的生长量指标。反之生长量小，达不到出圃苗木规格，就会延长出圃年限，加大育苗成本。

（4）苗木在圃量　苗木在圃量一般在秋季工程完成后进行统计。繁殖、养护、出圃年末已完成，其实就是在年末统计苗圃实有苗木数量。在圃量由苗木树种、品种量，各品种的各种规格数量，各树种、品种之间数量比例三个因子组成。通过在圃量统计，可以分析出近几年中，每年可以出圃苗木的品种及数量，预算出年经济效益；可以分析出苗木品种结构近几年是否合理，是否符合苗木市场的需求，是否需要调整和怎么进行调整。一个大、中型的苗圃经营园林树木品种，一般在一二百种以上。为了紧紧掌握苗木市场的主动权，提高竞争力，必须认真研究在圃苗木的品种和数量。

4. 园林苗圃生产指标管理的三率

三率是指繁殖苗木的成品率、移植苗木的成活率、养护苗木的保存率，是生产技术工艺指标。用三率来检查各项作业质量的优劣。通过三率指标的达标，保证四量计划的完成。

（1）繁殖苗木的成品率　繁殖苗木的成品率是衡量繁育小苗技术管理水平的一项重要量化指标。繁殖苗木技术工艺分为有性繁殖和无性繁殖两大类，但无论是哪种繁殖技术都要求其生长量必须达到一定的高度，以此量化标准，判断其是否为一株合格的成品苗。这些成品苗木数量占繁殖苗木总量的比例称为成品率。生长量指标有两个量化因子，一个是株高，一个是干(地)径粗度。成品苗又分为一级、二级、三级，其余列入等外苗。一般要求，一级苗占30%、二级苗占50%、三级苗占 20%，等外苗不在成品苗之中，这样才能达到育苗规范的标准。

（2）移植苗木的成活率　移植苗木的成活率是检查苗木移植作业技术管理的一项重要指标。移植作业是将繁育的小苗，或养护、外引的苗木，按一定株行距定植于大田中，继续进行养护，最终达到出圃的规格。这个关键的作业程序进行得不好，会造成很多被移植苗木的死亡，加大育苗成本。苗木移植在整个育苗生产过程中所占工作量比例较大，又是较关键的一项作业内容，因此，移植苗木的质量控制事关重大。

（3）养护苗木的保存率　苗木养护的保存率是指经一年养护管理周期后，保存下来的实有苗木数量和年初某树木品种的在圃量之比。保存率的高低体现了苗圃全年养护管理水平的优劣。只有苗木的保存率高、年生长量大，苗木生产的经济效益才会有保证。

5. 园林苗圃生产指标管理的二新

二新，即新优品种和新技术工艺。二新体现了苗木生产的后劲，是保证苗木生产的可持续性发展的重要保证。在苗木市场的竞争中，二新具有强大的生命力和竞争力。品种贮备、技术贮备对一个园林苗木生产厂家是必不可少的。每年都有新、优品种的园林苗木产品向社会推出，既是对园林绿化事业的贡献，也是苗木生产经济效益的一个新的增长点。每年都在不断地改造和完善苗木繁殖和养护新技术工艺，育苗技术水平会不断提高，生产效率和效益也会不断增长。

6. 园林苗圃生产指标管理的一优

优指的是优质的苗木。苗木除去其固有的树木品种的遗传特性外，还应该检验其经繁育、精心培育而成的优质苗木属性，这个属性就是苗木产品的标准。具体要求是，品种纯正、树形规整美观、长势旺盛、无病虫害和机械损伤。出圃苗经修剪整理，要求落叶乔木枝干分枝点规范，常绿树树干和枝冠比例适当、树姿美观。出圃苗木根系大小、土球大小、包装保护必须符合规范要求。

三、苗圃地的土肥要求与改良

1. 育苗地的整理

在圃地选择定点完成后，应按育苗圃地要求进行地形整治。如土方量变动太大可逐年进行。整治的原则为：

（1）便于灌溉　在苗圃灌溉系统设计完成的前提下，应按水源口的高程平整土地。各耕作地块高程必须低于水源出口（或相对抬高水源口高程），使圃地的每块耕地都能灌上水。设计利用喷灌设施的圃地，不排除漫灌作业的可能性，因为粗平整土地和苗木移植作业后，必须进行漫灌才能达到作业要求。

（2）便于排水　圃地整体高程设计，应考虑排水的方向和出路。在圃地各耕作区相对水平的情况下应用排水渠道进行连接。在雨季排涝时，各地块的积水能顺利排出，不能形成个别地块内涝。

（3）便于耕作　整理地形就是要求耕作地块相对平整，不要求整个圃地都相对在一个高程上。有些耕作地块上的苗木如需带土坨出圃，下茬苗木必然亏土，高程下降，这种情况下应回填土。为便于耕作，还应考虑机械作业的方便，如机械中耕、机械掘苗、机械打药等，这些都不应受到地形的阻碍。

2. 苗圃地的土壤要求与特点

深厚肥沃的土壤是苗圃获取优质苗木稳产、高产的重要条件。尤其是园林苗圃树木品种多，对土壤要求和适应性各自不同，园林苗圃的土壤管理显得更加重要。最适宜苗木生长的应是富含有机质的团粒结构较好的酸碱性适中的壤土。园林苗圃土壤特点为：

（1）矿物质养分消耗严重　园林树木需在圃立地养护多年，从土壤中吸收的矿物质养分要比农作物多。如对一年生杂交杨意大利 214 测定，其每亩(1 亩≈667m^2)年需氮素 10.1kg、五氧化二磷 2.9kg、氧化钾 7.5kg。有人用土壤分析方法计算无根土壤与根区土壤中养料差额时发现，若以苗木生长最旺盛、吸收养料最多时为标准，则实际吸收利用的养料数量，比上述苗木需肥量大几倍以至十几倍。经营多年的园林苗圃更应考虑土壤养分的及时补充，避免掠夺式经营。

（2）耕作层营养土损失严重　土壤耕作层经多年耕作培养，其物理性质和化学性质都较适合作物生长，人们称之为熟土。但园林苗圃出于保证苗木移植成活以及保护根系不受机械损伤的需要，要求带土坨出圃。树木规格愈大，土坨规格也愈大。按桧柏绿篱苗出土统计，每亩绿篱苗定植养护 3 年，出圃时将带走 50m^3 耕作土，使原地表下降 8cm。农业上称耕作层为犁层，其深度为 20～30cm。可见绿篱苗一次出圃，将损失耕作层营养土的近 1/3。如果是大规格常绿苗木出圃，土坨直径一般要求 60～80cm，损失会更大。

（3）重茬种植、单项养分短缺　园林苗木生长周期较长、培育苗木规格较大，相对在圃养护时间长。除去一些花灌木 2～3 年即可出圃外，落叶乔木都要5～6年，而常绿乔木则要十几年，甚至二三十年。一个树种在同一营养环境下长时间生存，等同于农作物的连作即重茬，土壤中某些所需营养元素必然短缺，一些有害物质、有害微生物必然积累。重茬种植对新建园林苗圃可能影响不会很大，大、中型老的园林苗圃必须重视这个问题。

3. 苗圃地土壤物理性状改良

土壤质地分为沙土、壤土、黏土三大类。其中壤土保水、保肥能力和通气、透水能力都很好，适合绝大多数树木品种的生长。土壤的物理性能和土壤中有机质含量有密切关系，土壤中有机质含量高，形成土壤团粒结构好，同样有利于保水、保肥、通气、透水。较好的育苗地有机质含量应不低于 3%～4%(指 30cm 深的耕作层)。园林苗圃土壤容重(即每立方厘米自然状况下的干重)在 0.9～1.2g 为好。土壤物理性能的改良，除增加有机质含量的措施外，主要应用客土法，即沙土掺加适量的黏土，黏土掺加适量的沙土。小苗区改土深度在30cm以内，大苗养护区改土深度在40～50cm。

4. 苗圃地土壤酸碱性改良

树种有酸性土树木和碱性土树木之分。苗圃树木产品结构中外引树种较多，很多树种原产地土壤性质和本地区、本圃土壤差异较大。不少外引树木对土壤酸碱性改变比较敏感，在异地土壤中生长不适应，出现焦边黄叶、营养不良、营养生长受到抑制等反应。树木一般适应中性偏酸或偏碱的土壤。对土壤酸碱性的改良投入的成本较高，一般采取改良局部地块或苗木周围局部环境的方法。对盐碱性土壤及酸性土壤的改良措施有以下几方面:

（1）增加土壤有机质　土壤中有机质含量是土壤肥力的重要标志。土壤有机质含量愈高，土壤中的胶体含量愈多，就可以应对过多的游离的矿物离子，增强土壤的酸碱缓冲能力。有机质分解释放的有机酸可以中和土壤中的碱性物质，降低土壤的碱性。腐殖质是形成土壤团粒结构的胶体物质，可有效地改良土壤的物理性能，增强土壤的团粒结构，提高土壤的肥力水平。增加土壤中的有机质、侧重施用有机肥、控制施用化肥，是改良土壤酸碱性的根本办法。

（2）施硫黄粉　硫黄施入土壤中，经微生物分解和土壤中无机矿物质的化学反应，可增加土壤的酸度，降低其碱性，并为土壤提供硫素营养。用量应根据缓冲曲线决定，大体是每8kg硫可氧化成24.5kg硫酸。由于硫黄粉不溶于水，必须经微生物分解后才能被利用，因此效果较迟缓，但较持久。这个过程需一两年才能完成，但比较安全，不会引起烧苗等副作用，而且磺黄粉的局部酸化作用可改善喜酸苗木的生长环境。用法是将磺黄粉撒施并翻入土壤中。其施用量，大致是每亩50～100kg。施用量视土壤质地和原来的pH而定，轻质土壤或pH差异不大时，施用量可小些。

（3）施石膏肥料　农用石膏有生石膏、熟石膏和含磷石膏三种。生石膏就是普通石膏，主要成分是含有两个结晶水的硫酸钙。生石膏在水中的溶解度比较小，应先磨细通过60目筛，以提高其溶解度。石膏粉愈细，改良土壤效果愈好。含磷石膏是以硫酸法制磷酸的残渣，含石膏约64%，含磷0.7%～5%(平均2%左右)，农业常用。

石膏可供给作物磷、硫、钙等营养元素，同时有改良碱土的作用。在碱性土壤中施用石膏，可使土壤中对作物毒害较大的碳酸钠和碳酸氢钠等碱性物质转化为危害小的硫酸钠，同时降低了土壤的碱度。石膏还能减弱酸性土壤中氢离子和铝离子对作物生长的不良影响。

（4）施硫酸亚铁　硫酸亚铁可酸化土壤，且能供给植物铁元素。一般每亩使用几十千克时可以有局部改良土壤的效果，用量过大易产生微量元素失调或烧苗的不良后果。因北方碱性的土壤环境易使铁离子固定，所以硫酸亚铁常和有机肥一起混施。如制成矾肥水，其比例为硫酸亚铁 2～3kg、饼肥 5～6kg，兑水 200～250kg。日光下暴晒 20 天全部腐熟后，稀释施用。花卉园艺栽培常用此法。

（5）施石灰质肥料　主要针对酸性土壤的改良。在酸性土壤中施用石灰，除了中和土壤本身产生的酸性反应外，还可以中和由于有机质分解而产生的各种有害有机酸。此外，酸性土壤中常含有较多的铝、铁、锰等离子，其浓度超过一定范围时植物就会中毒。石灰的作用主要是中和土壤酸性和供应钙素。在强酸性土壤中石灰(一般用熟石灰)施用量为每亩 25～50kg。

（6）有选择地施用化肥　化肥分为生理酸性化肥和生理碱性化肥两大类。对酸性土壤，以施用碱性或生理碱性氮肥如石灰氮及硝酸钙等为主，以中和土壤酸度，改良土壤结构。同时在酸性条件下，植物也易于吸收硝态氮。碱性土壤以施用硫酸铵、氯化铵为主，以调节土壤酸碱反应。同时在碱性条件下，铵态氮也比较容易被植物吸收。沿海冲积土及常绿树不宜施用氯化铵，以免氯离子毒害苗木。

5. 苗圃地土壤盐分含量改良

土壤中的可溶性盐分，由盐分的阴、阳离子组成。确定盐分的类型和含量，可以判断土壤的盐渍状况和盐分动态。土壤所含的可溶性盐分达到一定数量后，会直接影响树木的正常生长。盐分对树木生长的影响主要取决于其含量、组成和不同树木的耐盐程度。就盐分组成而言，苏打盐分（碳酸钠、碳酸氢钠）对树木危害最大，氯化钠次之，硫酸钠较轻。当钠离子进入土壤胶体表面，很大程度上改变了土壤的理化性质，如 pH 增高。当土壤中的可溶性镁含量增高时，也能毒害树木。影响土壤中总盐量过高的因子主要来自三个方面：一是本地区成土原生基质，如石灰质土壤、海滨冲积土；二是地形造成的地下水位过高，地表蒸腾量过大；三是栽培管理中的施用化肥量过大。园林树木种类较多，其中有很多不耐盐的树种，如原产山区的松类、杉类。这些树种对土壤中过量的盐分积累较为敏感，生长受到抑制，营养不良。对土壤中可溶性盐量加以控制，防止土壤盐渍化发生，是园林苗圃必须做好的一项土壤管理工作。其做法是：

① 盐渍化严重的地区采取深井灌水、浅井排盐、排水沟洗盐等彻底改造的方法。

② 对某些对盐分反应较敏感的树种，如松类、云杉等应控制化肥使用，侧重施有机肥。

③ 对苗圃应用的肥料结构进行调整，加大有机肥用量比例，淘汰容易造成土壤盐渍化的肥源，如人粪尿、城市生活垃圾等。北京地区的国营园林苗圃在 20 世纪 80 年代已经意识到这个问题，进行了彻底的调整。

6. 苗圃地培肥土壤的措施

（1）返还耕作土　针对园林苗圃苗木出圃带走大量耕作土，造成苗圃土壤肥力损失的问题，必须认真做好回填土的工作。大、中型园林苗圃必须备有积肥场。除用作堆制有机肥外，还应囤积一定数量的耕作土。回填土作业应列入生产计划中。根据出圃品种、规格计算出带走的土方量，应于出圃后、整地前及时回填。

（2）增加苗圃土壤中有机质含量　土壤肥力，是指土壤不断地供给作物养分、水分、空气和热量的能力。这个能力与土壤的物理性质和化学性质有关。增加土壤中有机质的含量是改善土壤物理性质和化学性质的关键。有机质来源于动、植物残体及其排泄物，是植物养分的重要来源。有机质经分解后形成的腐殖质是形成土壤团粒结构的胶结物质，腐殖质胶体增加了植物对各种养分离子的吸附能力。团粒结构土壤则可很好地完成对植物水分、空气、热量的不断供给。农业的秸秆还田，是我国农业土壤改造的巨大举措，园林苗圃同样面临着土壤改造的问题。苗圃规划中的积肥场，其用途就是堆制、积累各种有机质，将树枝、树叶、杂草、农作物秸秆和各种有机肥，有计划地以基肥形式投入到圃地中，进行土壤培肥。

种植绿肥是补充土壤有机质的另一个有效途径。利用一切空闲地，或间作或配合地块休闲，播种绿肥作物。常用的绿肥品种有田菁、草木樨、紫穗槐以及黄豆等豆科植物，待其开花后，切碎翻入土中。

（3）轮作与休闲　部分的城市园林苗圃育苗技术规程要求，为了培养土壤肥力应进行轮作与休闲。轮作与休闲作为一个制度规定来实行，是一项保证园林苗圃可持续发展的必要措施。轮作和休闲的主要作用在于恢复土壤结构、提高土壤肥力、防治病虫害。园林苗圃经营苗木品种较多，习性各有不同，如深根性、浅根性，对各种养分需求也各有侧重。在树种上，应当实行针叶常绿树和阔叶树种轮作，深根性树种和浅根性树种轮作。但树种间易互相传播病虫害的不宜连作，某些形成共生菌根的树种应考虑连作。

休闲地不能理解为放荒、弃管，而是积极地利用休闲机会改善该地块的土壤结构，如秋耕晒地。还应种植绿肥如田菁、草木樨等增加土壤有机质含量，利用豆科植物的根瘤固氮。

（4）客土接种菌根菌　植物根系与某些真菌所形成的共生体称为菌根，有许多苗木都具有菌根。菌根分为外生菌根和内生菌根，其中松树类苗的外生菌根最重要，其可以代替根毛起吸收水分和养分的作用。菌根菌丝体在外界条件适宜时繁衍数量很大，菌根的吸收效率比根毛高得多。在吸收磷素方面菌根有重要的促进作用。培育松树类苗木时，如前茬是松树，土壤中有足够的菌源，在正常土壤条件下，当年的松树苗都能形成大量菌根。对从未育过松树苗的圃地，缺乏菌根真菌的种源，培育松树苗时就不易形成菌根，造成松树苗营养不良。在这种情况下，使用松林土或松林下腐殖质层接种，有显著效果。操作方法是将松林土或松林凋落物在床面铺 2cm 厚的一层，防止床面日晒和干燥，避免菌种致死，然后翻埋于苗床土壤中。适当施用磷肥有促进菌根发育的作用。

第二节　苗木繁育技术

一、苗木的种子繁殖

1. 苗木有性繁殖

有性繁殖也称为种子繁殖。利用种子来繁衍的下一代，称为播种苗或实生苗。有性繁殖是苗木繁殖中最常用和最基本的方法，主要有以下特点：

① 利用种子繁殖一次可获得大量苗木。种子采集、贮藏、运输都很方便，繁殖系数大。

② 种子实生苗具有生长旺盛，寿命长，对不良生长环境抗性、适应性较强的优点。

③ 为选种、育种、苗木驯化提供大量素材。利用种子繁殖的幼苗，特别是杂种幼苗，由于遗传性的分离，可生产出一批更新类型的品种，这在杂交育种和引种驯化上有很大意义。如紫薇种子实生苗分离出各种特点的实生苗，可以从中选择我们需要的具备漂亮的花色、硕大的花序、适宜的花期等综合优点的新品种单株，进行单株无性系扩繁，成功地选育出一些紫薇新品种。另外，利用实生苗遗传保守性弱的特点进行小苗驯化，可更好地适应本地的生存环境。如利用北京本地产锦熟黄杨种子进行播种育苗，其小苗越冬保存率明显提高。从南方引进锦熟黄杨小苗在北京养护，其越冬保存率会相当低，达不到生产规范要求。

④ 由于播种产生的实生苗遗传变异性大，不易保留园艺品种的优良特性，所以对观赏价值较高的一些园艺品种扩繁时，不采用种子繁殖的方法。如重瓣品种榆叶梅的种子下一代实生苗绝大部分是单瓣花，重瓣特点被丢失。

⑤ 有性繁殖的实生苗发育期较长，故开花、结果较晚。对要求尽早观花、观果的一些苗木一般不采用种子繁殖。

2. 育苗的种子要求

种子是播种繁殖的物质基础，种子的品质及数量，直接影响着苗木的质量和数量。选择的种子不但要具有优良的遗传稳定性，而且要具有发芽率高、生活能力强等优良性状。故认真地做好良种选择是播种工作的前提。

选择优良种子要注意以下几个方面：采集与调制、贮藏、品质与质量、休眠生理、种萌发与催芽，只有这几个方面做好了，才会生产出符合要求的种子。

3. 播种前土地准备

（1） 播种地的选择　播种用地的选择是给种子发芽创造有利条件的前提，特别是地势、土壤以及排灌系统等，都应尽可能符合播种的要求。播种区应选择地势高并具备排水及灌溉套件的地块，避免因地势低洼或排水不利，幼苗遭受涝灾。土壤质地应以沙质壤土为最好。土壤化学性质以偏中性、无盐分积累为宜。有些条件不具备应及时改造或补充。

（2）播种地的整理　播种前土地耕整是决定幼苗出土及发育的重要条件，应重点做好三项工作。

① 施好基肥。要求施用有机肥，要彻底腐熟和细碎。

② 灌水洇池。

③ 平整土地。平整土地作业应在洇地后水分渗透、土壤土粒结构恢复后进行。清除土中各种垃圾异物，按高差要求平整播种床面。

（3）做床做垄　播种一般采用床播或垄播，播前应按规范要求做好床或垄。播种床有高床、低床，垄有高垄、低垄之分。

4. 播种技术与方法

（1）播种时期的掌握　播种的时期，需要根据种子的特性和当地的气候条件确定。黄河以北地区一般分春播、秋播和夏播（随采随播）三个时期进行。

① 春播。一般树种多用春播，春播的具体时间应根据树种发芽出土时间而定，要多避开当地的晚霜。

② 秋播。一般大、中种子或种皮坚硬且有生理休眠特性的种子适宜秋播。

③ 夏播（随采随播）。对那些种子生活力较弱、寿命短、种子含水量大、失水后即丧失发芽力或不易贮藏的树种种子，应采后立即播种。

（2）播种方法　播种的方法应根据种子的特性、萌芽特点、幼苗生长习性及生长条件而定。

① 撒播。撒播适用于小粒种子、幼苗生长力较弱的树种，如松类、杉类、杨树、黄杨、泡桐、悬铃木等。

② 条播。条播是在一个床面或垄面上，按要求的行距开沟播种，或直播于地面。种子均匀分布在沟内或播幅带内，形成一个条形播种带，行距一般为15～20cm，播幅宽度5～10cm。条播又分为单行、双行、带状条播，经常结合床播、垄播同时进行。单行条播适用于生长快的乔木类，如白蜡、刺槐、元宝枫等；双行条播适用于中、小粒种子或生长较慢的树种，床播行距20cm即可；带状条播一般与床播、垄播结合进行，适合中、小粒种子，如侧柏、桧柏、紫薇、紫叶小檗等，播种带幅宽10cm左右，开沟撒土后覆土、压实。

（3）播种量及播种密度　播种量和播种密度视苗木种类及地域情况而定。

二、苗木的营养繁殖

1. 园林植物营养繁殖的概念和类型

利用营养器官（如根、茎、叶）繁育苗木的方法，称为营养繁殖或无性繁殖。

用这种方法繁殖的苗木，称为营养繁殖苗或无性繁殖苗，以此区分用种子繁殖的实生苗。营养繁殖常用的技术工艺有：扦插繁殖、埋条繁殖、压条繁殖、分株繁殖以及嫁接繁殖。营养繁殖最大的优点是能保持原来母株的遗传特性，达到保存和繁衍优良品种苗木的目的。因为园林苗木主要强调优良品种的特有的观赏特点，所以营养繁殖成为园林苗圃主要的繁殖手段。

2. 扦插繁殖的意义及常用器官

扦插繁殖是利用植物的离体器官，如根、茎、叶、芽等的一个部分，在一定条件下插入基质、水中，经过人工培育，又重新育出一个完整的新植株的繁殖方法。很多园林树木优良品种的观赏特点，靠有性繁殖很难保持，如紫薇的播种苗花色混杂，只有靠扦插手段，才能把有观赏价值的紫薇单株的观赏特点保留并扩大繁殖量。有些园林植物，如某些月季、葡萄、重瓣黄刺玫等，不结实或结实很少，或不产生有效种子，为了繁衍后代和扩大繁殖量，也只能用扦插繁殖的手段。在生产中常用茎、根和芽来进行繁殖，因为这些部位的形态建成比较简单，容易成功。

3. 扦插繁殖的分类及技术要求

在植物扦插繁殖中，根据使用扦插器官、组织的不同，可分为枝插、根插、叶插、芽插。在生产上常用的是枝插，其次是根插。

（1）枝插　用树木的枝条进行扦插，使其产生新根，形成一个新的植株。枝插分为嫩枝扦插和硬枝扦插。嫩枝扦插是指利用在生长季节生长旺盛的幼嫩的、未木质化或半木质化的枝条进行扦插，嫩枝的特点是光合作用、蒸腾作用及各种代谢活跃，内源生长素含量相对较高，容易生根。不利条件是夏季高温条件下，离体嫩枝带有一定量的叶片，蒸腾强度大，插穗最易失水，对扦插环境湿度要求较高。且夏季为真菌、细菌繁衍活动旺期，插穗极易染病，影响离体嫩枝保存率，因此对基质及环境必须认真消毒。嫩枝扦插在夏季进行，扦插设施常采用全光照自动间歇喷雾设施或荫棚、塑料小拱棚保护地设施(图 1-1)。

（2）根插　对于枝插繁育困难的树种，可用根插方法进行繁殖。用根来培养成一个新植株，关键是根上能够形成不定芽。凡是在自然生长条件下，周围能够萌发出根蘖苗的树种，都可以用根插来繁育，如泡桐、野漆、臭椿、洋槐、香椿等。具体技术要求为：

① 于休眠期采根，可在晚秋采根后进行沙藏，也可春季采根后直接扦插。

② 因树种不同选取根的粗度有所差别，原则是插条长些好、粗壮些好。

③ 插条应按粗细进行分级、打捆，分清上、下切口，用油漆在上切口涂上标记，以避免扦插时颠倒方向。

④ 根部插条容易失水，要认真假植好，以备春季扦插。

4. 扦插季节及管理技术关键

扦插作业可全年进行，但必须在不用季节满足其全部器官再生的环境条件。要求

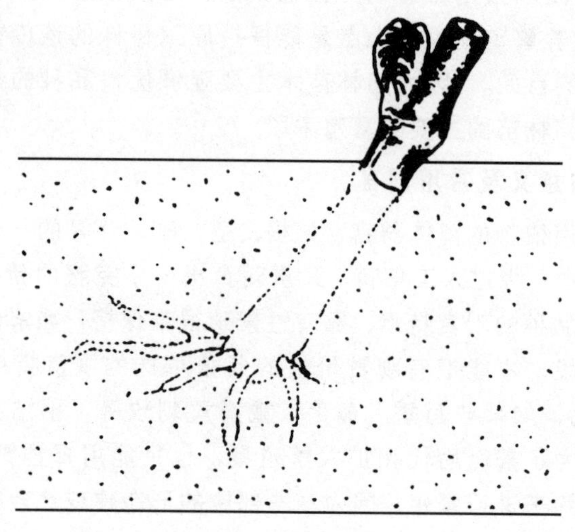

图 1-1　枝条扦插

在不同季节掌握、解决扦插生根的技术关键，解决主要矛盾，取得生产上的成功。

（1）春季扦插育苗　春季扦插属于硬材扦插范畴，主要解决插条基部的温度、水分、空气条件，促使插条生根。由于春季地温刚刚开始回升，土壤温度较低，达不到生根条件，故把提高地温作为技术关键。春插在土地解冻后即可进行，具体扦插时间根据树种不同有先后之分，对低温即可生根的树种如杨、柳树，早插比晚插有利，因为早春正值土壤返浆，墒情好；有些要求地温较高才能生根的树种，如木槿、石榴、葡萄等，可在 3 月下旬至 4 月上旬地温升高后再进行扦插，也可采用保护地设施增加地温。

（2）夏季扦插育苗　夏季扦插属于生长季节嫩枝扦插范畴。插穗尚未木质化或刚刚半木质化，并带有一定量的叶片。这个季节插穗资源较丰富，植物组织代谢活跃，对生根有利，是生产上进行扦插繁育的有利时机。夏季自然条件下地温、水温基本符合生根条件。基质的空气条件主要靠选择透气基质，如沙土、草炭土即可解决。夏季扦插的技术关键是，解决如何控制插穗叶片的蒸腾强度，减少抽穗失水，维持插穗水分代谢平衡，从而使插穗存活的问题。

（3）秋季扦插育苗　秋插属于硬枝扦插范畴。秋季，树木枝条经过整个生长季节的积累，养分充分。秋季气温下降后，很多病菌受到抑制，插条、插穗不易染病，可提高插条保存率。秋季进行扦插可以抢时间，比翌年春季扦插提前半年生长量。秋季扦插育苗的技术难点是扦插基质的温度问题。进入 9～10 月，日平均温度在 10℃左右，白天最高温度 20℃左右，地温一般相对稳定在 10℃以上。

（4）冬季扦插育苗　冬季扦插育苗都是在温室内进行的。无论插条、插穗是取于露地还是温室内，无论是硬材扦插还是软材扦插，其离体扦插生根的基本条件都是地温，即基质的温度。提高基质的温度靠自然光照积温难以达到，生产中常用暖气管道增温和电热线加温两种方式。温度控制要求地表以下5cm的温度保持在20℃左右。冬季地温扦插属于精细扦插，用于一些珍贵苗木、花卉的繁殖和科研试验，因其成本较高，所以规模较小，规模生产很少应用。

5. 埋条繁殖的特点及时机

埋条繁殖是用1年生、生长健壮的发育枝或徒长枝，整枝全部平埋于土中，促其生根、发芽，生成多株小苗的繁殖方法。这种方法适用于那些用插条扦插不易生根的树种。有些树种产生不定根较为困难，生根需时间较长，插条一般只有15cm，水分、养分很容易耗尽；而采用埋条的促根技术，整个枝条埋入土中，不但减少了水分的损失，整个枝条的养分可充分集中，保证根原基的形成，有利于生根。这种技术对一般树种都能使用，曾用于悬铃木、江南槐树种的繁殖试验，都取得了较好的结果。其缺点是，技术操作难度较大、较费工力；对种条浪费较大，繁殖系数低；成苗的根系不集中，易出现拐子根现象。

埋条时期因树种而异，一般低温生根树种，如柳树、葡萄等发芽早的树种，3月中旬即可埋条作业。毛白杨需要较高的温度才能很好地生根，在3月下旬埋条较合适。也有在4月上旬进行埋条的，这时温度已经达到适宜的生根水平，再加以适宜的水分条件，生根速度会加快，减少了管理的工作量。但时间过晚，枝条上的芽苞开始活动胀大，操作时易碰到损伤，影响成苗数量。作业时间应根据当地、当年的气候条件灵活掌握。

6. 埋条技术要求

常用的埋条方法有两种，一种是平埋法，另一种是点埋法。

（1）平埋法　要求将种条全部埋没于床里，适用于沙质土壤。其优点是工作效率高，产苗量较大。缺点是埋土厚度掌握不好，容易造成幼苗出土不一致，过厚的地方会影响幼苗出土。

（2）点埋法　把土成堆状埋在母条的芽与芽之间，让芽露在表面。这样温度高，容易发芽，芽不易受损伤，保证苗全、苗壮。由于土堆厚埋，增强了局部保墒效果，减少了灌水次数，相对提高了土壤的温度，有利于生根。其优点是：出苗快而整齐；株距比平埋法相对规则整齐，容易定苗。不足之处是费工，工作效率低。

7. 埋条后期管理

埋条后，为促使母条尽快生根抽条，应采取以下技术管理措施：

（1）水分管理　母条埋好后立即灌一次透水，使母条和土壤结合严实。经常仔细观察床面以下3～5cm处湿度，即母条底面湿度。进行适当的、科学的控水是埋条育苗的技术关键。春天促种条生根的重要条件是地温，而每补充一次水就会降低一次床体温度，因此，不注意控水、保温，过频补水必将推迟生根时间。

（2）护芽出土　枝条上的腋芽是用于抽枝的，和种子的胚芽性质不同，腋芽缺少出土的突破能力。经常检查、及时清除芽上方过厚的积土，保护、促使萌芽抽条，是一项非常重要的作业。

（3）培土促根　母条生根、发芽的规律是，靠近枝梢的芽萌发快，而靠近枝条基部生根容易，这样就形成了苗下无根、根上无苗的偏根现象。因此后期管理的一项重要作业就是苗下促根。

（4）间苗、定苗　管理得当时萌芽抽条整齐，加上双条并埋，苗量肯定会过多，为此应进行间苗。做法是，当苗高 30cm 时，开始间苗，分 2 次进行，第一次间去过密苗、挤靠苗、细弱苗；第二次按计划产苗量定苗。

（5）养护管理　幼苗高达 40cm 左右时，基部新根已全部生成，进入苗木养护阶段。

8. 压条繁殖

压条繁殖是将植株的一部分或全部的 1 年生或 2 年生枝条埋入土中，创造潮湿的生根环境，促其形成不定根，而后断离母株形成新植株。因为是在母株供给水分、养分的条件下生根、发芽的，所以繁殖成一个新植株相对较容易、速度较快。这种方法常用于那些扦插难生根的树种。其缺点是繁殖系数低、繁殖量小。压条繁殖有两种方法。

（1）高空压条　此法用于繁殖少量的扦插不易生根的珍贵树种，此类树树冠较高，枝条压不到地面或枝条坚硬不易弯曲。高空压条法一般在生长期进行，压条处应事先进行刻伤或环剥处理，然后用塑料袋或对开的竹筒等材料制成容器，内填扦插苗木用的基质，基质要求既有较高的持水量又松散透气，将容器包于其刻痕处促其生根。

（2）低埋压条　将生长的植株上的枝条向下压在地上，促其接触土壤的部位生根，生根后剪断枝条，形成一个新的植株。生产上常用的有全埋法和点埋法，以点埋法居多，而且是结合苗木养护同时进行的，从而达到永续繁衍的目的。

9. 分株繁殖

（1）分株繁殖的定义　根部萌芽性强的树种，采取剪下带部分根系的根蘖枝条的办法进行新植株的繁殖，称为分株繁殖。由于分离出来的新植株枝条较充实又带有一定量的根系，故成活率、生长势都很好，成苗速度快。分株繁殖在园林苗圃应用比较多，对那些没有种子或不能用种子繁殖的园艺品种，以及那些扦插生根困难的树种，如黄刺玫、珍珠梅、丁香、棣棠、连翘等主要用分株繁殖。

（2）分株时期　分株应在植物休眠期即秋季或春季进行，常结合出圃和移植作业进行。准备用于分株的母株，按苗圃生产计划将苗圃保养苗一分为若干个根蘖苗，而后进行移植。结合春季苗木出圃，在不影响出圃苗质量的情况下，从出圃的合格大苗上，可适当地分剪下一定数量的根蘖苗（图 1-2）。

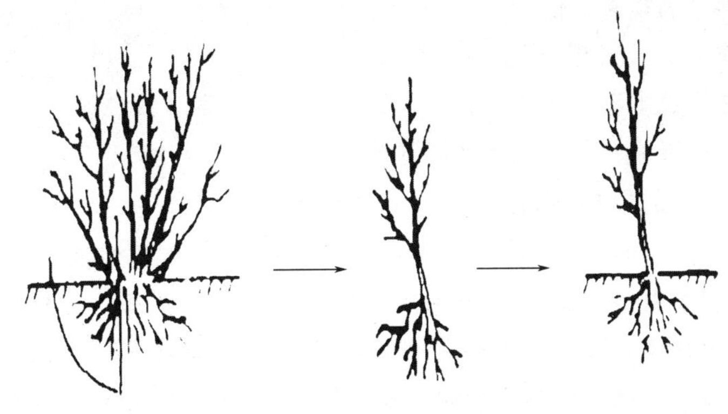

图 1-2　苗木分株

（3）分株技术要领

① 掘取分蘖苗时要求在不影响母株生长、生存的情况下尽量多留一些根系。分蘖苗枝条短截保留 20cm 即可。

② 无论秋季还是春季分株后，应及时假植好分蘖苗，不能失水，影响成活。

③ 分株时同时清除伤根、病根，有条件的可进行消毒，并进行生长素促根处理，以恢复根蘖苗生长势。

10. 留根繁殖

有些园林树种根系萌蘖能力极强，根系受伤或蔓延到地表时常生成根蘖苗。这些树多为浅根系的乔木或灌木，如枣树、火炬树、刺槐、香椿等，都可采用留根繁殖法。留根育苗常结合苗木移植、出圃进行，对出圃后地里的根蘖苗可继续养护或掘苗另行移植。

11. 嫁接繁殖的作用与意义

通过将优良的树种、品种的枝条或芽嫁接在另一树木上，从而得到一个优良的新植株的方法，称为嫁接繁殖。嫁接繁殖是园林观赏、园艺品种繁育的主要手段之一。供嫁接用的具备优良树种、品种特性的枝和芽称为接穗、接芽，承受接穗、接芽的树体称为砧木。嫁接分两种类型，以枝条作接穗者称为枝接；以芽作接穗者称为芽接。

嫁接是将两个特性有区别的植株合为一体的技术，通过嫁接形成的新植株称为嫁接苗。嫁接苗主要有两大优势：一是发挥了接穗树种的园艺特性优势，使嫁接苗得以继承接穗树种的优良特性；二是发挥了砧木树种的特点和优势，如繁殖系数高、自身抗性强等。嫁接苗的生产工艺，既要达到生产的树种具优良品质的要求，又能达到繁育优良苗木的目的。嫁接方法在园林苗木生产中常用来解决以下问题。

① 增强树木品种的抗性。

② 提高树木的观赏价值。

③ 利用嫁接进行园艺造型。

④ 利用嫁接技术进行灌木乔化，改变树形，增强其观赏性。

⑤ 利用嫁接提前开花、结果增加收益。

12. 嫁接成活的原理与条件

（1）嫁接成活的原理　植物茎的构造中，形成层是嫁接成活的重要部位。形成层组织细胞分裂旺盛，向内产生木质部，向外产生韧皮部，使树木不断增粗。嫁接实际上就是砧木和接穗形成层之间的紧密连接。接穗和砧木的形成层薄壁组织细胞一起分裂，形成愈伤组织，使二者长在一起，而后产生新的输导组织，贯通了上部的接穗和下部的砧木，使上下合为一体。因此凡是容易产生愈伤组织的植物都容易嫁接成活。

（2）亲和力问题　亲和力就是砧木和接穗经嫁接后愈合在一起共同生存、生长的能力。要求砧木和接穗在内部生理结构上、遗传性上彼此相同或相近。亲和力是嫁接成活的基本条件，不论采取哪种嫁接方法，不管在什么条件下，砧木和接穗之间必须具备一定的亲和力才能嫁接成功。亲和力高，嫁接成活率高；亲和力低，嫁接成活率低；不亲和则嫁接难以成活。

（3）物候期问题　物候期是指植物在一定气候条件下的生长发育规律。砧木和接穗两者物候期是指树液流动期和发芽期，相同或相近时嫁接成活率就高。原则是掌握在砧木开始萌动、接穗尚未萌动时开始嫁接。为防止接穗提前发芽萌动，可采用提前剪取、保鲜包装、阴冷贮藏的办法。

（4）外界气候因子及植物内含物的影响　外界气候直接影响砧木和接穗的生长和生存，对嫁接成活率的影响很大，主要以土壤湿度、气温、空气湿度的作用最为明显。内含物主要是在切取砧木和接穗时产生的，其中多为营养物质，如糖类、维生素等；有的还有酚类，如单宁。

13. 嫁接繁殖的方法与技术要点

（1）嫁接方法　嫁接的方法应根据嫁接植物的种类、规格大小、嫁接的季节和目的等来确定，只有选择了适当的方法，才能达到预期的效果。以嫁接材料分，主要有枝接和芽接两种；以嫁接部位分，又可分为低接和高接；以嫁接砧木所在位置，又可分为就地接和离土裸根接（接后进行定植）。

（2）嫁接手法技巧及新技术的应用　嫁接是典型的手工作业，人们总结出很多手法和技巧，但最终都是为了快和准。“准”就是接穗和砧木的形成层应对准，做到最多、最严密的结合。“快”就是尽可能减少接穗和砧木伤口暴露的时间，缩短嫁接作业时间，保护接芽、接枝不失水是保证成活的关键。

近来很多新技术在嫁接中得到应用并取得很好的效果。其效果主要表现在嫁接手法更加简便，接面愈合能力增加、速度加快，植物成活率明显提高。新技术主要是植物激素的应用，以及蜡封接穗技术的应用。

14. 芽接技术要点

（1）适时芽接　秋季芽接要掌握好时间。芽接过早，接芽发育尚未充实，砧木又处于旺长阶段，体内积累养分较少，芽接成活率低，且接芽当年萌发后易发生冻害；芽接过晚，不易离皮，接后愈合困难，成活率低。

（2）选好接芽　选取枝条中段充实饱满的芽作接芽，上端的嫩芽和下端的隐芽都不宜采用。芽片大小要适宜，芽片过小，与砧木的接触面小，接后难成活；芽片过大，插入砧木切口时容易折伤，造成接触不良，成活率低。削取芽片时应注意保护芽垫或带少量木质部。接芽一般削成盾形或环块形，盾形接芽长1.5～2cm；环块形接芽大小视砧木及接芽枝粗细灵活掌握。

（3）掌握芽接方法　嫁接时，先处理砧木，后削接芽，接芽随采随接，以免接芽失水影响成活。先在砧木离地面3.5cm处切“T”形口，深度以见木质部、能剥开树皮为度；再用刀尖小心剥开砧木树皮，将盾形带叶柄的接芽快速嵌入，用宽1cm的塑料带绑紧，只露出芽和叶柄，包扎宽度以切口上下1～1.5cm为宜。芽接后培土10cm高。10～15天后刨开土，检查成活情况。如芽片新鲜呈浅绿色，叶柄一触即落，说明已经成活，否则没有成活，应在砧木背面重接（图1-3）。

（4）搞好接后管理　秋季芽接的苗木，翌年入春后在芽接点以上18～20cm处截干，解开绑扎物。夏季进行3～4次修剪，剪去砧木发出的枝条。接芽枝条长到8～10cm长时，在靠近基部处将其缚在活桩上；长到20～25cm长时，再在上端缚一次。直至接枝木质化，切去活桩，可继续留在大田培育大苗。

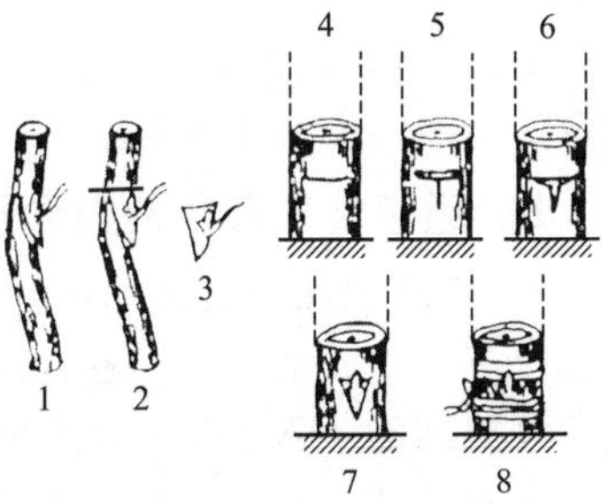

图1-3　芽接法

1—纵削；2—横切；3—取芽；4—横割；5—纵割；6—开口；7—贴芽；8—绑扎

15. 枝接技术要点

把带有数芽或1芽的枝条接到砧木上称枝接。枝接的优点是成活率高，嫁接苗生长快。在砧木较粗、砧穗均不离皮的条件下多用枝接，如春季对秋季芽接未成活的砧木进行补接。根接和室内嫁接，也多采用枝接法。枝接的缺点是，操作技术不如芽接容易掌握，而且用的接穗多，对砧木要求有一定的粗度。常见的枝接方法有切接、劈接、插皮接、腹接和舌接等。切接适用于根颈1～2cm粗的砧木坐地嫁接，是枝接中一种常用的方法（图1-4）。

（1）削接穗　接穗通常长5～8cm，以具三四个芽为宜，把接穗下部削成两个削面，一长一短。长面在侧芽的同侧，削掉1/3以上的木质部，长3cm左右；在长面的对面削一马蹄形小斜面为短面，长度在1cm左右。

（2）砧木处理　在离地面3～4cm处剪断砧干。选砧皮厚、光滑、纹理顺的

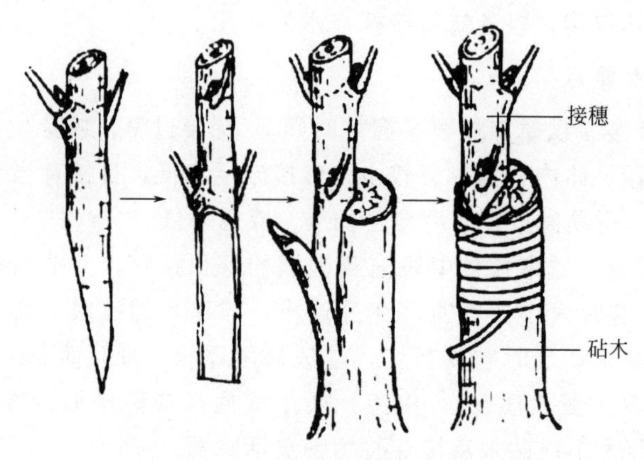

图 1-4　枝接法

地方，把砧木切面削平，然后在木质部的边缘向下直切。切口宽度与接穗直径相等，深一般2～3cm。

(3) 接合　把接穗长削面向里，插入砧木切口，使接穗与砧木的形成层对准靠齐。如果不能两边都对齐，对齐一边亦可。

(4) 绑缚　用塑料条缠紧，要将劈缝和截口全都包严实。注意绑扎时不要碰动接穗。

(5) 枝接后的管理　第一，撤出覆土；第二，解除接口绑缚物；第三，修剪去蘖；第四，修剪嫁接苗。

16. 组织培养育苗的概念及作用

(1) 组织培养育苗的简介　植物组织培养是指在无菌条件下，利用植物体上的某个器官（如根、茎、茎尖、芽、叶、花、果实等）、组织（如表皮、形成层、皮层、髓部细胞、胚乳等）以至单个细胞（如大孢子、小孢子、体细胞）以及原生质体等各种活体，给予适合的生长发育条件，使之分生出新的完整植株的一项新技术。近几年来，组织培养技术日趋成熟和完善，工厂车间化育苗已成为现实。

植物体上被分离下来的部分称为外植体。按外植体的来源不同、培养的对象不同，将植物组织培养区分为如下几类：幼苗及较大的植株培养，即“植物培养”；根尖、根段、茎尖、茎段、叶片、花器官各部分以及果实的培养，即“器官培养”；植物的各种器官外植体增殖而形成的愈伤组织培养，即“愈伤组织培养”；对保持较好分散性的离体细胞或细胞团的液体培养，即“细胞培养”；用机械、酸处理或酶溶解等方法去除细胞壁，分离出原生质，进行培养，即“原生质体培养”。

(2) 组织培养技术在生产上的应用　组织培养技术在生产上的应用已经成为现实，很多育苗生产单位已经把组织培养作为自己的一种繁育优良品种的手段。鉴于组织培养的高投入和高成本，以及掌握其技术的复杂性，这项先进的繁育技术尚不能大面积普及。即使在繁育某新、优品种时采用了这项技术，也是在繁育一定的基数后，转用其他营养繁殖常规技术继续进行苗木扩繁生产，因为组织培养技术在目前的育苗成本还是很高的。生产上主要应用在繁育良种、快速繁殖大量种苗，以及获得去病毒植株上。

17. 组织培养基本技术要点

（1）玻璃器皿的洗涤、消毒　保证培养基清洁、无菌。

（2）培养基的制备　按试验成功的配方制备分生培养基和生根培养基。

（3）消毒剂无菌操作技术　保证各环节不受污染，严格要求各环节的无菌操作规程。

（4）接种及分生培养，进行组织或器官扩繁　这是加大繁殖系数、加快繁殖速度的关键环节。

（5）试管苗培养、催生根系　扩繁大量组织或器官后，移植到生根培养基中使其生根，形成一株完整的小苗。

（6）试管苗的移栽、培养壮苗　通过光照、温度的适度调控和水、肥培养，对试管苗进行锻炼，增强试管苗抗性，将其培养成适应大自然气候条件的壮苗（图1-5）。

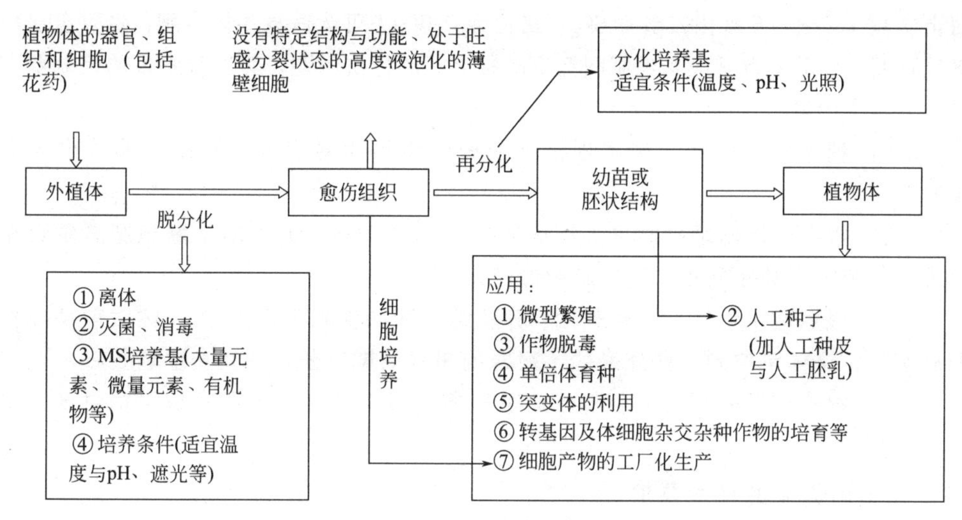

图1-5　组织培养程序图

第三节　苗木养护管理

一、苗木的水肥管理

1. 苗圃苗木施肥量

苗木对肥料的需要取决于不同树种的生物学特性，另外也与树木的生态条件和栽培技术、措施有关，即气候、土壤、耕作措施都在一定程度上影响苗木对矿物质营养的需要。不同苗木对肥料的反应不同，一般规律是实生苗对肥料的反应比扦插苗大；小粒种子的速生树种反应比大粒种子的树种大；保养苗比当年移植苗反应大；落叶树比常绿树对肥料的反应大。针对这些特点，确定施肥计划，避免浪费。

严格地说，苗木的施肥量必须根据生产经验和科学试验来确定。一般的耕作栽培条件下，各种苗木大致有一个比较合适的施肥水平，不是越多越好。施肥量除考虑施肥效果，如使苗木增粗、增高外，还应考虑肥料的利用效率。苗圃施肥一般强调基肥，和农作物不同，树苗移植后原地养护少则三五年，多则十几年，所以基础肥料至关重要。要求每亩施优质有机肥，如厩肥、堆肥等 5000kg。追肥以化肥为主，其施用量各有不同。几种松树的 1 年生苗在几组试验地上进行试验后，结论是，松苗在生长旺季每次追施氮素化肥量以每亩施氮 1.5～2.5kg (相当于硫酸铵 7.5～12.5kg) 较合适，有条件的每次每亩追施氮素 5kg 左右。

苗圃中使用肥料三要素的比例，根据试验结果和实际应用效果，一般落叶乔灌木氮素、磷素、钾素的比例以 4∶1∶1 为佳，其中氮的比例可略大些。针叶常绿树施肥比例以 3∶1∶1 或 2∶1∶1 为宜，如对 3 年生水杉实生苗施用比例为 3∶1∶1，即每亩施氮 1.8kg、五氧化二磷 0.6kg、氧化钾 0.6kg。可选适当的复合肥，也可自己配制复混肥，自配复混肥应考虑肥料配伍品种之间的拮抗问题。其次施肥量的控制要考虑以下几个因素。

（1）根据树木规格　树木规格大的施肥量可相对大些，繁殖初期的小苗要少些。

（2）根据土壤质地　黏重土壤施肥量可相对少些，而沙质土壤施肥总量可相对大些，施肥次数应增加，每次施肥量应减少。

（3）根据苗木物候期　生长期、开花结果期的施肥量可大些。休眠前期应控制施肥量，这样可控制一些外来的不耐寒的树种后期徒长，使其安全越冬。

（4）根据树种生理特点　落叶速生树施肥量大些，针叶和常绿树相对施肥量可小些。

2. 苗圃施肥的技术要求

合理施肥是提高肥效、降低投入成本、防止各种肥害及损失的必要措施和技术保证。

（1）有机肥与无机肥配合施用　化肥可根据不同树种需求有针对性地进行追肥，适时给予补充。有机肥所含必需元素全面，又可改良土壤结构，可作底肥，肥效稳定持久。有机肥还可以创造土壤局部酸性环境，避免碱性土壤对速效磷的固定，有利于提高树木对磷肥的利用率。

（2）不同树木施不同肥料　落叶树、速生树应侧重多施氮肥。针叶树、花灌木应当减少氮肥比例，增加磷、钾素肥料。刺槐一类的豆科树种以磷肥为主。对一些外引的边缘树种，为提高其抗寒能力应控制其氮肥施肥量，增加磷、钾素肥料。松、杉类树种对土壤盐分反应敏感，为避免土壤局部盐渍化对松类树木造成危害，应少施或不施化肥，侧重施有机肥。

（3）不同土壤施不同肥料　根据土壤的物理性质、化学性质和肥料的特点有选择地施肥。铵态氮肥因其遇碱性物质可分解出氨气，氨气易挥发，造成氮素的损失；铵态氮移动性小，被土壤胶体吸附后，不易随水流失。根据铵态氮的这些性质，施用时就应采取土壤深施方法，即一不离土、二不离水，减少和空气的接触机会。硝态氮肥中的硝酸根离子，不能被土壤胶粒吸附，易随水流失，因此最好不要在沙质土中施用，也最好不在雨季施用。碱性肥料宜施用于酸性土壤中，酸性或生理酸性肥料宜在碱性土壤中施用，既增加了土壤养分元素，又达到调节土壤酸碱度的目的。

（4）看树苗生长势施肥　营养生长旺盛期多施氮肥，生殖生长期多施磷、钾肥，苗木休眠期控制施肥量。移植苗前期根系尚未完善吸收功能，只宜施有机肥作基肥，不宜过早追施速效化肥。遭遇病虫害或旱涝灾害，树苗根系受到严重损害时，应适当缓苗，不要急于施重肥。

3. 苗圃施肥的方式

园林苗圃苗木的特点是品种多、规格多，给养护带来一定难度。施肥的方式与方法也要求多样。具体归结为以下几种：

（1）施基肥　施基肥是苗圃施肥的主要方式，苗木不同于农作物的地方就在于它占地周期长。如果栽植基础条件准备不充分，对以后几年施肥及养护会造成很多困难。基肥以有机肥为主。为了调节各种养分的适当比例，考虑到磷、钾肥在土层中不易移动的特点，有时也加入少部分速效氮肥和适量的磷、钾肥。为调节土壤酸碱反应，改良土壤也应考虑使用间接肥料如石灰、硫黄粉以及土壤改良剂等，与有机肥一起施用。苗圃基肥施用的方法分为两种。一是撒施，每亩施5000kg有机肥，经翻耕、旋耕将肥料混于20～25cm耕作层中，这种方法适用于繁殖或移植小苗。另一种方法是穴施，其操作要求是在定植苗木的树坑范围内集中施入准备好的基肥；栽植树坑应适当扩大，边填埋栽植土，边分层施肥，也可以将混合好的土和肥填入。穴施适合应用于定植大苗的栽培上。穴施的方法增加了基肥利用效率，降低了成本，同时解决了土壤深层施肥的难题。每次换茬作业耕地前，每亩施基肥5000kg。春耕地春施基肥，秋耕地（翌年春天不再复耕）秋施基肥。苗木繁殖区和小苗养护区、母本区、试验区，有机质含量不低于3.5%；大苗移植区有机质含量不低于2.5%。

（2）追肥　追肥指在苗木生长发育期间施用速效性肥料。目的是及时地满足苗木生长发育旺盛时对养分的大量需要，加强苗木生长发育，提高合格苗产量和提高苗木质量。追肥可经济有效地利用速效肥料，避免速效养分的固定或淋失。

4. 苗圃追肥的施用方法和时期

（1）施肥方法

①撒施。按额定施肥量，把肥料均匀地撒在苗床表面，浅耙混土后灌水。

② 条施。 在苗木行间开沟，肥料施入后覆土。

③ 随水施。 将水溶性肥料溶于水中，浇灌在床面或行间后浅耙或覆土。 或配置定比施肥罐,喷灌、滴灌、渗灌随水施用。

④ 根外追肥。 也称为叶面追肥，把肥料溶液或悬浮液喷洒在苗木叶子上。喷洒时间以早晚空气湿度大、有露水时为宜，肥料溶液浓度控制在0.3%左右。 如喷洒0.2%～0.5%的尿素溶液，每亩用肥料1kg左右；喷洒使用0.5%～1%的过磷酸钙溶液，每次每亩用肥料2kg左右。 注意浓度不宜过高，用量不宜过多，以免灼伤叶片和造成浪费。

（2）施肥时期　苗木自土壤中吸收养分的季节动态，与苗木的生长习性、阶段发育密切相关。 有必要按一定时间间隔，定期观测苗木生长规律，为确定适宜施肥时期提供依据，以提高肥料的使用效率，达到理想的施肥效果。 通过国内外实验研究成果和多年的实践经验总结如下。

① 常绿树移植苗和一些慢生树种移植苗，春季移植后根系恢复生长慢，移植初期尚不具备吸收功能，应在秋初使用磷、钾作后期追肥，以加速苗木木质化进程。

② 发根快并速生的移植苗，它们的根系恢复能力较强，很快恢复吸收功能，而且在生长期的前半段所吸收的肥料占全年吸收量的70%左右。 吸收肥料时间只需30～40天，移植后不久就可施追肥。 4月中、下旬追氮肥有明显肥效。

③ 对生长势较旺、抗性较差的树种，苗圃施肥有“施肥不过八”的说法，即追施氮肥时间最迟不超过8月。 尤其对那些抗寒性较弱的边缘树种如紫薇、大叶黄杨、小叶黄杨等，秋后可追施磷、钾肥以增强其抗寒性，使其安全越冬。

④ 抗寒性较强的、原床保养的小苗，和养护区的大苗因根系未受损，一般在芽开始膨大前根系就已经活动，开始吸收水分和养分。 而到秋季苗木进入休眠期后一段时间，其根系仍在吸收营养，为翌年春生长积累养分。 根据以上苗木养分代谢的特点，留床保养苗，春季施肥应尽量提早，秋季也是施肥的有效时期。

5. 苗圃灌水的作用与方式

树木的水分主要靠根从土壤中吸收。 土壤中的水主要来源于自然降水、人工灌水和地下水。 其中人工灌水的水源分河水、湖水与井水，有条件的应使用河水，其养分含量优于井水。 北方地区靠自然降水满足不了树木的生长需要，必须依靠人工灌水，根据不同生长阶段的需要量来补充土壤水分的不足。 在雨季雨量集中，土壤中水分过量，对树苗生长不利时，必须进行排水防涝工作。 苗区积水会造成苗木死亡，形成涝灾。 苗圃的灌水方式根据当地水源条件、灌溉设施不同分以下几种。

（1）漫灌　又称畦灌，即水在床面漫流，直至充满床面并向下渗透的灌溉方法。 这是一种传统、古老、落后的灌溉方式，其优点是投入少、简单易行；缺点是水以及水溶性养分下渗量大，尤其是在沙壤土中造成漏水、漏肥。漫灌容易使被浇灌的土壤板结。经过改造，用水槽或暗管输水到苗床，浪费水会少些。

（2）侧方灌溉　又称垄灌。一般用于高垄、高床，水沿垄沟流入、从侧面渗入垄内。这种灌溉方法不易使土壤板结，灌水后土壤仍保持原来的团粒结构，有较好的通透性并能保持低温，有利于春季苗木种子出土和苗木根系生长。灌溉省工，但耗水量大。

（3）喷灌　管道喷灌的一种，主要用于小苗区。主要优点是不受苗床高差及地形限制，便于控制水量，控制浇灌深度，省水、省肥。喷灌不会造成土壤板结，配合施肥设施，可同时进行施肥作业。

（4）滴灌　通过管道输水，以水滴形式洇湿土壤。适用于精细灌溉，优点很多，特别是在盐碱地，能稀释根层盐碱浓度，防止表皮盐碱积累。缺点是投入较高。

6. 苗圃灌水的技术要求

灌溉要合理，就是要求灌溉要区分不同季节、不同土壤、不同树种、不同生长阶段、不同作业内容，实施时具有不同的技术要求，否则顾此失彼、盲目灌溉，既浪费了水资源，又达不到预期目的。

（1）不同作业内容的灌水要求

① 播种苗。播种育苗必须给种子一个适宜萌芽和幼苗生长的环境条件。播种苗的水分管理要求比较高，为了达到出苗整齐、出苗快的目的，除对种子进行有效的催芽处理外，对水分管理有如下要求：播种前先行灌水洇地，做到底墒足、土壤疏松；播种后种子发芽前不宜漫灌；高垄播种苗，出苗前土地过干，可用小水垄沟侧灌。

② 扦插、埋条苗。扦插、埋条苗的插穗和母条生根发芽都需要充足的水分。尤其是春末夏初，北方气候干燥季节，要经常补充水保证生根环境的湿度。这个阶段要求补水最好利用喷灌，如果没有喷灌条件漫灌时，要求水流要细、水势要缓，防止冲垮垄背或冲出苗条。在早春和晚秋扦插作业中，扦插、埋条繁殖苗灌水应注意调整和地温的矛盾，因为补充一次水就使扦插苗（埋条）的局部环境降一次温，地温不足会影响扦插（埋条）生根，应掌握土壤基质湿度适当控水。

③ 移植苗、分根苗。苗木移植后要连续灌水三四次（称作连三水），中间相隔时间不能太长，且灌水量不能太大，起到振压土壤、固定根系的作用。

④ 留床保养苗。早春应在土壤解冻后及时灌水，养护阶段按不同树种习性，区别给水多少。秋冬季节灌冻水，利于苗木越冬。视降雨情况及时调整灌水、排水作业，防止干旱和涝害发生。

（2）不同季节的灌水要求　华北地区4～6月是苗木发育旺盛时期，需水量较大。而这段时间又是华北的干旱季节，因此这个阶段需要灌水6～8次才能满足苗木对水分的需求。对有些繁殖小苗如播种、扦插、埋条小苗等，由于根系浅更应增加灌水次数，留床保养苗至少也应灌水5～6次。7～8月进入华北地区的雨季，降水多，空气湿度大，一般情况下不需要再灌水。9～10月进入秋季，苗木开始充实组织、枝条逐步木质化，准备越冬条件。此阶段不要大量灌水，避免徒长，只需适量水分维持其生存即可。11～12月苗木停止生长进入休眠期。对秋季掘苗的地块应在掘苗前先灌水，一是使断根苗木地上部分充实水分，以利于过冬假植；二是使土壤疏松，以利于掘苗保护根系。对留床养护苗木应在土壤冻结前灌一次冻水，以利于苗木越冬。

(3) 不同土壤质地的灌水要求　不同理化性质的土壤对水分的涵养程度不同，灌水的要求也不同。黏重的土壤保水能力强，灌水次数应适当减少；沙质土漏水、漏肥，每次灌水量可少些，次数也应多些，最好采用喷灌；有机质含量高、持水量高的土壤或人工基质，灌水次数及数量可少些。

7. 苗圃排水

排水作业是指对在雨季雨量过大时，避免发生涝灾而采取的田间积水的排除工作，这是园林苗圃在雨季进行的一项重要的育苗养护措施。华北地区年降雨量的60%～70%都集中在7～8月，此间常出现大雨、暴雨，造成田间积水，加上地面高温，如不及时排除，往往使苗木尤其是小苗根系窒息腐烂死亡；或减弱生长势，或感染病虫害，降低了苗木质量。因此在安排好灌溉设施的同时，必须做好排水系统工作。

① 苗圃在总体设计时，必须根据整个苗圃的高差，自育苗床面开始至全圃总排水沟口，设计组织安排排水系统，将多余的水从育苗床面一直排出到圃外。

② 进入雨季前，应将区间小排水沟和大、中排水沟连通，清除排水沟中杂草、杂物保证排水畅通，并将苗床畦口全部扒开。连雨天、暴雨后设专人检查排水路线，疏通排水沟，并引出个别窝水地块的积水。

③ 对不耐水湿的树种、苗木，如臭椿、合欢、刺槐、山桃、黄栌、丁香等幼苗，应采取高垄、高床播种或养护，保证这些树种的地块不留积水。

二、苗木修剪技术

1. 苗木修剪造型的目的

园林苗木育苗过程中，从繁殖苗直至出圃苗，修剪作业贯穿养护的全过程。园林苗木修剪主要是根据各种树木生长发育规律，在不同发育阶段，人为地控制、调节其生长势，以达到快速育苗、育高质量苗木的措施之一。通过修剪可调节养分疏导的路线和养分供应的位置，从而有目的地培养树干、树冠、树形。通过修剪调整移植苗上下树势，减少上部养分、水分需求量，便于移植苗的缓苗并保证移植成活。出圃苗木的修剪则是为了便于运输，也是保证移植后成活的必不可少的作业内容。修剪还可以有目的地控制、调整植物的营养生长及生殖生长。

2. 苗木修剪造型的作用与时机

树木在自然生长的条件下，树体各部分经常保持着一定的平衡，修剪以后树体原有的平衡关系被打破，从而引起地上部与地下部、整体与局部之间发生变化，并重新建立平衡关系。修剪的主要对象是枝条，有时也针对根系。修剪虽然涉及枝条局部，也同时对树木整体产生影响和作用。如枝条短截修剪，从局部看增强了局部的生长势，但对整个植株的生长则产生了抑制作用。修剪对局部生长势的增强越显著，对整体生长量的减弱也越大。因此修剪时必须全面考虑这两方面的作用，不要顾此失彼。

（1）修剪对局部的促进作用　修剪后减少了局部枝、芽的数量，使养分集中供应保留下来的枝、芽，从而增强了局部的生长势。如为了培养树木的主干，必须抑制侧枝的生长，使养分集中供应顶芽。

（2）修剪对局部生长势的调控作用　修剪不仅能促进局部生长势，也能抑制生长势（如修剪得轻和修剪得重，配合选取剪口芽进行调控）。修剪得重并选饱满的剪口芽，可增强局部生长势；修剪得轻并选取弱的剪口芽，可减弱局部生长势。疏剪，只能对其剪口下部枝条有增强生长的作用，而对剪口以上枝条则有削弱作用。

（3）修剪对整体代谢平衡的调节作用　自然生长条件下，植物整株处于系统平衡状态。一旦遭遇人为的损伤，植株的生长失去平衡，树势减弱，甚至导致死亡。如移植苗由于伤害了根系，水分供应受阻，而上部枝、芽、叶的呼吸作用、蒸腾作用必须有定量的水分供应，于是代谢系统失去平衡。这种情况下必须通过修剪削减地上部分枝、芽、叶，减少植株水分（养分）需求量，维持整体平衡，进行缓苗保其成活。

（4）修剪对养分、水分利用的调整作用　通过修剪措施充分利用根部吸收的有限的水分、养分，在育苗中发挥最大效益。如通过修剪清理内膛枝、重叠枝，是因为这些枝条上的叶片向光面面积小、积累的有效养分少，或消耗大于积累。清除这部分枝冠后，水分、养分流向养分积累、利用率高的枝条，从而增加了苗木生长量。又如一些苗木开花后进入结果期，这个生殖生长过程消耗大量养分、水分。通过修剪摘除花蕾、清除幼果，阻止其生殖生长过程，节约下来的养分、水分即可用于营养生长，增加了苗木的年生长量。

（5）休眠期修剪是调整树势的最好时机　苗木休眠时各种生理活动处于停顿状态，局部的变化对其他部分以及整个植株产生的影响不大。一旦解除休眠、开始正常代谢活动后，树势调整很快到位，对生长势及成活率不会造成大的影响，所以修剪作业都集中在冬季进行。

3. 修剪与苗木枝芽特性的关系

修剪的对象是枝和芽，树种不同其枝芽的生长特性不同。研究枝芽的生长特点，采取不同的修剪方法，才能做到有的放矢，达到预期目的。

（1）萌芽力和成枝力　枝条和花都是由芽展开形成的，因此，芽实质上就是尚未发育的枝条、花及花序的原始体。和日常修剪相关的是一年生枝条上着生的芽，它的萌芽能力叫萌芽力。一个枝条上着生的芽在生长季节萌发得多则萌芽力强，反之则萌芽力弱。萌芽后形成枝条的能力称为成枝力。修剪目的不同，采取的方法不同，但必须以树种的萌芽力、成枝力为依据。

（2）芽的异质性　芽在分化发育过程中，由于内部的营养状况和外界环境条件的影响，芽形成的质量不同。一般枝条基部的芽和秋梢部位的芽多为瘪芽或盲芽，芽质较差；枝条中部的芽多饱满，芽质较好。这种芽质的差异，称为芽的异质性。芽的异质性是修剪时选取上口芽的依据。

（3）顶端优势　同一枝条，顶端或上部的芽抽生的枝梢长势最强，向下依次递减，树木的这个生长特性称为顶端优势，这是枝条背地生长的极性表现。顶端优势的强度同枝条着生角度有关，枝条越直立顶端优势表现越强。因此，可根据顶端优势这一生理特性以及培养目标，确定修剪方案。

4. 苗木修剪时期

（1）冬季修剪（休眠期修剪）　自秋季树木落叶至春季萌芽前（12 月至翌年 2 月）进行修剪，称为冬季修剪。凡是修剪量大的整形、截干、缩剪、更新等都应在冬季休眠期进行，以免影响树势及代谢平衡。另外，冬季修剪后形成伤流的核桃、元宝枫等树种应在发芽后再行修剪，葡萄可在落叶后防寒前进行修剪。冬季修剪的顺序可安排为先修剪耐寒树种，再修剪一般耐寒性树种，最后进入 2 月修剪耐寒性稍差的树种。因为耐寒性稍差的树种过冬后常发生抽条，修剪时即可一起进行清理，抽到哪儿剪到哪儿，如月季、紫薇、紫荆等。

（2）夏季修剪（生长期修剪）　自春季发芽后至当年停止生长前（4～9 月）进行修剪都称为夏季修剪。夏季修剪主要内容有调整各主枝方位，疏删过密枝条，摘心、剪除蘖芽等项作业。在生长期及时调整树势，减少不必要的养分损失，提前培育好树形。

5. 几种常用的修剪方法

（1）剥芽、去蘖　常用于某些 1 年生乔木树干的培养。这些树种生长特点是萌芽力、成枝力强，春季小苗的芽上下全部萌发，如若任其全部抽出枝条，长满众多侧枝，则根部供应的水肥营养就会分散，不能集中供给主干生长，影响培育合格的树形。所以在抽枝初期将下部芽剥掉，仅留上部 1/3 的芽，集中养分、水分促使上部枝条茁壮发育，从而达到培育主枝、主干的目的。在嫁接苗接后管理中，接口下部的萌芽应全部剥除，将养分集中供给接穗，促其成活、成长。

（2）摘心　摘心就是剪除枝端生长点，控制它的延长生长。在培养多主枝冠形的树种时，为了调整各主枝长势，对强枝进行摘心抑制其生长，达到各主枝均衡生长的目的。另外对一些抗寒性较差的树种，为了控制秋梢徒长，充实枝干，便于越冬，在入秋后应对苗木进行摘心。

（3）疏枝（疏删）　把过多的枝条，从基部剪除叫做疏枝。疏枝可以防止养分分散，利于通风透光，既增加了保留枝的生长势，又可预防病虫害。疏枝常用于树干的培养，把养分集中供应主干领导枝，可加速培养好的干形（养干）。疏枝用于移植苗的修剪，在移植断根情况下，平衡上下树势、减少根系供水负担，有利于缓苗，保证移植成活。如银杏移植后修剪，只能疏枝，不能进行枝条短截，否则不利于移植苗树冠的后期恢复。

（4）短截　短截即为减去枝条的一部分，留下适宜的剪口芽，刺激其萌发。短截的程度和留剪口芽性质不同，反应也不同：

① 轻短截。只剪除枝条的 1/4 长度，即枝梢部分。剪口芽如饱满，则发出枝条健壮；如剪口芽为盲芽或瘪芽，剪后萌发的枝条较弱，成为短枝，观花、观果树种常用此法促其花芽分化。

② 中短截。剪除枝条的 1/3，即取中部饱满芽处叫中短截。剪后发育的枝条长势旺盛，常用于培养延长枝或骨干枝。

③ 重短截。剪除枝条的 1/2 以上，基部只留少数几个芽进行短截，叫做重短截。修剪的目的是为了削减该枝条局部的生长势。留存的几个芽发枝都不会很壮，这些枝被用作辅助生长的营养枝。多数侧枝用重短截修剪，能促进该树顶端优势，有利于主干培养。

（5）缩剪　将较弱的主枝或侧枝，回缩修剪到 2 年或多年生枝条部位，选取适宜的剪口芽进行短截，压低或抬高其角度或改变其方位，使之复壮，改造整体树形，促其通风透光。其反应和短截相同。常用于花灌木的整形。

（6）伤枝　凡用各种破伤枝条的方法以削弱或缓和枝条生长势的措施，都称为伤枝。如割伤、环剥、拧枝、扭梢、拿枝软化（用手指捏揉枝条）等。此类措施是通过机械损伤阻碍输导组织，有利于局部枝条的营养物质的积累，促进花芽分化，多用于果树修剪和盆景树形培养。

（7）平茬截干　从地表以上 5～10cm 处，将 1～2 年生的茎干剪除掉，此法叫平茬截干，用于乔木养干。如杜仲、千头椿、栾树、国槐等，截干后萌生出徒长干，茁壮挺拔，当年达到提干高度，养成很好的树形。

（8）截冠　从苗木主干 2.5～2.8m（分枝点）处将树冠全部剪除。截冠修剪一般在出圃或移植苗木时采用，多用于无主轴、萌发力强的落叶乔木，如国槐、千头椿、栾树、元宝枫、小叶白蜡等。截冠后分枝点一致，进行种植可形成统一的绿地景观。

（9）修根　用于出圃苗、移植苗的根系修剪，即对过长根进行适当短截和清理病虫为害根、机械损伤的劈裂根。经修剪后可刺激萌生众多支根、须根，有助于恢复树势。

三、苗圃其他管理技术

1. 中耕除草的作用

中耕是指对土壤进行浅层翻倒、疏松表层土壤，除草是指清除杂草。这两项工作往往结合在一起实施，生产计划中则作为一项工序安排。其主要作用如下。

（1）中耕的目的　主要是松动表层土壤。其作用一是增加土壤的透气性，有利于根系进行呼吸作用；二是早春中耕因土层表面破碎增加了着光总面积，有利于吸收光的热能提高地温，这对种子发芽，移植苗、扦插埋条的生根，保养苗的萌动都具有促进作用；三是中耕切断了土壤毛细管上升水，既减少了土壤表层水的蒸发量、增加了土壤的保墒能力，又减少了盐碱涝洼地地表盐分积累；四是由于土壤的疏松有利于好氧细菌的活动，促进了有机质分解，增加了土壤肥力。总之，中耕松土有利于改善土壤的理化性质，有利于苗木生长。

（2）苗圃除杂草作业　主要针对繁殖区、花灌木小苗区，解决杂草与苗争光、争水、争肥的问题，保证幼苗正常的生长条件。清除杂草又是清除病虫害中间寄主的一项植保工作综合治理措施。

2. 中耕除草技术要求

中耕除草作业在4～9月进行，长达半年之久，耗费全年总用工的20%～30%。夏季杂草旺盛季节所耗用工力达到当时育苗用工的80%以上，在育苗抚育管理中是一项重点作业。为了切实完成好这项耗工量极大的作业，提高作业效率，总结了六个字："除早、除小、除了"。"除早"是指除草工作要早安排、提前安排，只有安排并解决了杂草问题之后，其他作业，如施肥、灌水等才有条件进行。"除小"是指清除杂草从小草开始就动手，不能任其长大为害苗木才动手，否则既造成了苗木损失，又增大了作业工作量。"除了"是指清除杂草要清除干净、彻底，不留尾巴，不留死角，不留后患。如果一次作业不彻底，用不了几天杂草又会卷土重来，浪费了时间和工力。

3. 中耕除草的作业安排及作业方式

中耕除草的时间及次数是根据不同条件和目的决定的。北方地区春季干旱，杂草难以萌芽生长；秋季立秋以后杂草结子，杂草停止了营养生长，在这两个时期以中耕作业为主。夏季高温多雨，杂草生长茂盛，容易形成草荒，因此进入6月以后则应以除草为主。一般小苗区每月安排中耕除草2～3次，大苗区每月安排中耕1～2次即可。灌水或大雨过后，为防止土壤板结，主要应在繁殖区和小苗区安排中耕松土，以利小苗生长。中耕除草方式有以下几种。

（1）人力中耕除草　这是目前苗圃采用最多的，也是主要的中耕除草的方式。使用的工具有小锄、中锄、大锄，其中以小锄使用最多。小锄中耕劳动强度大、工作效率低，亟需改进，但目前尚无有效的办法，尤其是小苗区中耕除草离不开它。

（2）机械中耕除草　机械中耕除草主要用于行距 1m 以上的大苗保养区，利于小型拖拉机、手扶拖拉机配带小型耕、耙、旋等农机具穿行行间进行翻土、松土作业。也可用高地隙型号的大、中型轮式拖拉机牵引多行中耕器在较低矮的小苗区进行作业。应积极推进机械中耕作业形式，改变人力中耕的老传统，最重要的是积极探讨、革新农机具，另外，就是要设计配套的适合农机作业的移植、养护苗木行株距，配套的机械作业道。各种型号割灌机已经用于清除杂草，应该扩大应用。

（3）畜力中耕除草　畜力中耕即是利用畜力牵引农机具，如用三齿耘锄、中耕器等进行中耕、松土、培土、除草等工作。虽不及机械作业，但比人力中耕省力，工效可提高 3～5 倍。

4. 苗木防寒的生理基础

园林树种很多是外引的，对本地区气候条件适应性较差，尤其是对北方地区冬季低温、干旱气候不适应，小苗期表现更为突出。如大叶黄杨、小叶黄杨、紫薇、紫荆、雪松、龙柏等“边缘”树种。其生理表现分以下几种。

（1）生理干旱　常发生在常绿阔叶树和鳞叶形的柏类，如龙柏、蜀桧等树种上。其机理是，冬季当树体环境温度过高、空气湿度过小时，叶及树冠蒸腾作用开始发生，而这时地下部分正处在冻层，温度较低，根处于休眠状态，没有吸收和输导水分的能力。这样整个植株的水分代谢失去平衡，叶及树冠因蒸腾而失去水分，根部不能及时补充供应，结果产生严重的抽条现象。生理干旱在温度突然较高的几天的暖冬时，常有发生。另外在保护地栽培条件下，如用塑料薄膜、编织彩条布扣棚防寒时，不注意控制棚内气温，使其高于 20℃以上，而此时地温较低，根系尚未活动，同样会发生生理干旱现象，造成苗木损失。采用小棚防寒时必须严格控温、保湿，适时通风降温或覆盖物降温，避免生理干旱发生。

（2）寒害　寒害是植物的遗传特性造成的。南方引进的一些苗木抗寒性差，主要原因是，冬季来临后其细胞液浓度较低，细胞含水量偏高，抵御不了低温，造成细胞冰冻，细胞壁破裂，这就是典型的寒害。寒害的发生与极端最低气温及其持续时间有关，与植株养分、干物质积累、老化程度有关。北方地区有些树种的幼龄树抗寒性较差，如大叶黄杨、小叶黄杨、青桐、法桐、木槿、紫薇、紫荆幼龄小苗组织幼嫩，细胞含水量高，在低温结冰条件下，细胞组织破裂，造成全株死亡或植株上部新生嫩枝抽条。因此，苗圃中这些树种的小苗需要防寒。

（3）冻害　有一定抗寒能力的树种，可抵御冬季低温而不受伤害，但低温伤害常在早春发生。早春地温上升，根系活动，树液开始流动，细胞吸水膨胀，这时突然出现寒流（倒春寒），气温下降至冰点以下，细胞破裂，造成植株严重损伤。木香、木槿、小叶黄杨、柿树、雪松等，以及刚萌芽的小苗常常遭此冻害。

（4）伤根　伤根实际是根部因低温导致的机械损伤，俗称冻拔，和树木本身的抗寒性无关。伤根现象常发生在特别寒冷的年份或地区，在潮湿且黏重的土壤中，因冰冻产生裂缝，造成苗根系拉断，暴露出土外，经风吹日晒失水枯死。小苗区因伤根损失比较严重。北方高寒地区常有发生。

5. 常用的防寒方法

（1）埋土防寒

① 全埋。适用于较小规格的且茎干有弹性的苗木。作业在封冻前进行。如埋土湿度过小，应提前一星期进行灌水。具体做法是顺行将小苗按倒，从两侧培土将苗木盖严，厚度 10～15cm。落叶小苗必须待落叶后才能实施。对 1 年生桧柏、小叶黄杨小苗可先用蒲包片覆盖后再盖土压严。

② 培土。适于较大规格或茎干硬脆的苗木，灌完冻水后在苗四周培土，培土高 30～50cm。目的是保护根颈环境，提高土壤温度，保持湿度，如女贞、石榴、雪松以及当年移植苗。

（2）假植防寒　多用于小苗期抗寒性较差的一些树种，如悬铃木、紫薇、紫荆、大叶黄杨、雪松小苗等。结合翌年春季移植，入冬前掘苗、分级入沟、入窖进行假植。这种方法安全可靠，又为翌年春季施工提前做好了准备工作。

（3）风障防寒　是针对常绿树采取的一种防寒措施，目的是防止冬、春季干风直吹树冠造成失水。作用是营造局部背风向阳的小气候，增加局部环境温、湿度。如雪松、龙柏、丝兰、大叶黄杨、大叶女贞等珍贵苗木的防寒。风障材料可用玉米秸、高粱秸，现在大多使用聚丙烯彩条编织布，成本较高。风障应架设在苗区的北侧或西侧，架设高度以保护对象高度进行设计，风障防寒的有效控制距离为风障高的 10 倍。风障应加设支柱、纤绳，保持其牢固性。

（4）保护地防寒　很多抗寒性较差的树种，尤其是在小苗阶段，为了使其安全越冬，增加全年生长量，早春提前展叶、开花，以利于出圃，通常采取保护地防寒措施。其规格高度依所保护的对象确定，可做成大棚，也可加盖小拱棚。棚内保持较高的温、湿度。保护地拱棚搭建应牢固，防止因风雪造成破损。管理上应严格控制棚内温度不能超过 25℃，温度过高，尤其是早春，要注意放风降温，避免造成生理干旱。早春，为控制棚内温度，可加遮阴覆盖物，如苇帘、遮阳网、草帘等。

（5）涂白防寒　涂白防寒应在封冻前进行。涂白就是在苗木的树干涂上熟石灰，形成一种保护膜。这个膜层可以起到抗风保湿、保温作用，减少树干皮部水分蒸腾。白色涂剂在日间光照下，可以反射光线，减少热量吸收；夜晚又可保温，减少昼夜温差，起到防寒作用。对一些抗寒性稍差和苗干怕日灼的苗木，如香椿、柿树、合欢、悬铃木、七叶树等常用此法。涂白剂浓度不可太黏稠，应加入适量黏着剂，防止涂剂脱落。可选用复合多效环保型涂白剂淇林柯白，也可以自配涂白剂，配方为：石灰 5kg、硫黄 0.5kg、水 20kg。

（6）灌冻水防寒　树木浇灌冻水有两个作用：一是可以增加土壤湿度，使树苗在过冬前吸足水分，可相对增加抗风、抗干旱能力，减少抽条的可能性；二是增加土壤的热容量，提高地温，保护根系不受冻害，尤其对倒春寒造成的冻害作用显著。应掌握浇灌冻水的时机，过早、过晚效果都不好。灌水后立刻封冻最好，冻水量要大。

（7）覆盖物防寒　覆盖物防寒的作用是提高地温，保持土壤的湿度，减少冻层的厚度，从而起到使树苗安全越冬的目的。对新移植的竹子、雪松等在加风障的同时，在根部铺撒马粪、树叶、锯末、秫秸等物，可使土壤晚封冻早解冻，利于苗木越冬。

（8）抑制蒸腾剂防寒　利用高脂膜喷布在枝、叶表面，依其膜质屏蔽作用防止干风吹，以防止枝叶气孔蒸腾过多失水。新移植的、抗寒性较差的常绿树雪松、龙柏，冬季容易抽条的紫薇、法国梧桐、金叶女贞等落叶树可用此法。应用时机一般选在冬末春初阶段，这个时期应用可有效地预防生理干旱的发生。

（9）间作防寒　将不耐寒的小规格的苗木间作在定植行距离较大的大规格常绿树中间，形成防风篱墙，能有效地改善局部小气候。如在桧柏、侧柏、雪松、刺柏的大行距中间种植大叶黄扬、小叶黄杨、金叶女贞等绿篱苗，可极大提高小规格苗木越冬后保存率。

6. 苗木防暑技术措施

苗木防暑以前很少提及，但这项技术措施在园林苗木培育过程中是必不可少的，应认真对待。许多原属高海拔地区或冷凉地区生长的树种，其生态习性决定了其在高温、干燥的环境中很难适应，必然导致生长发育不良。其生理原因主要表现在气温比较高、空气湿度很小的情况下，增加了植株的蒸腾作用强度，超出了其忍耐的极限，给植物造成伤害。华北地区盛夏，当气温达到 35℃以上时，许多树种即表现出受害状，如七叶树、赤杨、花楸、白桦、小叶椴等叶缘枯焦；大花水桠木、北五味子、天女木兰、华北落叶松等如不在遮阳条件下则较难度过盛夏；又如紫杉在华北当气温达到 40℃时，叶面大部分受日灼伤害产生突起；当气温达 35℃以上时，馒头柳常发生新梢枯死，造成其树冠自然形成馒头形。在育苗中，受高温伤害最严重的是很多适应冷凉气候的树种的播种小苗，如软枣猕猴桃、云杉类、木兰科及一些阴性树种小苗，它们必须在遮阳降温条件下才能正常生长，待长成为大苗时，抗热性才会有所增强。

苗木防暑降温的常用措施有以下几种。

（1）间作　将易日灼的苗木间种在大苗行间，可减轻日灼为害，促进苗木生长。

（2）搭荫棚　在繁殖区，播种、扦插小苗常用凉棚遮阴育苗，一般用苇帘、遮阳网等。

（3）适时播种　有些树种，为了使其初生幼苗安全度夏，预防立枯病发生，采取催芽措施，提早播种出土。这样，在盛夏高温到来之前，幼苗的木质化程度得到了提高，增强了幼苗的抗热性及抗病能力，如白皮松、华山松、油松等。

7. 苗木病虫害防治

防治重点是大树和色叶小灌木，因大树经过移植，根系、树枝等受到严重伤害，自然恢复期较长，抗病虫害功能下降，因此必须对大树进行密切观察，一旦出现病虫害，立即采取相应措施，控制病虫害蔓延。而色叶小灌木和杜鹃等在梅雨季最易发生病虫害，导致叶片斑变和脱落，所以需在梅雨季前就开始定期喷药防治（详见第四章病虫害防治部分）。

8. 苗木水肥药一体化管理技术

详见第六章园林植物水肥药一体化技术部分。

第四节　苗圃杂草防除技术

一、苗圃杂草概述

1. 苗圃中常见的杂草种类

苗圃杂草是指生长在苗圃中，分布广、危害苗圃、非人工有意栽培的草本植物。它是长期适应当地苗圃、耕作、气候、土壤等生态条件和其他社会因素而生存下来的，是园林生态系统中的一个组成部分，是自然环境中适应性最强、最繁茂的植物。其主要种类有，禾本科杂草：马唐、牛筋草、狗尾草、稗、狗牙根、白茅、一年生早熟禾、芦苇、双穗雀稗、碱茅等；阔叶类杂草：蒲公英、藜、荠菜、猪殃殃、田旋花、大巢菜、葎草、问荆、繁缕、车前、胜红蓟、苦荬菜、播娘蒿、马齿苋、刺儿菜、婆婆纳、卷茎蓼、苍耳、酸模、扁蓄、酢浆草等；莎草科杂草：香附子、碎米莎草、异型莎草、扁秆藨草、萤蔺等。以上杂草中主要危害杂草约为 30 种。

2. 苗圃主要越冬杂草种群及消长规律

该时期杂草大多在秋天至冬初发芽，次春开花结子。以阔叶杂草为主，禾本科杂草为辅，但禾本科杂草中的一年生早熟禾、看麦娘（5～6 月开花结子后死亡），由于阔叶杂草除草剂的长期使用，使杂草种群发生变化，这类禾本科杂草当前已成为优势种之一。其他禾本科杂草如雀麦、硬草等有不断上升趋势。阔叶杂草的优势种有播娘蒿、荠菜、麦家公、米瓦罐、猪殃殃、卷耳等，猪殃殃也有不断上升的趋势。其他多年生的杂草如刺儿菜、眼子菜等均有不断上升的趋势。

3. 苗圃早春主要杂草种群及消长规律

该类杂草集中萌发期为早春的 3 月中下旬，依然以阔叶杂草为主，禾本科杂草为辅。部分一年生杂草进入夏季后死亡，少数杂草如蒲公英、旋覆花、田旋花等4～8月间多次开花。一年生阔叶杂草的优势杂草主要有小藜、荠菜、夏至草、打碗花、野胡萝卜、猪毛菜、播娘蒿等。多年生草本旋覆花、蒲公英现在已成为该时期的优势杂草。禾本科杂草野燕麦、硬草局部发生，数量也少，目前危害较轻。因为除草剂的选择，婆婆纳、繁缕、牛繁缕、泽漆、刺儿菜、扁蓄等均有逐年上升的趋势。

4. 苗圃春末夏初主要杂草种群及消长规律

春末夏初开始发生的杂草是一年中危害最为严重的杂草，自四月下旬即开始萌发，萌发盛期为五月下旬至六月上旬，此期萌发杂草数量大、种类多、危害重，以禾本科杂草为主，阔叶杂草为辅，尤其是禾本科杂草难以有效防除。此期禾本科杂草的优势杂草主要有马唐、牛筋草、狗尾草、稗草、画眉草、白茅等。阔叶杂草的优势种除早春杂草的部分优势种外，春末夏初大量萌发的优势杂草有马齿苋、苦荬菜、反枝苋、葎草、小飞蓬、蓼、车前、独行菜、黄花蒿、中华地锦、黄花酢浆草等，同时莎草科杂草香附子有逐年加重趋势。

二、苗圃主要禾本科杂草识别

1. 马唐的特征识别

马唐为一年生草本，又称鸡爪草。株高30～60cm。茎基部倾斜或横卧，着土后节易生根。叶片条状披针形。叶鞘短于茎节，鞘口具毛，叶舌钝圆，膜质。总状花序3～8枚，呈指状排列于穗顶。小穗双行互生于穗轴一侧，颖果。是黄河、长江流域及以南地区的主要杂草。为夏季一年生禾草，春末夏初萌发，生长在较高温、湿度和中度光照、强光照条件下，穗的顶端有指状突起，横向生长竞争性很强。夏末初秋，温度变低时生长缓慢或停止生长，第一次霜冻后死亡（彩图1）。

2. 狗尾草和黄狗尾草的特征识别

狗尾草和黄狗尾草为夏季一年生草本。发芽晚，并常与马唐相混淆，但不像马唐那样横向扩展。株高30～60cm。茎秆直立或基部弯曲，有分枝。叶条形，长5～30cm，叶鞘松弛，叶舌毛状。近基部叶片上有茸毛，穗黄色，圆柱形为其鉴定特征（彩图2）。

3. 牛筋草的特征识别

牛筋草为禾本科，夏季一年生草本。又称蟋蟀草。须根发达，入土深很难拔除。株高15～60cm，秆扁，丛生。叶条形，长达15cm，叶鞘压扁具脊。穗状花序顶生，2～7个分枝呈指状排列于秆顶，小穗成双行紧密着生于压扁穗轴一侧。颖果长1.5mm，三角状卵形，有明显的波状皱纹。广布于全国各地。它在马唐萌发几周后开始萌发，外观上与马唐相似但颜色较深，中心呈银色，穗呈拉链状，常见于暖温带及热带气候区的板结、排水不良的土壤上（彩图3）。

4. 稗草的特征识别

稗草为一年生草本。株高50～130cm。秆直立或斜生，下部节上还会长出分蘖，无毛。叶条形，长可达40cm，中脉灰白色，叶鞘光滑，无叶耳、叶舌。圆锥花序顶生，直立或垂头，紫褐色，小穗密集于穗轴一侧，有芒。谷粒椭圆形，黄褐色，平滑有光泽（彩图4）。

5. 一年生早熟禾的特征识别

一年生早熟禾为一年生或多年生，在潮湿遮阳条件下，苗圃土壤板结时发生蔓延。生长习性从疏丛型到匍匐型，在冷的气候下，常在炎热的夏季干枯死亡。整个生长季节都长穗，4、5月份抽穗最多（彩图5）。

6. 狗牙根的特征识别

狗牙根为多年生旱田杂草。又称拌根草。匍匐根状茎发达，覆盖地面或埋于浅土层，质硬，多分枝，节上生根。株高10～30cm。叶条形，叶鞘具脊，鞘口常有长柔毛，叶舌短呈小纤毛状。穗状花序呈指状排列于秆顶，小穗侧偏，灰绿色或淡紫色，无柄，呈覆瓦状排列于穗轴一侧。颖果。暖季型多年生禾草，常见于暖温带气候区内（彩图6）。

7. 白茅的特征识别

白茅为多年生杂草，又称茅草。根状茎发达、黄白色、有甘汁，节有鳞片和不定根。地上茎直立，叶线状披针形，主脉明显，脊部突出。叶多聚集茎基部，有叶舌，膜质钝尖。圆锥花序，长5～15cm，小穗长圆形，基部密生白色长丝状柔毛，花药黄色，小穗成熟后自柄上脱落，种子随风飞散。遍布全国（彩图7）。

8. 芦苇的特征识别

芦苇为多年生草本。又叫苇子。根状茎粗壮，匍匐地下，纵横交叉。茎直立，高1～2m。有节，节上有白粉。叶鞘圆桶形，无毛或有细毛，叶舌有毛。叶片宽披针形或阔条形。圆锥花序，小穗上除第一小花为雌花外，其余全为两性花，外稃窄披针形，基盘有长丝状柔毛。主要分布于东北、西北、华南垦区及东部沿海地区（彩图8）。

9. 双穗雀稗的特征识别

双穗雀稗为禾本科，多年生草本。株高20～60cm。具根状茎和匍匐茎。叶片条形或条状披针形。总状花序，小穗椭圆形，成两行排列于穗轴一侧。颖果椭圆形，贴生于内稃，极不易分离。主要分布于我国南部地区（彩图9）。

10. 碱茅的特征识别

碱茅为禾本科，多年生或越年生杂草。茎秆直立，基部膝曲多分蘖。叶鞘短于节间，光滑无毛，叶舌膜质；叶片窄披针形，暗绿色。圆锥花序展开，每节又6个细长分枝，平展或上举。颖与外稃顶端钝，有不规则细齿。颖果纺锤形。该草是华北及黄淮海地区的严重杂草（彩图10）。

三、苗圃主要阔叶杂草识别

1. 播娘蒿的特征识别

播娘蒿为十字花科，一年生或越年生草本。又称麦蒿。株高30～120cm。茎直立，多分枝，密生灰色茸毛。叶二至三回羽状深裂，背面多毛，下部叶有柄，上部叶无柄。总状花序顶生，花淡黄色。长角果窄条形，果梗长。种子一行，长圆形至卵形，褐色，有细网纹。主要分布于华北、西北、华东、四川等地（彩图11）。

2. 荠菜的特征识别

荠菜为十字花科，一年生或二年生草本。茎直立，有分枝，全株被白色的分枝毛。基生叶丛生，平铺地面，大羽状分裂，裂片有锯齿，叶柄长，抽薹后叶互生。茎生叶不分裂，窄披针形，基部抱茎，有缺刻或锯齿。总状花序多生于枝顶，少生于叶腋。花小，白色，有梗，成十字形排列。果实为短角果倒三角形或倒心形，扁平，先端微凹。种子长椭圆形，淡褐色。全国各地都有分布（彩图12）。

3. 藜的特征识别

藜为藜科，一年生早春性草本。又称灰菜。茎直立，多分枝，有条纹。叶互生；叶形变化大，多为菱、卵形或三角形，先端尖，基部宽楔形；叶缘具不整齐的粗齿，叶背有灰绿色粉粒，叶柄细长。花小，聚合成圆锥花序，排列密，顶生或腋生。胞果包于花被内或顶端稍露，种子双凸状，黑色，有光泽。全国各地都有分布（彩图13）。

4. 猪殃殃的特征识别

猪殃殃为茜草科，一年蔓生或攀缘草本植物。茎自基部多分枝，茎有四棱，棱上、叶缘及叶被中脉均有倒钩刺。叶4～8片轮生，叶条状倒披针形，近无柄。聚伞花序，腋生或顶生，疏散；花小，花冠黄绿色，有细梗。小坚果双头状，密生钩状刺。主要分布在黄河以南各省（彩图14）。

5. 田旋花的特征识别

田旋花为旋花科，多年生草本。又称箭叶旋花、小喇叭花。茎细弱，横生或缠绕。叶互生，卵状长圆形或箭形，全缘或3裂，中裂片较长，两裂片展开、略尖，叶柄长。花单生于叶腋，花冠漏斗形；粉红色或白色，顶端5浅裂。蒴果球形或圆锥形；种子4粒，卵圆形，黑褐色。与田旋花相似的为小旋花，又叫打碗花、兔耳草。全国各地都有分布（彩图15）。

6. 大巢菜的特征识别

大巢菜为豆科。越年生或一年生蔓性草本。又称救荒野豌豆。茎自基部分枝，长25～70cm，有棱，疏生短茸毛。羽状复叶，有卷须；第一、第二羽状复叶有小叶1～2对，小叶长椭圆形或倒卵形，先端截形，凹入，有细尖，基部楔形，两面疏生黄色柔毛；托叶戟形。花1～2朵生于叶腋，花梗短，有黄色疏短毛；花萼钟状，萼齿5，有白色疏短毛；花冠紫红色或红色。荚果条形，扁平。种子近球形。幼苗子叶留土。全国都有分布（彩图16）。

7. 铁苋菜的特征识别

铁苋菜为大戟科，一年生草本。株高30cm。茎直立，光滑无毛，有分枝。叶互生，卵状棱形，叶缘有钝齿，叶柄长。穗状花序腋生，雌花生于叶状苞叶内，苞片展开时呈肾形。蒴果小，钝三角形，被粗毛。主要分布于长江及黄河流域中下游及西南、华南各地（彩图17）。

8. 问荆的特征识别

问荆为木贼科，多年生草本。地上茎二型。孢子茎黄褐色，肉质圆柱形，不分枝，鞘大而长，茎顶着生孢子囊穗；营养茎鲜绿色，高15～60cm，具6～15条纵棱。叶退化，下部联合成鞘；鞘齿三角状披针形、膜质，与鞘筒近等长。分枝轮生，中实，有棱脊3～4条，单一或再分枝（彩图18）。

9. 苣荬菜的特征识别

苣荬菜为菊科，多年生草本。株高20～50cm。地上茎直立，常呈紫红色，上部分枝。基生叶长圆状披针形，长10～20cm，先端钝尖，基部渐窄成柄，叶缘有稀缺刻或浅羽裂；中脉白色，较宽。茎生叶无柄，基部耳状抱茎。头状花序在茎顶排成伞房状。苞叶多层，舌状花鲜黄色。瘦果长椭圆形，冠毛白色。全国都有分布（彩图19）。

10. 刺儿菜的特征识别

刺儿菜为菊科，多年生草本。又叫小蓟、刺蓟。有较长的根状茎。株高20～50cm，茎直立，无毛或有蛛丝状毛。叶互生，无柄；茎生叶椭圆形或椭圆状披针形，全缘或有齿裂，边缘有刺，两面有蛛丝状毛。头状花序，单生于植株顶端，苞片多层；花管状，紫红色。瘦果椭圆形或长卵形，褐色，冠毛羽状。该草再生能力强。全国各地都有分布（彩图20）。

11. 苍耳的特征识别

苍耳为菊科，一年生草本。又称老苍子。茎直立粗壮。叶三角状卵形或心形，3 条叶脉明显，叶柄长 3～11cm。头状花序单性腋生或顶生，成簇生长；雄花序球形，密生柔毛；雌花序椭圆形。瘦果，倒卵形。成熟后包在瘦果外的总苞片变硬，颜色由绿变成淡黄或褐色，表面有稀疏钩刺。遍布全国各地。主要靠种子繁殖，也可以通过匍匐茎繁殖。叶片小，多茸毛，深绿；生长致密，与繁缕生长习性相似。是潮湿和板结土壤的指示植物（彩图 21）。

12. 蒲公英和长叶蒲公英的特征识别

蒲公英和长叶蒲公英为菊科。多年生种子繁殖，主根长，具有再生能力。叶片尖裂，花浅黄；种子成熟后变白，随风飘移。长叶蒲公英多见于贫瘠、生长不良的苗圃，常与车前子共生（彩图 22）。

13. 胜红蓟的特征识别

胜红蓟原产墨西哥，现已广布长江流域以南各地，尤以广东、广西、福建、云南更为普遍。为菊科一年生杂草。全株稍带紫色，被白色多节长柔毛。茎直立。叶对生，卵形或菱状卵形，先端钝，基部圆形呈宽楔形，边缘有钝圆锯齿，两面被稀疏的白色长柔毛。头状花序小，在茎顶密集排成伞房状。瘦果，黑色。幼苗除子叶外全株被毛，揉之有臭味。种子繁殖，果实随熟随落或随风传播，种子经短期休眠后萌发（彩图 23）。

14. 繁缕的特征识别

繁缕为石竹科，一年生或越年生草本植物。又称鹅肠草。株高 10～30cm。茎直立或平卧，自基部多分枝，下部节上生根，茎的一侧有一短柔毛。叶对生，卵形，全缘，顶端锐尖，下部叶有长柄，上部叶无柄。花单生于叶腋或排成顶生的聚伞花序，花梗长约 3mm，花白色。蒴果卵形或长圆形。种子近圆形，稍扁，褐色，密生刺状小突起。全国各地都有分布。是潮湿、板结土壤的指示植物，常见于稀疏草坪区（彩图 24）。

15. 反枝苋的特征识别

反枝苋为苋科，一年生草本。又称西风谷、野苋。茎粗壮，稍有钝棱，株高 20～120cm，多分枝，密生短柔毛。叶互生，有柄；叶菱状卵形或椭圆状卵形，顶端有小尖头，基部楔形；叶全缘或波状缘；叶脉明显突起。圆锥花序顶生或腋生。苞片膜质，花白色，有一淡绿色中脉。胞果扁球形，种子倒卵形或近球形，棕黑色。广布于温暖潮湿地区（彩图 25）。

16. 马齿苋的特征识别

马齿苋为马齿苋科，夏季一年生草本。又称马齿菜、晒不死。茎匍匐，多分枝，光滑无毛，绿色或紫红色。单叶互生或对生，叶短圆形或倒卵形，肉质肥厚，无柄，全缘，光滑。花黄色，生于枝顶。蒴果圆锥形，盖裂。种子极多，肾状卵形，黑色，表面有小突起。在温暖、潮湿、肥沃土壤上生长良好。在新建苗圃上竞争力很强（彩图 26）。

17. 葎草的特征识别

葎草为桑科，一年生缠绕性草本。又称拉拉秧。茎细弱，藤性，长可达 1～6m，六棱形，茎和叶柄密生倒刺。叶对生，掌状 5～7 深裂，边缘有粗锯齿，两面有硬毛。花单性黄绿色，雌雄异株。雄花序圆锥形，顶生或腋生；雌花近球形，穗状花序，腋生，苞片卵状披针形。瘦果扁球形，淡黄色。分布于全国南方各地区及北方南部较暖地带（彩图 27）。

18. 阔叶车前和车前的特征识别

阔叶车前和车前为车前草科。多年生，种子繁殖，叶子形成莲座叶丛，指状花轴，直立生长。常见于植株稀疏、肥力低的苗圃（彩图 28、彩图 29）。

19. 酢浆草的特征识别

酢浆草为酢浆草科。淡绿色，种子繁殖，一年生或多年生，心形叶片，花黄色、五个瓣。一般生长在潮湿、肥沃的土壤上。常见于温带气候区内（彩图 30）。

20. 扁蓄的特征识别

扁蓄为蓼科。生长低矮，一年生，早春发芽生长。阶段不同外观有所不同。幼苗时有细长、暗绿色叶片，互生于有节的茎上。生长后期，叶小、淡绿色，具不明显的小白花。长主根，抗干旱。在板结土壤上生长良好，主要分布在温带和亚热带气候区（彩图 31）。

21. 大马蓼的特征识别

大马蓼为蓼科，一年生草本。又称酸模叶蓼。株高 20～100cm。茎直立呈绿色至粉红色，有分枝，光滑无毛，茎节膨大。叶互生，叶片披针形或宽披针形，全缘，大小变化很大，顶端渐尖，基部楔形；前期叶片上常有新月形黑斑。花序圆锥形，顶生或腋生。花淡红色或白色。瘦果卵形，扁平，黑褐色，有光泽，全部包于宿存花被内。分布于东北、华北、华中、陕西等地（彩图 32）。

22. 卷茎蓼的特征识别

卷茎蓼为蓼科，一年生草本。又称荞麦蔓。茎缠绕，细弱，具分枝。叶互生，多呈圆形或心形，先端渐尖，基部宽心形；托叶鞘状褐色，无毛。花序顶生或腋生，穗状花序间断状稀疏排列。花稀疏，白色或淡红色；苞片淡绿色，边缘白色；花被 5 深裂。果实稍增大，瘦果三菱形，黑色，无光泽，包于宿存花被内。主要分布于东北、西北、华北等（彩图 33）。

23. 酸模的特征识别

酸模为蓼科。丛状多年生，叶片箭形，主根粗，种子及侧枝匍匐茎繁殖。是酸性、低肥力土壤的指示植物，主要分布于温带气候区（彩图 34）。

24. 婆婆纳的特征识别

婆婆纳为玄参科，包括几种一年生和匍匐多年生品种，常在苗圃上形成致密斑块。漂亮的蓝花，常用于园林中的装饰植物，一旦侵入苗圃则很难用传统的阔叶除草剂去除（彩图 35）。

四、苗圃主要莎草科杂草识别

1. 异型莎草的特征识别

异型莎草在全国各地区均有分布。一年生莎草。秆直立，扁三棱形，黄绿色，质地柔软。叶条形，叶鞘红褐色。聚伞花序，顶端单生多数小穗组成的头状花序，有的辐射枝短缩，形成状如单生的头状花序，淡褐色至黑褐色。小坚果倒卵形或椭圆形，有三棱，浅黄色，有极小的突起。种子（小坚果）繁殖。发芽的最适温度为 30～40℃的变温。幼苗淡绿色至黄绿色，基部略带紫色，全体无毛。种子经 2～3 个月的休眠后即可萌发，一年可以发生两代（彩图 36）。

2. 香附子的特征识别

香附子为世界恶性杂草。分布于我国华东、华南、西南等热带、亚热带地区，河北、山西、陕西、甘肃等地区也有。多年生莎草，直立草本。根茎横走，先端膨大形成卵形或纺锤形的块茎。块茎坚硬、褐色或黑色，有香味，节上有须根。秆散生，直立，秃净光滑，三棱形。叶基生，狭披针状条形，背部中脉突出，基部叶鞘紫红色。聚伞形花序。小坚果矩圆形或倒卵形，有 3 棱，暗褐色，有细点。块茎和种子均可繁殖，地下根茎顶端膨大形成块茎，块茎繁殖力极强。发芽温度为 13～40℃，新生植株长出的根茎和块茎，蔓延生长很快，如只锄去地上茎叶，又能迅速长出新苗，故有“回头青”之名（彩图 37）。

3. 萤蔺的特征识别

萤蔺在全国南北各地区均有分布。多年生莎草。根状茎短，具许多须根。秆圆柱形，基部有 2～3 个鞘，无叶。苞片 1 枚，像秆的延长，直立；小穗 3～5 个聚成头状，卵形，棕色或浅棕色，含多花；鳞片卵形，背面绿色，有 1 条中肋，两侧棕色，有条纹。小坚果卵形，平凸状，成熟时黑褐色，有光泽。根茎和种子（小坚果）繁殖。北京地区根茎在 3 月下旬至 4 月上旬出苗，种子于 5 月底起发芽，6 月间为出苗高峰（彩图 38）。

4. 扁秆藨草的特征识别

扁秆藨草在全国各地均有分布。多年生莎草。具匍匐根状茎和块茎。秆三棱柱形，光滑。叶条形扁平，基部具长叶鞘。苞片叶状，1～3 枚，比花序长；聚伞花序常成头状；鳞膜质，螺旋状排列，有疏柔毛，有 1 脉，顶端撕裂状，具芒。块茎和种子繁殖。种子宽倒卵形，扁平，深棕色至褐色，平滑而有小点，最适温度为 20～30℃（彩图 39）。

5. 碎米莎草的特征识别

碎米莎草在全国多地都有分布。别名三方草。为一年生草本，高 8～85cm，有须根。秆丛生，为扁三棱形。叶片长线形，短于秆，宽 3～5mm；叶鞘红棕色。穗多为长圆形和披针形；小穗排列疏松，压扁，长 4～10mm；具花 6～22 朵；鳞片排列疏松，膜质，宽倒卵形，先端微缺，具短尖，有脉 3～6 条。果实呈倒卵形或椭圆形，褐色，花果期 6～10 月。春夏季出苗，花果期夏秋季。为秋熟地主要杂草，湿润旱地危害较重，水稻田中也有发生（彩图 40）。

五、苗圃杂草防除

1. 苗圃杂草的防除技术

（1）农业防除　根据具体情况可综合采用如下防除措施：深耕细作；精选良种；高温堆肥；高密度栽培；迟播诱发；管理水源等。

（2）植物检疫　在保证种子“四化一供”的前提下，在种子调运过程中，做好产地检疫和各环节的检疫，未经检疫的种子不得出售，以防恶性杂草及害虫的传播蔓延。毒麦、野燕麦均属检疫对象。加强检疫性杂草的检疫工作，是防除杂草的有效措施之一。

（3）生物除草　利用真菌、细菌、病毒、昆虫等除草，以及以草克草等，生物除草是一项除草的好办法。

（4）化学药剂除草　利用无公害药剂进行杂草化学防除时，一定要根据杂草种类和苗圃种类选择对应的除草剂品种防除草害。化学除草剂具有用工少、成本低、除草彻底等优点。

2. 苗圃化学除草

（1）苗圃化学药剂除草特点　园林苗圃的特点是苗木品种多、规格多、养护类型多、在圃周期长，换茬频率高，所以在消灭杂草的同时，保护苗木的难度较大。针对园林苗圃苗木生产特点，虽然经过 20 多年苗圃化学除草的试验，总结了一些有益的经验，但仍有不少搞不清原因的教训，所以化学除草在园林苗圃的实施、推广近年来受到一定的阻力，尚无可靠的、完善的化学除草技术规范形成。

（2）园林苗圃化学除草的施用原则

① 必须选择残效期短的除草剂。园林苗木在圃养护周期较长，如果连续几年使用同一种除草剂必然造成残效积累，最终必然造成药害。

② 必须经过试验确定除草剂品种及使用技术。化学除草药剂产品更新较快，经常推出一些新的品种除草剂。因此应组织一些专业研究员对除草剂进行不同的药效实验，测定它们对哪些植物敏感，哪些植物可用，然后才能投入市场使用。

③ 安全使用注意事项。坚持药剂应用发放登记制度；做到“三专”，即指定专人负责、确定专用工具、设立除草剂专用库；安全操作，如不重喷、漏喷，风、

雨天不能喷等。

3. 苗圃除草剂的行业要求

① 除草剂必须在园林植物上允许使用。

② 必须科学、合理地使用除草剂。包括使用方法、用药量、施药次数、安全间隔期等，都必须科学合理。

③ 使用对环境没有污染或污染低于国家规定的安全标准的除草剂。

④ 无公害除草剂并非完全无公害，而是造成的危害低于国家规定的安全标准。

4. 使用无公害苗圃除草剂应遵循的原则

① 正确选择无公害苗圃除草剂品种。由于不同除草剂品种作用特性、防治对象不同，所以要根据苗木种类、长势情况、杂草发生情况，选用适宜的除草剂品种。

② 正确确定用药量。根据除草剂品种特性、杂草种群数量和生育状况、气候条件及土壤特性，确定单位面积最佳用药量。

③ 确定最佳使用时期和方法。尽量使用定向喷雾法喷施无公害苗圃除草剂，以免喷施到苗木心叶上对心叶造成伤害。

④ 做好除草剂的轮换和交替使用计划，以避免杂草群落的演替和抗性的产生。

⑤ 注意人、畜安全和环境保护问题。

5. 栽植苗圃前杂草的无公害防除技术

（1）栽植苗圃前的土壤处理　在划定区域内确定要栽植苗圃时应先对地块内出现的杂草进行处理，可选择无风的晴天每亩使用淇林草枯郎 200～300mL 兑水 30kg，对着杂草均匀喷雾；在栽植苗圃前 1～2 周按照以上剂量先施药，等杂草完全死亡干枯后进行翻地，平整后即可栽植苗圃。

（2）栽植后的土壤封闭处理　苗木栽植后为了防止苗木在缓苗期间土壤里长出杂草，可在杂草萌发前或刚萌动的幼芽期使用淇林封杂每亩 120～150mL 对土壤进行均匀喷雾，不重喷漏喷。对土壤中绝大多数通过小粒种子繁殖的一年生禾本科杂草牛筋草、马唐、稗草等和各类阔叶杂草均能有效防除，对莎草科杂草也有一定的防效。对多年生及大粒种子萌发杂草效果差。持效期可达 60～90 天。

6. 苗圃中常见禾本科杂草的无公害防除技术

苗圃中常见的禾本科杂草主要有马唐、牛筋草、稗草、狗尾草等，可以采用无公害除草剂淇林标奔每亩 50～60mL 兑水 25～30kg（两喷雾器水），7～8 月份高温季节应选择在上午 10 点以前或下午 5 点以后喷药，喷雾要细致周到、不重喷漏喷。同时配合高硅使用，效果更佳。土壤湿度大、杂草生长幼嫩有利于药效的发挥，土壤干旱时使用效果差；内吸传导速度快，用药后 4h 下雨也不影响药效发挥；3～4天即可看到杂草节间腐烂发黑，营养不能传导；7～8天即可整株死亡，当禾本科杂草草龄较大时可以适当增加用药量。对绿篱苗圃高度安全。

7. 苗圃中常见阔叶杂草的无公害防除技术

苗圃中常见的阔叶类杂草主要有空心莲子菜(水花生)、藜、田旋花、小飞蓬等，可以采用无公害除草剂圃莎净在阔叶杂草出苗1～6叶幼嫩生长期每亩4g，采用二次稀释法兑水25～30kg(两喷雾器水)，喷雾时要均匀周到，以保证杂草都能黏附到药剂。同时配合高硅使用，效果更佳。因苗圃和需要防除的阔叶杂草均属阔叶植物，所以在使用无公害药剂时要格外慎重，应考虑到以下几点：

① 扦插苗木应在确定成活并生长一个完整周期(历经生长、休眠、再生长)以后使用，移栽苗木成活不足6个月的禁用。因苗木种类繁多，在大面积应用时建议先做小区试验后再应用。

② 土壤湿度大、杂草生长幼嫩有利于药效的发挥，土壤干旱时使用效果差。

③ 喷施时注意防护，尽量避开苗木幼嫩的新叶和顶梢部位，不能飘移到其他阔叶植物上。

④ 如果苗圃里还有禾本科杂草发生，可以按照推荐用量和标奔混合使用，省工省时。

⑤ 使用时采用二次稀释法，即先用少量水将药剂稀释成母液，然后再加水稀释至使用浓度。

8. 苗圃中常见莎草科杂草的无公害防除技术

苗圃中常见的莎草科杂草主要有香附子、水蜈蚣、异型莎草、日照飘拂草等。可以采用无公害除草剂淇林三莎清在杂草3～5叶幼嫩生长期每亩8g，采用二次稀释法兑水25～30kg(两喷雾器水)，喷雾时要均匀周到，以保证杂草都能黏附到药剂。当防除对象为香附子或杂草比较幼嫩时用药少，防除水蜈蚣或杂草较大时用药量大。同时配合高硅使用，效果更佳。施药后药物能快速被杂草茎叶吸收并传导至根部，用药7～10天杂草可表现出明显中毒症状，10～15天根部变黑腐烂，真正做到茎死根烂、死草彻底，使用一次可持效60～90天。使用三莎净时，应注意到以下几点。

① 扦插苗木应在确定成活并生长一个完整周期(历经生长、休眠、再生长)以后使用，移栽苗木成活不足6个月的禁用。因苗木种类繁多，在大面积应用时建议先做小区试验后再应用。

② 移栽缓苗以后任何苗木健壮生长期防除香附子、水蜈蚣等莎草科杂草及部分阔叶杂草，杂草3～5叶期为最佳。

③ 严格按照使用说明操作，严禁随意增减用药量。苗圃地使用时尽量避开心叶。土壤湿度大、杂草生长幼嫩有利于药效的发挥，土壤干旱时使用效果差。

④ 苗圃地周边如有阔叶植物应谨慎使用，喷施时一定注意防护，不能飘移到其他阔叶植物上。

⑤ 使用时采用二次稀释法，即先用少量水将药剂稀释成母液，然后再加水稀释至使用浓度。

9. 苗圃中寄生性杂草菟丝子的无公害防除技术

菟丝子是一种生理构造特别的寄生植物，其组成细胞中没有叶绿体，利用爬藤状构造攀附在其他植物上；并且从接触宿主的部位伸出尖刺，戳入宿主直达韧皮部，吸取养分，长茂盛后，阻挡宿主植物进行光合作用。主要危害黄杨、红花继木、女贞、海桐、石楠、龙柏、福建茶等灌木和小乔木。在菟丝子发生时，选择无风的晴天使用淇林菟丝净 20g 兑水 30kg 均匀喷雾。使用菟丝净时应注意以下几点：

① 产品含量高，要用二次稀释法稀释，即要将药剂充分溶解。

② 不要随意增减用药量，喷雾要均匀稀释，不重喷不漏喷。

③ 当菟丝子发生量较大植株也较大时，有条件的可先用细竹竿等对菟丝子敲打，造成创伤再施药，效果更好。

④ 对草花类、花灌木类植物要慎用。

⑤ 避光贮存。

第二章 园林树木的配置与栽植

第一节 园林配置

一、 园林配置的基本要求、 原则和功能

1. 园林配置的内容与要求

园林植物绝大多数是经过人们的选择人工栽植的。园林植物栽植地的条件相当复杂，体现了各种气候、地形、土壤、水文、植被等因子的综合，特别是人为活动对栽植地特性的影响十分强烈。园林植物配置包括植物的景观配置方式，群集栽培中的水平结构、垂直结构（复层混交）及植物搭配等内容，是一项很复杂的技术。在配置中要解决好树种间、植株间、树木与环境和树木与景观间的关系。园林植物配置的基本要求如下。

（1）经济上的合理性　应充分考虑综合成本，以追求最小的成本树种进行园林植物配置。

（2）生态上的科学性　要充分考虑植物物种适应环境的要求，植物之间的需求——种间关系。做到适地适树，合理配置多种植物，避免种间直接竞争，形成结构合理、种群稳定的群落结构。

（3）景观配置上的艺术性　植物配置要在审美艺术上追求与环境的配合协调之美、整体与局部之美、季节变换之美、色彩搭配之美、近期与远期之美。

（4）风格上的地方性　尽可能地选择优异的地方特色乡土树种，保证维护的稳定性、效果的持续性。

2. 园林植物配置的基本原则

（1）仿生原则　根据植物习性和自然界植物群落形成的规律，仿照自然界植物群落的结构形式，经艺术提炼而成。师法自然，虽由人作，宛自天开。

（2）植物多样性原则　尽可能多地运用植物种类，达到生态多样性要求。

（3）生态位原则　应充分考虑物种的生态位特征，合理选配置物种类，避免种间直接竞争，形成结构合理、功能健全、种群稳定的复层群落结构。

（4）景观艺术性原则　植物配置不是绿色植物的堆积，也不是简单的返璞归真，而是审美基础上的艺术配置，"源于自然而又高于自然"。

（5）适地适树原则　尽可能多用乡土树种，保证效果的稳定性。园林树种选择，一方面要考虑树种的生态学特性，另一方面要使栽培树种最大限度地满足生态观赏效应的需要。前者是树种的适地选择，后者是树种的功能选择。

3. 树木配置中的五大美观要点

园林树木有其外形之美、风韵之美以及与建筑配合协调之美等方面。故在配置中宜切实做到在生物学规律的基础上，努力讲究美观。

（1）树木之美应以健康生长为基础　园林树木的美不论是外形、色彩、风韵或与建筑配合协调关系等方面，都要以生长健康作为基础，也就是生长正常，而非衰弱或过分生长。有了健康的生长，才可充分表现其本身的特长和美点。园林树木应充分发挥其自然面貌，除少数需人工整枝修剪保持一定形状外，一般应让树木表现其本身的典型美点。

（2）配置园林树木时要注意整体与局部的关系　配置园林树木时要在大处着眼的基础上安排细节问题。配置中的通病是，过多地注意到局部，而忽略了主体安排；过分追求少数树木之间的搭配关系，而没注意整体、大片的群体效果；过多地考虑各株树木之间的外形配合，而忽视了适地适树和种间关系等基本问题。这样的结果往往是烦琐支离、零乱无章。为此，在树木配置时，应注意以下几点：

① 先面后点。就是先从整体考虑，大局下手，然后再考虑局部穿插细节，做到"大处添景，小处添趣"。

② 先主后宾。在一个景区里，树木配置，要主宾分明，先定主景树种，再选择配景树种。

③ 远近结合。树木配置时，不但考虑一个景区内树木搭配，还要与相邻空间或远处的树木和背景及其他景物能彼此相呼应，才能取得园林空间艺术构图完整性。

④ 高低结合。一般说在一个园林空间或一个树丛、树群内，乔木是骨干。配置时要先乔木，后灌木，再草花。要先定乔木的树种、数量和分布位置，再由高到低分层处理灌木和草花，这样才能有完美艺术形象的立体轮廓线。

⑤ 近期与远期效果相结合，即应考虑长期稳定的效果。如北京某居住小区，

设计时只考虑近期效果，刚建时树木的大小、比例都很合适，许多人去参观。不到十年，树木长得很大互相拥挤，效果很差，达不到设计者的要求；另一方面就是株行距很大，也达不到设计者的要求。这就要求在配置设计时考虑快长树与慢长树相结合。快长树能早显示出绿化效果，慢长树能维持长时间的绿化效果。几年后，当快长树枝叶繁茂拥挤、主要树种生长受到压抑时，即应适当地分批疏伐快长树，为慢长树创造良好的生长环境。

（3）进行园林树木配置时，注意季节及气候等变化　首先，应做到四季各有重点，三季有花开。如在“五一”“十一”、元旦、春节等节日前后应当有花果可赏，有园景可览。此外，气候变化也是应当考虑的。如牡丹忌烈日、大风，为使牡丹花期长一些，为其生长创造良好的环境，宜在大树下或背风向阳处种植。

（4）园林树木的配置要满足园林设计的立意要求　设计公园、风景区、绿地都要有立意、创造意境，配置时常常加一些诗情画意，从而达到设计者的要求。

① 在幽雅、安静的休息区种植白花、粉花、淡黄色花等淡颜色的树木。

② 在万紫千红、欢快的儿童公园，种植红色、黄色花的树种以及颜色鲜艳的草花等，有一种节日的气氛。

③ 为达到庄严肃穆的效果，种植松柏类、其他常绿树、白花灌木等。

④ 平湖秋月是杭州西湖一景，为了体现秋色、秋香、秋月，增加一些诗情画意，选择树种为桂花(满足秋香)、红枫、鸡爪槭、紫叶李、乌桕、柿子，这样秋天红叶、红果、花香可反映出来。八月十五时，人们就很容易想到“月到中秋桂子香”的诗句。

（5）在特殊要求中，要有创造性，不拘泥于树木的习性　雄伟壮丽的天安门，若都种成花木就达不到雄伟庄严的效果，而种一些白皮松、油松、柳树、毛白杨即可达到这种效果。特别是选用一大片油松林来烘托人民英雄纪念碑，表现中华儿女的坚贞意志和革命精神万古长青、永垂不朽，对宏伟庄严肃穆的毛主席纪念堂也是很好的陪衬。从内容到形式上这个配置方案是成功的，选择油松树种也是正确的。但是如果仅从树种习性来考虑，侧柏及圆柏均比油松更能适应广场的生境，就不会有现在需换植一部分生长不良的枯松的麻烦，在养护管理上也省事和经济多了。但是天安门广场绿化的政治意义和艺术效果的重要性是第一位的，油松的观赏特性比侧柏和圆柏的观赏特性更能满足这第一位的要求，所以即使其适应性不如后二者，但仍然被选种。

4. 树木配置中的经济原则

（1）在树木配置中降低成本的途径

① 节约并合理使用名贵树种。有的园林滥用名贵树种，这样做不仅增加了造价，造成浪费，而且使珍贵树种随处皆是，也就显得平淡无奇了。其实，很多常见的树种如桑、朴、槐、楝等，只要安排、管理得好，可以构成很美的景色。当然，在重要风景点或建筑物迎面处，仍须将名贵树种酌量搭配、重点使用。

② 多用乡土树种。各地乡土树种适应本地风土的能力最强，而且种苗易得，又可突出本地园林的地方色彩，因此，须多加应用。当然，外地的优良树种在经过引种驯化成功后，也可与乡土树种配合应用。

③ 用小苗可获得良好效果时，则不用或少用大苗。小苗成本低，对于栽培粗放、生长迅速而又大量栽培的树种，更应多用小苗。

④ 切实贯彻适地适树原则。审慎安排植物间的种间关系，做到避免无计划的返工，也无需几年后进行计划外的大调整。至于计划内的调整，如分批间伐、填充树种等，则是符合经济原则的必要措施。

（2）在树木配置中妥善结合生产的效益　结合生产之道甚多，但须做到勿妨碍园林树木之主要功能，又要注意经济实效。应合理配置花和果繁多、易采收、供药用而价值较高者，像凌霄、广玉兰之花及七叶树与紫藤种子等；栽培粗放、开花繁多、易于采收、用途广、价值高者，如桂花、玫瑰等；栽培简易、结果多、出油率高者，如油棕、油桐、核桃、扁桃、花椒、山杏等；隙地、荒地配置适应性强、用途广的树种，如湖岸道旁种紫穗槐、沙地种沙棘、碱地种柽柳等。选用适应性强、可以粗放栽培、结实多而病虫害少的果树，如南方之荔枝、龙眼等，北方之枣、柿、山楂等。

5. 园林树木建植的综合功能

园林树木的建植环境有所差异，其主要功能也不尽相同。

（1）园林树木的美化景观效果　主要是在人类聚集地，用园林树木特有的或人为的形态、色彩、风韵，乔木、灌木、地被、水草、蕨类等植物的合理配置所带来的视觉、心灵的美感。

（2）园林树木的经济生产作用　以种植绿化苗圃为主业，或是成片的树木成材为原料，制作成工艺品、家具、建材用品等。

（3）园林树木的防护功能　恶劣的环境包括不适宜人类居住、有危害人类生存的有害物质、风沙暴侵袭人类居住地，为了改善上述不利人类健康的环境，在厂矿区种植园林树木以净化空气、吸收有害气体、滞尘降尘，城市生活区种植园林树木以隔离视觉污染、减少噪声。

二、园林配置的方式

1. 园林树木的规则式配置

规则式配置是选用树形美观、规格一致的树种，按固定的株行距配置成整齐一致的几何图形，称为规则式配置。规则式配置又分为：中心植、对植、列植、正方形栽植、三角形栽植、长方形栽植、环植等（图 2-1）。

（1）中心植　在广场、花坛等中心地点，可种植树形整齐、轮廓严正、生长缓慢、四季常青的园林树木。如在北方，可用桧柏、云杉等；在南方，可用雪松、

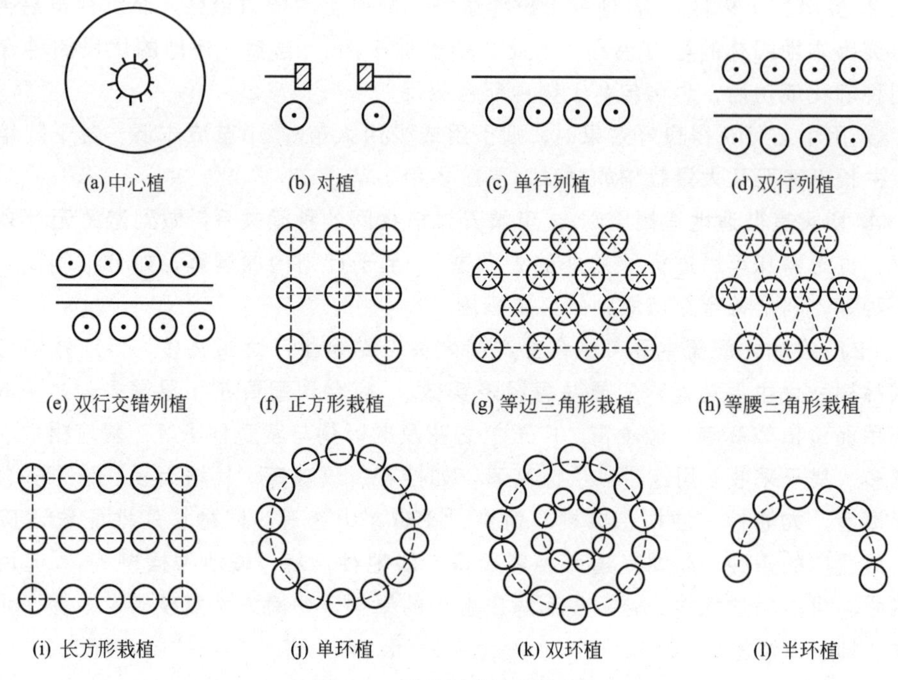

图 2-1　园林树木配置方式

整形大叶黄杨、苏铁等。

（2）对植　在进出口、建筑物前，左右各种一株，使之对称呼应。对植之树种，要求外形整齐美观，两株大体一致。通常多用常绿树如：桧柏、龙柏、云杉、海桐、桂花、柳杉、罗汉松、广玉兰等。

（3）列植　将树栽得成排成行，并保持一定的株距。通常为单行或双行，多用一种树木栽植，也有间植搭配。在必要时亦可植多行，且用数种树木按一定方式排列。列植多用于行道树、绿篱、林带及水边种植等。

（4）正方形栽植　按方格网在交叉点种植树木，株行距相等，优点是透光通风良好，便于抚育管理和机械操作。缺点是容易造成树冠密接。一般在园林中应用不多。

（5）三角形栽植　株行距按等边或等腰三角形排列。每种树种冠前后错开，故可在单位面积内比正方形方式栽植较多的株数，经济利用土地面积。但通风透光较差，机械化操作不及正方形栽植便利。

（6）长方形栽植　这是正方形栽植的一种变形。特点是行距大于株距，其好处在于行距宽、通风透光好，便于操作、管理。

（7）环植　这是按一定株距把树木栽为圆环的一种方式，有时仅有一个圆环，甚至半个圆环，有时则有多种圆环。

2. 园林树木的自然式配置

自然式配置有孤植、丛植、群植、林植、散点植等。总之要充分发挥树木配置的艺术效果，除应考虑美学构图上的原则外，必须了解树木是具有生命的有机体，它有自己的生长发育规律和生态性要求，此外还应具备较高的栽培管理技术知识，并有较高的文学、艺术修养，才能使配置艺术达到较高的水平。不论组成树木株数和种类的多少如何，均要求搭配自然，宛若天生（图 2-2）。

图 2-2　园林树木的自然式配置

（1）孤植　园林中的孤植都要求有突出的个体美。构成个体美的主要因素如下。

① 树形壮美、冠大荫浓，如樟树、榕树、悬铃木、橡栎类、白皮松、银杏、雪松等。

② 树形、姿态优美，如金钱松、南洋杉、合欢、垂柳、龙爪槐等。

③ 花繁色艳，如海棠、玉兰、紫薇、梅花、碧桃、山茶、广玉兰等。

④ 观赏秋色叶树种或异色叶树种，前者如白蜡、银杏、黄栌、野漆树、枫香、乌桕等，后者如红叶李、鸡爪槭等。观果树种如柿、山楂、石榴等。

（2）丛植　在园林中是一种重要的布置形式。一个树丛是由二三株至八九株同种或异种树木组成，按其功用可分为两类，即以庇荫为主，同时供观赏用者，和以观赏为主者。以庇荫为主的树丛，多由乔木树种组成，以采用单一树种为宜；以观赏为主的树丛，则可将不同种类的乔木与灌木混交，且可与宿根花卉相配。丛植要注意很好地处理株间、种间关系，集体美与个体美兼顾。

（3）群植　群植是由十多株以上、七八十株以下的乔灌木组成的人工群落。树群组成需要重点，种类不宜太多，且要考虑到年龄与季节的变化。如有这样的一个群落，由毛白杨、白皮松、元宝枫、榆叶梅为主组成一个稳定而美丽的树群，其中以白皮松为背景，以毛白杨为骨架，用元宝枫以便观赏其秋季的红叶，用榆叶梅以便观赏娇艳的春花。整个树群所用的主要树种，原则上均以不超过五种为妥，这样才可以做到相对稳定、重点突出。如元宝枫，树稍耐阴，又系小乔木，主要为观红叶用，均可三五株掩映于两种大乔木之下偏前处；榆叶梅喜光、耐旱，但需要排水良好，可在最前方成丛地与元宝枫呈较大块状的混交，以便突出艳红娇丽的春景。

（4）林植　较大规模成带成片的树林状的种植方式，它反映的是群体美。林植也是园林结合生产的场所，在大型公园、风景区、森林公园中多有林植。

① 自然式林带。一种大体成狭长带状的风景林，多由数种乔、灌木组成，也可由一种树木构成。自然式林带须注意林冠线的起伏和变化。林带外缘宜种美丽可观的灌木，如黄栌、玫瑰、溲疏、连翘等。

② 纯林。由一种树木所组成，栽植时可为规则式的或自然式的，但前者经若干年后经过分批疏伐，逐渐成为疏密有致的自然式纯林。

③ 混交林。混交林是由两种以上乔、灌木所构成的郁闭群落，其间植物种间关系复杂而重要。在种植混交林时考虑空间层次、株间关系，还要考虑地下根系等问题。如颐和园的后山，苏州河长 1000 多米，两岸为自然式林带。乔木种有 20 多种，视野中只有七八种，邻水的是柳树，并且最多。两岸的桃、大叶白蜡、桑树、丝绵木等互相呼应，并且主次明显。油松数量不多，但植株很大，姿态非常丰富，具有诗意，并可入画。后山的四季景观也很美，春天有桃花盛开、柳树吐绿，连翘、丁香、枫树也各具色彩；夏天具有浓荫，再加上后山人少，又有水，给人以清凉、舒服的感觉；秋天有大叶白蜡、槲树、银杏、枫等变叶树，秋色叶一看便知是秋天来了；冬天有油松等常绿树。

④ 疏林。郁闭度 0.4～0.6 之间构成的错落有致的旅游胜地。疏林可起防护作用，在有利条件下可适当结合生产。如梅林，在春天可形成飘香、雪海的观赏效果，秋天可收获果实。还有管理粗放的柿子林、桂花林、山楂林、枇杷林等。

3. 园林树木与建筑的配置

园林建筑的颜色、形体都是固定的，如果没有植物的配置，也会显得枯燥乏味，缺少一种生动活泼而具有季节、气候变化的艺术感染力。

树木与建筑配置时，要根据建筑的结构、形式、体量、性质来选择树种。大型建筑因其庄严、视野宽阔，应选择枝干高、树冠大的树木；小型建筑，因其精美、小巧玲珑，故应选用一些多姿、芳香、颜色艳丽的树木来配置（图 2-3）。

（1）植物装饰建筑　建筑墙面，多数是西边用爬山虎绿化。一是美观，色彩、形式都美；二是降温效果明显，夏季凉爽。

（2）建筑的角隅　增加生气，打破生硬的死角。南方常用南天竹、竹子、八角、棕榈等来布置角隅。如海棠春坞，用垂丝海棠、孝顺竹、沿阶草，修竹有节，体现了主人宁可食无肉、不可居无竹的清高寓意。

（3）基础种植　打破生硬的横竖大线条，增加丰富感，种植花灌木。

（4）室内　华南广东的庭院建造时会在室内留一些阳光。植物种植在室内，但阳光还是少，故需选择耐阴植物，如棕榈科植物除椰子、刺葵外都耐阴。

（5）屋顶花园植物　重庆、广州建造屋顶花园多，挖水池、立雕塑、种草

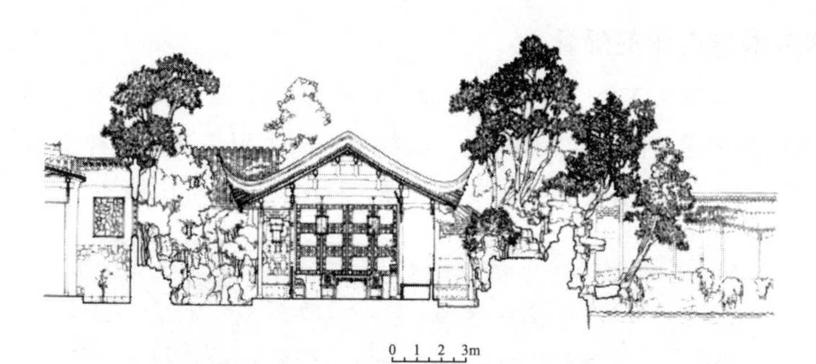

图 2-3　园林树木与建筑的配置

坪。层顶花园一般配置的植物根系要浅，30～40cm，最多 100cm；体量要轻。如木香、金银木、竹类、散尾葵等。

4. 园林树木与水体的配置

水能给人以宁静、清澈、近人、开怀的感觉。古人称水为园林中的血液和灵魂。古往今来，除寺庙、坛很少用水以外，所有的古园林都有水，可以说无园不水。各种水体，不论它在园林中是否占主要的地位，无一不借助植物创造丰富多彩的水体景观。水边的植物配置增加了静态气氛、美感，幽静、含蓄、色彩柔和，构成了园林水体美的基调(图 2-4)。

图 2-4　园林树木与水体的配置

树种选择的原则如下。

(1) 满足生态条件　自然水面种植时，树木必须耐水湿，有些可以使根向外生长。

(2) 姿态要美　柳树迎风探水，以桃为侣，池边堤畔，近水有情，临池种植。水边忌等距、等高种植一圈。

(3) 色彩搭配要适宜　一排绿，太单调、太安静，柳和花灌木搭配要含蓄，桃柳色彩不要太多。

5. 园林树木与山体的配置

黄山天下奇、峨眉天下秀、青城天下幽，这些景观都离不开植物。在园林中我们借鉴大自然的风景来建造园林中的山体。园林中的山上可造建筑、种植植物。用植物可表现出山的季节变化。春山艳冶，夏山苍翠，秋山明净，冬山惨淡（图 2-5）。

图 2-5　园林树木与山体的配置

上海植物园四季假山是以植物为主表现的。如春山——山茶、樱花、海棠等；夏山——蔷薇、石榴、凌霄、广玉兰等；秋山——南天竹、黄杨球、桂花、枫香等；冬山——常绿树、蜡梅、水仙等。

6. 园林树木与园路配置

园林中，园路不单纯是交通，也是组织导游路线，把各景区连续起来，使人在路上有步移景异的感觉。一般园路配置顺序如下。

长小路：公园大门→广场→主路→小路→交叉路口→弯路→花径→景点。

短小路：各个相邻景点之间的小路径。

（1）广场　一般是规则式的布局，宽阔。种植高大的乔木、灌木，体现公园的特色。如北京紫竹院公园门口种植竹子以体现紫竹院的“竹”字。

（2）主路　较宽阔，一般也是规则式种植树木。

（3）小路　自然式配置，较灵活。乔木、灌木，同种或不同种。短小路，树种应少，两种以下；长小路，树种多，两种以上。

（4）交叉路口　重点配置树丛，要求观赏价值高。

（5）弯路　有观赏价值的树丛，否则游人不走弯路，而走捷径，达不到预期的效果。

（6）花径　开花灌木，路不宜太宽。如紫薇路、丁香路、连翘路、夹竹桃路、木绣球路等。

（7）竹径　一般要达到竹径通幽的效果，竹子必须有一定的厚度、高度，路具有一定的深度。如杭州云栖、三潭印月、西泠印社都有竹径，尤其云栖的竹径长达 800m，两旁毛竹高达 20m 余，竹林两旁宽厚望不到边，穿行在这曲折的竹径中，很自然地产生一种“夹径萧萧竹万枝，云深岩壑媚幽姿”的意境。

第二节　园林植物栽植前的准备

一、苗木质量和出圃

1. 苗木质量要求

① 植株健壮。苗干通直圆满,枝条茁壮,组织充实,不徒长,木质化程度高。相同树龄和高度条件下,干径越粗质量越好。

② 根系发达。根系发达而完整,主根短直,接近根茎一定范围内有较多的侧根和须根,起苗后大根系无劈裂。

③ 顶芽健壮。具有完整健壮的顶芽（顶芽自剪的树种除外）。顶芽对针叶树更为重要,顶芽越大,质量越好。

④ 苗木无机械损伤,无病虫害,不失水,有旺盛的生命力。

⑤ 苗木必须为圃地栽植苗。

2. 苗木冠径和规格要求

（1）行道树苗木　树干高度适合，杨、柳等快长树胸径应在 46cm，国槐、银杏等慢长树胸径应在 5～8cm。分枝点高度一致，具有 3～5 个分布均匀、角度适宜的主枝。枝叶茂密，树干完整。

（2）花灌木　高度在 1m 左右，有主干或 3～6 个分布均匀的主枝，根系有分枝，冠丰满。

（3）观赏树（孤植树）　个体姿态优美，有特点。树干高 2m 以上，常绿树枝叶茂密，有新枝生长，不烧膛。

（4）绿篱　株高大于 50cm，个体一致，下部不脱裸；球形苗木枝叶茂密。

（5）藤本植物　有 2～3 个多年生主蔓，无枯枝现象。

根据城市绿化的需要和环境条件的特点，一般绿化工程多需用较大规格的幼青年苗木，栽植成活率高，绿化效果发挥也快。为提高成活率，尤宜选用在苗圃经过多次移植的大苗。因经过几次移植断根，再生后形成的根系较丰满紧凑，栽植容易成活。

3. 树木在起挖前的准备工作

（1）灌水　大树起挖前 1～2 天，根据土壤干湿情况适当灌水，以防挖掘时土壤过干导致土球松散。

（2）编号定向　当栽植成批的大树时，为使施工有计划地顺利进行，将栽植坑与要移栽的大树编上对应的号码，使其移植时对号入座，以减少现场混乱及事故。

（3）立支柱或拉风绳　为了防止在挖掘时由于树身不稳或大树不稳或大树倒伏引起事故及损坏树木，在挖掘前应对需移植的大树立支柱或拉风绳，作临时固定。其中一根必须在主风向上位，其余均匀分布，均衡受力。

（4）树冠绑扎　对于分枝较低、枝条长而软弱的树木或冠径较大的灌木，应先用草绳将较粗的枝条向树干绑缚，再用草绳分几道横道，分层捆住树冠的枝叶，然后用草绳自下而上将横道连接起来，使枝叶收拢，以便操作与运输，减少树枝的损伤与折裂。

4. 苗木起挖技术

人工起苗要注意尽量减少根系的损伤，起苗前若土壤墒情差，一定要提前3～5天浇一次水，使根系分布层的土壤湿润，便于起苗。

① 沿苗垄方向，距第一行苗20cm左右，先挖一条沟，对于播种1年生、2年生苗沟深为20～25cm，移植苗和扦插苗为25～30cm。

② 再在第一行与第二行中间用铁锨或镢头铲下，同时切断苗木的侧根，并把苗木推倒在沟中，然后取出苗木。第二行、第三行依此类推。起出苗木后要将其尽快移在树荫下并用草帘子盖上，避免在空气中暴露时间过长，吹干苗根。

③ 营养袋带土起苗，不要将袋弄破，防止营养土漏掉，将窜出容器的苗根剪掉。

5. 苗木起挖时对土球的要求

大树移栽时应该带土球，但是不同树种要因地制宜。对常绿树种来说都需要带土球，落叶树种若带冠栽植则必须要带土球，对于一些不带冠的树木如定干树木则可以不带土球，如能带土球则更好。苗木移植好比人做了大手术一样，耗掉了大量的水分和养分，根系受到了严重的创伤，带好土球一方面有利于保护好这些根系，尽量降低水分和养分的流失，使伤口能够很快愈合；另一方面，带好土球能够减少苗木根系对新环境的不适应，使其很快融合到新的土壤中。对于乔木，移植时根系或土球大小，应为苗木胸径的8～10倍；对于灌木，一般为冠径的0.5倍；对于小苗如月季、金叶女贞、小叶女贞等如不好带土球一定要沾泥浆保湿。

6. 苗木重量的计算

在大树移栽时，为更好地选择合适的吊车，需要计算苗木重量，苗木重量包括苗木树体地上部分的重量和土球的重量。土球重量的计算公式如下。

$$W=\frac{2}{3}\times D^2\times H\times 1762$$

式中　W——土球重量，kg；

D——土球直径，m；

H——土球高或纵径，m；

1762——每立方米土壤的平均重量，kg。

计算出土球的重量后，再估算出树体地上部分的重量，二者相加就是苗木的起吊重量。

二、苗木的包扎和运输

1. 苗木挖好后的包扎方法

挖好后的土球是否需要包扎或用什么方法包扎则取决于树木的大小、根系的盘结程度、土壤质地及运输距离等。直径小于20cm的土球可以直接将底土掏空，将土球移到坑外包扎；直径大于50cm的土球，应留底部中心土柱，便于包扎。根据不同的情况选择不同的包扎方法，具体方法如下（图2-6）。

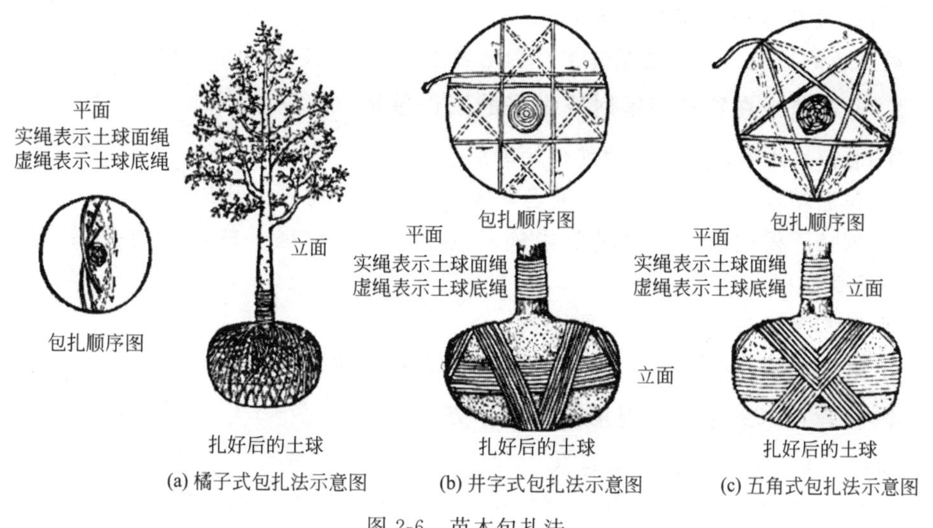

图2-6　苗木包扎法

（1）井字式包扎　土球经包扎后，土球上表面草绳呈现“井”字形。

（2）五角式包扎　土球经包扎后，土球上表面草绳呈现五角形。

（3）橘子式包扎　土球经包扎后，土球表面草绳呈纵横交织的线球状。

包扎时，先将草绳缠绕成团，绳头系在树干基部，然后分别按照图示上下往复扎紧。井字包、五角包草绳重复的次数依土球大小和土质情况而定。土球较大或土质疏松的应重复七八次以至十数次，土球较小或土质坚实的重复三五次即可。在重复环绕中，草绳要依次相互紧贴敲实。包扎线球包绳索缠绕的密度应视土球大小和土质情况而定，土球大、土质松散的，密度应较大，至环绕土球一周而终止。操作时一边拉紧，一边敲实，最后绳索在树干基部收头。

2. 带土球苗木在吊运过程中的注意事项

（1）确定吊车停放位置和吨位　现场勘察确定吊车可以停放的最近位置，算出旋转盘中心距土球中心的距离，根据苗木重量利用杠杆原理推算出所用吊车的吨位。

（2）标记朝向　起吊前应在树干和主枝上做好南北标志，以便栽植时确定朝向。

（3）起吊　起吊时不宜将钢丝绳直接搭在土球上，必须使用特制的钢丝绳网或在钢丝绳和土球之间垫木板或其他缓冲材料，以便保证钢丝绳不陷入土球内，争取一次起吊成功。

（4）装车　对于2cm以下的苗木可以立装；2cm以上的苗木必须斜放或平放。土球朝前树梢向后，并用木架将树冠架稳。土球直径在20cm以上的苗木只装一层；小土球苗木可以码放2～3层，土球之间必须安（码）放紧密，以防摇晃。

（5）注意保护　苗木上车后，要对树冠进行捆绑，并加盖遮阳网，喷水保湿，最好夜间行走，沿途注意保护，避免碰撞擦伤树枝以及出现其他交通事故。

3. 裸根苗木在装车运输时应做好的工作措施

① 装运乔木时，应树根朝前树梢朝后。

② 车后箱板，应铺垫草袋、蒲包等物，以防碰伤树根、干皮。

③ 树梢不得拖地，必要时要用绳子同拢吊起；捆绳子的地方也要用蒲包垫上，不得勒伤树皮。

④ 装车不得超高，压得不要太紧。

⑤ 装完后用苫布将树根盖严、捆好，以防树根失水。

4. 移栽苗木到达施工现场时的卸车方法

卸车时要爱护苗木，轻拿轻放。裸根苗要按顺序拿放，不得乱抽，更不能整车推卸。带土球苗卸车时，不得提拉树干，而应双手抱土球轻轻放下。较大的土球卸车时，最好用吊车吊卸，在条件不允许的情况下可用一块结实的长木板，从车厢上斜放至地上，将土球推倒在木板上，顺势慢慢滑下，绝不可滚动土球。

5. 增加树木“收入”和减少树木“支出”的措施

增加大树“收入”的措施主要有：在起挖前三四天进行充分灌水；向树体喷水或叶面肥，增加树体养分；运输途中利用吊袋或插瓶给树体输液；移栽后输液，补充营养和水分。

减少大树“支出”的主要措施有以下几方面。

① 防止损伤树皮，避免切口撕裂。对损伤的树皮尽快植皮，对伤口尽快涂抹杀菌剂或伤口涂抹剂，防止病菌进入，减少水分和养分散失。

② 移栽前根据实际情况合理修剪，疏除干枯枝、伤枝、过密枝条。

③ 起挖后喷施蒸腾抑制剂，减少水分蒸发。

④ 利用无纺麻布垫、铺垫、草绳等包扎树干，喷水保湿。

⑤ 夏季高温季节移栽时，在运输途中和移植后搭建遮阴棚进行遮阴。

第三节　园林植物栽植与养护

一、苗木的栽植

1. 苗木进场后的验收

苗木进场后应严格按照标准进行验收，进场苗木根据苗木种类在一定范围内允许适度偏差，检验方法包括：卷尺测量，观察、检查和对照合同中的苗木品种、规格等详细信息，核实苗木质量及数量，具体检验标准如下。

① 符合规格尺寸。

② 无显著病虫害、折枝折干、裂干、肥害、药害、冻害、衰老、老化、树皮破伤等现象。

③ 树形端正、主干挺直、树冠茂密。

④ 随挖随运、根系完整、叶芽无掉落。

⑤ 剪型类植物，形状显著、原型无损坏。

⑥ 护根土符合标准、无破裂、不松散。

⑦ 插条苗经苗圃培养两年以上。

⑧ 灌木、草花等枝叶茂盛。

⑨ 树干上无有害寄生植物。

⑩ 针叶树类形态端正、无断枝断梢。

2. 苗木栽植的两大类型

苗木栽植分为裸根苗的栽植和土球苗的栽植，方法如下：

（1）裸根苗的栽植　一人将苗放入坑中扶直，另一人将坑边的好土填入，至填土到坑的一半时，用手将苗木轻轻往上提起，使根颈部分与地面相平，让根自然地向下舒展开来，然后用脚踏实土壤(或用木棒夯实)，继续填入好土，直到满坑后再用力踏实或夯实一次，并用土在坑的边缘做好浇水堰。

（2）土球苗的栽植　须先量好坑的深度与土球高度是否一致，如有差别应及时挖深或填土，绝不可盲目入坑，造成来回搬动土球。土球入坑后，应先在土球底部四周垫少量土，将土球固定，注意将树干直立，然后将包裹剪开并尽量取出(易腐烂的包装物不必取出)，随即填入好土至坑的一半，然后用木棍夯实，再继续填满坑夯实。注意夯实不要砸碎土球，然后开堰。

3. 种植穴的基本要求

土壤为立根之本，种植穴和种植土的质量，对植株的成活率和以后的生长有根本性的影响，挖种植穴时应考虑以下因素：

① 位置要准确。

② 规格符合要求。

③ 表土、底土分堆两旁，回填时相反放。

④ 斜坡先做小平台。

⑤ 新填土穴底要适当夯实。

⑥ 土质不好或有建筑垃圾，加大树穴和换土。

⑦ 发现电缆管道，停止挖土，找业主沟通。

⑧ 发现无法移走的障碍物，找设计单位，如株距很近（绿篱），可采用挖沟种植。

4. 树穴的规格

有人认为树穴越大越好，一棵小苗动辄要求树穴开挖 1m，这种做法有待考究。上海行道树栽植技术规程中要求树穴的规格尺寸不得小于 1.5m×1.25m×1.0m(长×宽×深)，国际树木学会规定树穴应为土球的 3 倍，土球应为树木胸径的 10～15 倍。树穴太大使土球周围土壤太松散不利于土球固定；太小使土球周围没有一定的缓冲空间，浇水时土球周围无法存够所需的水分，不利于周围的土壤与土球进行融合。裸根移植的树穴以苗木根系外展 40～50cm 为宜。

5. 选择合适的季节和天气栽植树木

选择正确的种植时间是保证树木成活率的关键，植物的蒸腾作用除了水分代谢和物质运输外，还通过水分的不断蒸腾带走热量，降低叶片温度。因此植树应选择在气温适宜，蒸腾量相对少，有利于根系恢复生长和吸收，易于维持水分代谢平衡的时期。

就大多数地区而言，春季和秋季都是适宜移栽的季节。

经过预掘（断根处理）的苗木或假植苗、容器苗等，由于土球范围内带有足够的吸收根，一年四季均可栽植，不仅成活率高，且最大限度地带有枝和叶，观赏效果极佳。

6. 土球破损后补救处理

栽植过程中土球破损后补救方法如下：

① 对土球散落、暴露在空气中的根系先用湿润的泥土糊上，然后尽快包扎，防止根系脱水。

② 喷施生根剂和杀菌剂，促进生根和杀菌防腐处理。

③ 适当增大树冠修剪量，减少养分和水分支出。注意剪口处用伤口愈合剂进行涂抹处理。

7. 苗木移植时的施肥方法

在挖种植穴时，应首选腐熟的有机肥为基肥，基肥与根系要用土壤分开。基肥的用量要适当，其标准是不使基肥的盐分扩散后的土壤盐分过高（≤3‰），基肥选用有机肥。应在树穴的下部结合表土的回填分层施用，8～10cm一层，但要注意不要直接放到土球的底部，使之与根系直接接触。土球的下面要有适当的隔肥层。土球下面的土壤经施肥和回填以后，要适当地夯实和提高一定的高度，防止放入土球后土层下沉。灌木和地被植物可不分层，在穴底施放一层，然后回填至合适的高度，再放植物土球进行移植。

8. 苗木栽植过程中的回填

土壤在回填过程中，应边夯实边回填。夯实可以使土壤具备一定的密实度，利用根土密接，便于根系吸收水分和恢复生长，避免浇水后底土下沉。夯实还起到固定树体的作用，使根系不再松动，树身不易倾斜，利于苗木成活。注意下雨或土壤潮湿时不能进行此项作业。带土球树木必须踏实穴底土层，再放入苗木。在土球底部放入少量土壤，使树干直立稳定，然后剪开包装材料，将不易腐烂的材料一律取出，土球周围分层填好土。为防止栽后灌水土塌树斜，填土至少一半时，应用木棍或钢管将土球四周砸实，再填满穴，并夯实（注意不要弄碎土球），然后做好灌水堰。

9. 树木移栽后合理浇水

树木移栽后应根据土壤墒情合理浇水，带土球的苗木看土球土壤的湿度大小，裸根苗木用铁锹挖根盘下方土壤看湿度大小。一般情况下，手握土壤成团落地不散，证明不缺水，如散开则必须马上浇水。处于这两种情况之间的，可浇可不浇，或间隔2～3天再浇。树木浇水时一定要浇透，否则，只浇个表面，无济于事。一般情况下，浇水后用脚踩或用棍捣能陷进去，也就是说水浸下去时，成泥状或“一锅粥”，这样才算浇透。只有浇透了，水分才能以最快的速度渗透到土球中被根系所吸收。第一遍水要及时，最好是当天栽当天浇。

10. 树木栽植的深度

树木栽植深度原则上是根颈与地面齐平(灌水后)，但具体深度应根据苗木的种类、栽植地形及栽后的管理而定。对于栽深了的树木，通常有三种挽救措施。

① 对地形进行处理。根据地形和苗木栽植深度，在不破坏地形的情况下，把高于栽植深度的土壤进行合理调整。

② 对个别栽植过深的苗木，在不破坏根盘或土球的情况下，将苗木挖出晾根后重新栽植，栽后立即浇定根水固定苗木。

③ 对工程量大、地形无法合理调整的树木，若条件允许，沿树圈向地形低处挖排水沟，使雨水顺利排出并在树木周围埋设根系透气管道。

11. 行道树栽植的注意事项

① 平面位置的高度必须符合设计要求。

② 树身上下要垂直。

③ 栽植深度原则上是根颈与地面齐平（灌水后）。

④ 行道树要先栽好“标杆树”。

⑤ 灌水堰筑完以后，解放树冠。

12. 裸根移植的技术要点

（1）重剪　大树移植前对树冠进行重修剪，对于马褂木、厚朴等主干明显的树种，应将树梢剪去，适当疏枝，回缩过长的枝条。对香樟、浙江樟、大叶冬青等主干不明显，而萌芽力、成枝力强的树种，依据定向培育苗木需要进行定干和留主枝，定干高度一般 2.50～4.50m，以上枝干全部截去，但尽量保留主要分枝。锯截粗枝避免拉裂，修剪时锯面应光滑平整，然后用伤口涂膜剂涂上敷料并罩帽。

（2）挖掘　裸根移植大树，一般在距树干 40～50cm 为半径的圆外开沟挖掘。挖掘深度应视根系情况，挖到根系分布层以下即可。在挖掘过程中，遇粗根时用手锯锯断，不能硬铲以免拉裂根。挖倒大树后，能带土的尽量带土，并用草绳包好根部土球。操作过程中，尽量避免损伤树皮和须根，特别是切根后的毛细根必须带护心土(又称宿土)。

（3）栽植　一般情况下，栽植穴比根的幅度和深度大 20～30cm，穴底先施基肥(松土晶)。先将大树在运输过程中损伤的枝条进行修剪，用旺长根生根液和腐菌灵对根部和根接触的穴底及周围进行喷施处理后，把大树移入穴内，平稳放下，根系摆平，要仔细填满，填至一半时，将树干轻轻上提或摇动，使栽植土与根系紧密结合，夯实后浇水。待水完全下渗后再加土，加到高出地面 10～15cm，即可围堰灌水。

13. 裸根移植主要步骤及操作方法

移植大苗绿化已成为提高城市绿化效益的主要途径。在传统的大树移植中，多采用带土球移植，但许多地方由于土壤条件和交通条件的影响，带土球移植难度较大，只能采用裸根移植的方式。

（1）裸根大苗的移植方式　裸根大苗移植是指胸径在 6cm 以上的大树裸根移栽。通常去掉树冠，保留主干和部分侧枝，截干高度 3m，也可全冠，保留根幅的直径是树木地径的 6 倍。

（2）移栽树种的选择　不同的树种移植成活率不同，在一般的情况下，选择树根质地坚硬，侧根萌发力强，须根丰富、含水量低的树种，移植成活率高。在当前移植的树种中，枫树、梓树、银杏、刺槐、深山樱、皂角等成活率可达 90% 以上，油松、红松可达 70%。

（3）移苗时间　大苗移栽时间多选择在树木停止生长、进入深休眠以后，至第二年树液流动前。为了避免树根、树干遭受寒冻危害，一般选择在11月中旬、12月中旬和2月中旬、3月下旬移苗。

（4）大苗移栽技术

① 挖苗。以树木为中心，以树木地径的6倍长度为半径，绕树挖掘。当树木倒地后，将受伤的主、侧根锯平。保留主干和部分侧枝，长度3m，将其余树枝、树叶去除，将树干和侧枝的伤口锯平，顶端用塑料薄膜包扎后，放置在阴凉处，以减少树木体内的水分蒸发。

② 运输。挖好的大树，应及时运输到栽植地点栽种，如挖苗地与栽植地较远，时间差应以不超过72h为宜。在长途运输中，应用篷布遮盖，车厢底铺湿稻草，以保持树木的湿度。

③ 树干包扎。用稻草绳从树木根颈部位绕树干包扎至2m高左右，然后用薄膜将草绳包裹扎紧，以保持树干的湿度，减少树干的水分蒸发，促进萌芽。在高温季节，稻草可以降低树干温度，避免出现树木生理干旱。

④ 根部处理。将黄泥用水调成泥浆，把淇林生根液按照说明配成溶液，掺入泥浆中，然后将泥浆涂抹在树根上，准备种植。

⑤ 打穴栽植。一是打穴，打穴深度以40cm为宜，打穴过深在梅雨季节容易烂根，并增加起苗难度；过浅在高温干旱季节，由于土壤干燥，树木吸收不到水分而枯干。二是栽种，首先在洞穴中加入10cm厚的黄土，将树木放入扶正，并添加黄土，使所有根系都被黄土覆盖为止，上面的黄土用脚踩紧，树根底部的黄土用木棍夯紧，使土壤与树根紧密相连，浇水后，用田土以树干为中心垒成高于地面40cm的小土堆。

⑥ 开沟。树木栽植后，在距树木1m的地方挖宽30cm、深40cm的条沟，防止在梅雨季节土壤含水量过高，造成腐烂根系现象。

（5）栽后管理

① 遮阴。树木栽种后，应及时采取遮阴措施。实践证明，遮阴移植大苗成活率远远高于未遮阴苗木。具体做法可采用高5m的小杆、12号铁丝和黑膜遮阴网搭建高4m的遮阴棚。

② 拆膜。在树木萌芽后10天左右，将包扎树干的薄膜拆除。由于长期包膜内外不透气，膜内萌发的芽长期处于无氧呼吸状态，容易造成树干腐烂、发霉。浇水在高温、干旱季节，根据土壤干湿程度，加强苗木水分管理，确保苗木生长需要。

（6）影响大苗成活的主要技术环节

① 挖苗时间与栽苗时间不能相隔太长。

② 用干的稻草包扎和顶端的薄膜包扎要到位。

③ 栽种时，树木根系必须与土壤紧密相连。

④ 雨季不能有积水现象。

⑤ 及时拆膜。

⑥ 高温、干旱季节，根据苗木生长需要，及时浇水。

14. 裸根移植存在问题及注意事项

应将多余枝干、树叶去除，树干和侧枝的伤口锯平，另外在栽植前应对树根、干头进行检查，发现劈裂及损坏之处，应剪除，对一些干头劈裂的树干及时涂防腐液。另外裸根树木根系必须舒展，剪去劈裂断根，剪口要平滑，条件允许可施入生根剂，促进生根。顶端用塑料薄膜包扎后放置阴凉处，以减少树木体内水分蒸发。对树冠也应复剪一次，较大剪口都应涂抹防腐剂。

① 树木运到施工现场，最好能立即栽植入坑。如不能立即栽植，则应用湿草袋、湿蒲包等物将根盖严，或涂洒泥浆防止根系失水，保护好根系；如果存放日子较长，则须用湿土将树根埋严。

② 裸根大树绝不可长期假植，否则成活率将大大降低。栽植穴应比根的幅度与深度多20～30cm。栽种时先填表土，后填底层土。土壤比较干燥时，可先向穴内灌入养根水(又称底水)，待水渗入土层并看不到积水时再填土，轻轻压实，最后加填一层疏松土壤，埋至根颈部以上20～30cm，做蓄水土坯。树木成活后，将多埋的土壤挖去并整平，使根颈部露出地面。栽植深度，一般应较原土痕深5cm左右，分层埋土踏实，填满为止。

③ 较高大的树木，应在下风方向立支柱，支撑牢固，以防大风吹歪树身。

④ 最后用细土培好灌水堰。

15. 冬季移栽树当天栽不完的苗木处理

冬季气温低、风大、空气干燥，苗木容易受冻脱水，对栽不完的树木应做好防风和防冻处理，具体措施如下。

（1）防风　把苗木放在避风场所或加覆盖物，如塑料布包裹，并进行固定，以免塑料布被大风掀起。

（2）防冻　在苗木根盘或土球上加盖保温设备，如草帘子。

16. 裸根苗木移栽用不完时的处理方法

裸根苗木运到施工现场后在近期栽不完的，应选用湿土将苗埋严，可采用短期和长期假植的方法来解决此问题。

（1）短期假植法　可用苫布或草袋盖严，或在栽植处附近，选择合适地点，先挖一浅横沟，2～3m长。然后稍斜立一排苗木，紧靠苗根再挖一同样的横沟，并用挖出来的土将第一排树根埋严，挖完后再码排苗，依次埋根，直到将苗木全部假植完。

（2）长期假植法　植树施工期较长，则应对裸根苗妥善假植。在不影响施工的地方，挖好深30～40cm、宽1.5～2m，长度视需要而定的假植沟，将苗木分类排码，树头最好向顺风向斜放沟中，依次错后安放(码)一层苗木，根部埋一层土。

全部假植完毕以后，还要仔细检查，一定要将根部埋严实，不得裸露。若土质干燥，适量灌水，既要保持树根潮湿，又要保证土壤不过于泥泞，以免影响以后操作。

园林建植，从整体上来说，是在环境绿化中，对多种植物的移植或种植的组合搭配种植。多运用于市政单位规划建设、公园建设与改造、行政道路绿化、小区绿化等。给人类提供舒适的工作环境、美好的居家环境，以及良好的休闲、旅游度假环境。

二、大树移植技术

1. 大树移栽的原理

（1）大树收支平衡原理　生长正常的大树，根和叶片吸收养分(收入)与树体生长和蒸腾消耗的养分（支出）基本能达到平衡。也只有养分收入大于或等于养分支出时，才能维持大树生命或促进其正常生长发育。

（2）大树近似生境原理　是指光、气、热等小气候条件和土壤条件(土壤酸碱度、养分状况、土壤类型、干湿度、透气性等)近似。如果把生长在酸性土壤中的大树移植到碱性土壤中，把生长在寒冷高山上的大树移入气候温和的平地，其生态环境差异大，影响移植成活率，因此移植地生境条件最好与原生长地生境条件近似。移植前如果移植地和原生地较远、海拔差大，应对大树原生地和定植地土壤气候条件进行测定，根据测定结果，尽量使定植地满足原生地的生境条件以提高大树移植成活率。

2. 不同树种的成活率

（1）最易成活的大树　柳、白杨、梧桐、银杏、楝、刺槐、悬铃木等。

（2）较易成活的大树　玉兰、厚朴、桂花、厚皮香、交让木、樱花、广玉兰、栎等。

（3）较难成活的大树　紫杉、马尾松、圆柏、侧柏、雪松、龙柏、山茶、楠、樟、榧等。

（4）最难成活的大树　云杉、冷杉、金钱松、桦木、胡桃等。

3. 大树移植的时间、地域及树种选择

（1）时间　最好选择在树木休眠期，此时树液流动缓慢，可减轻树体水分蒸发，有利于提高成活率。北方最佳时期是树木落叶后土壤封冻前的深秋和土壤解冻后的早春。南方可以选择在生长季移植，最好选择在梅雨或连阴天时移植。一天中以傍晚栽种最好。因为栽后傍晚的气温低、湿度大，蒸腾量小。

（2）地点　避免树种原栽植地和移栽地纬度跨度过大，要对移栽穴地的环境有个适当的认识。包括土壤类型、结构、含水量、地势及周边环境等因素。具体措施如下。

① 清除栽植穴内的杂物和建筑渣土，根据种植要求进行土壤回填，土层的厚度乔木要达90～150cm、灌木50～60cm、地被植物30～40cm；土质状况不良的应进行土壤改良。在施工中尤其是与土建交叉施工中，一定要注意不要让水泥浆侵入栽植土中，如果有这种情况一定要更换被污染的土壤。

② 栽植地地下水位高，有积水等现象，而且栽植树木又不耐积水，要及时进行处理。可进行造坡，加强排水措施。

③ 周边环境有污染的，应选择抗性强的树种。

（3）树种的选择　一是地势好，便于起挖和操作；二是树体生长健壮、无病虫，特别是无蛀干虫；三是浅根性、实生、再生能力强的乡土树木；四是道路方便，吊运车辆能通行；五是根据实际情况选择容易成活的树种。

4. 大树的栽植过程

要求在栽植的两周前将种植坑挖掘好并用淇林腐菌灵进行土坑消毒和大水浇灌，种植坑应大于土球直径的1.5倍，深度视情况而定，应不低于土球的深度，或者种植完成后保持苗木原生长地的露地高度。对于苗圃移植，种植坑的深度可以是土球深度的1/2，露出地面部分，应在培土四周用砖块进行围砌，这样苗木当年的发根量远大于按原生长深度栽植的发根量。缺水地区将使用保水剂与回填土均匀搅拌，分层夯实，把土球全埋于地下。在浇足透水的情况下，保水剂可以持水、保水2个月，足以供给此间大树用水，只有在管理过程中把握好浇水量，才能够使大树正常生长。

5. 大树移栽的八大核心技术

（1）防腐促根技术　对土球的土壤和根系伤口进行消毒、防腐，使用促根激素进行促根处理，如旺长根。在移栽时，可用通用型淇林淇润20g兑水50kg+甲基托布津800倍液+腐菌灵100mL处理土球，种植后每隔15天灌根一次，可同时用速生根通用型2g兑水30kg喷树干。

（2）根系蘸浆技术　对于小苗木，挖出后无论裸根或带土球立即蘸泥浆(混有生根剂和杀菌剂效果更佳)，这是提高成活率的重要措施。

对于大冠苗木，先将好土填入树坑适量，倒水打泥浆，再将树根(带土球)部分放入使之充分与泥浆黏合，这就避免了悬根，从而就避免了死树。

（3）浅栽高培土技术　树木适当深栽(以原先栽植深度为参照)，便于固定树体，但根系呼吸受抑而活力不强，不利于生长，更不利于成活；树木适当浅栽，根系呼吸通畅利于保活，但对水分要求较高不便于管理。

浅栽高培土法弥补了以上栽植方法的缺陷。具体方法为：浅栽后实行高培土相当于深栽，有利于固定树体，树木成活后将高培之土除去相当于浅栽，树木根系呼吸良好。

（4）浇水技术　传统的浇水方法是树木移栽后浇定根水，一般为从上往下浇，从外往里浇。第一次容易浇透，若土壤过黏形成板结，第二次浇水就很难浇透，看起来上面已成泥浆，但深处依然干燥(这是部分树木死亡的另外一个重要原因)。

改进的浇水方法为“从下往上浇，从里往外浇”。具体做法：在传统使用的塑料水管头部接上长 1m 左右的水管喷枪，向下插入土层深处浇水，在浇水时间并没有延长的情况下能彻底浇透。

（5）化学药剂减少水分蒸发新技术　树木移栽前使用蒸腾抑制剂进行均匀喷雾，可有效减少水分蒸发。

（6）化学保护伤口新技术　树木出现伤口，可以使用伤口涂抹剂保护伤口，可有效防止水分散发，促进伤口愈合。

（7）透水管渗灌透气技术　这是一项从欧洲新引进的技术，在欧洲城市绿化中相当普遍。该技术是在树木栽植施工时，将透气管道按设计要求螺旋盘形埋布在树木根区位置，通过透水管道直接灌水达到根区，管内水在土壤中迅速渗透，有效地增加根区土壤的水分含量，另外也给根区创造了透气环境。透气渗灌技术有如下优点。

① 浇水可直达根区，向四周渗透，及时补给水分，又不会造成土壤板结，节约了用水量。

② 对精细养护的树木，可以随水加肥(加药)，解决了传统施药肥作业的困难，这对新栽树木养护尤为重要。

③ 透气管道为根区土壤创造了既保障补水又保障补气的双向生态环境，对促进树木生长，改善老树、古树生存环境起到了关键作用。

④ 该技术用于坡地、坡面供水时，将透水管埋于坡面垂直方向 15～20cm 深，(不用挖梯田、鱼鳞坑)可解决从坡面浇灌时水土流失的难题。使用该技术时，树堰还是要保留的，主要作用不是用于浇水，而是用于透气和收积自然降水。堰上面可用植被或有机、无机覆盖物保护，防止二次扬尘。另外此系统也可用于盐碱地土壤的排盐作业。

（8）导入全光照智能弥雾技术　大树全冠移栽后，使用电脑智能控制的全冠移栽，不落叶、快速生根不积水，可以把全冠移栽大树的成活率提高到 99%以上。

6. 大树板箱移植技术

为了确保一些名贵大树、具有文化和历史意义的大树 100%成活，常采用板箱移植法进行短距离运输到栽植地（图 2-7）。

（1）捆树　树体根部土台的确定以树冠正投影为标准，取方形(也有按树干胸径的 8～10 倍确定)。以树干为中心，比应留土台放大 10cm 画一个正方形。铲去表土，在四周挖宽 60～80cm 的沟，沟深与留土台高度相等(80～100cm)，土台下部尺寸比上部尺寸小 5～10cm，土台侧壁略向外突，以便装箱板将土台紧紧卡住。土台挖好后，先上四周侧箱板，然后上底板。土台表面比板箱高出 2～5cm，以便起吊时下沉。固定好方形箱板，用钢绳将树体固定，防止树体偏斜和土球松动，

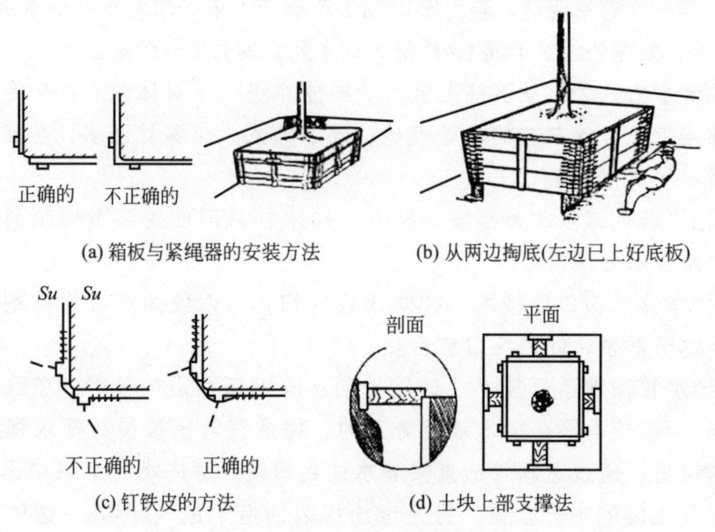

(a) 箱板与紧绳器的安装方法　(b) 从两边掏底(左边已上好底板)

(c) 钉铁皮的方法　(d) 土块上部支撑法

图 2-7　大树板箱移植

然后起吊、装车、外运（若距离近、地势平，也可采用底部钢管滚动式平移，用卷扬机拉，用推土机或挖掘机在后面推）。

（2）栽植　栽植穴每侧距木箱 20～30cm，穴底比木箱深 20～25cm，穴底放腐熟有机肥，填栽植土，厚约 20cm，中央凸起呈馒头状。树体吊入栽植穴后，扶正树体并用支架支撑。若箱土紧实，可先拆除中间一块板。入穴后拆底板和下部的四周板箱，填土至 1/3 深时，拆除上板和上部四周的箱板，填土至满。填土时每填 20～30cm 即压实一次，直至夯实填平。箱板常用钢板制作，一般不选用木板，上底板常用掏空法和顶管法。

7. 大树移栽后的加固、保护、防寒

北方落叶乔木栽植完成后，一般不需要特殊加固，若必须加固，以木杆支撑即可。有些当年种植的苗木，特别是秋冬季节种植的苗木，除了加固外，还应进行防寒，如高干女贞、雪松、龙柏、合欢等。防寒的措施以华北中南部为例，树干缠绕草绳，用加厚的无纺布或化纤篷布在苗木的西北方向超过苗木的高度做一三角防风墙。没有条件做防风墙或种植地风大、气温较低的，可以采取喷施防冻剂。方法是用淇林防冻霜于霜降前进行喷施，注意防冻剂是溶于水的，遇到雨天或大雪后应及时进行补喷，这对于提高苗木的抗寒能力、促进来年提前发芽都是极为有利的。

8. 移栽大规格苗木对根系进行透气处理

根系环境的透气状态对大树的成活和恢复生长是一个十分关键的因素。根系生长需要良好的透气状况来维持根系的呼吸作用，从而抑制厌气细菌的生长，维持

一个适当的水气平衡状态。移植过程中，根系环境突然发生了变化，土球捆绑压缩了原有的土壤空间，由于种种原因树穴可能出现透气和排水不良，回填土过于黏重或夯实过度而透气不好；浇水过多和下雨更会使上述情况雪上加霜。上述种种情况会导致大树根系环境恶化，影响生根成活，因此移栽大树时需根据实际情况进行根部透气处理，以便改善根系环境提高成活率。具体方法如下。

（1）透气袋法　透气袋由塑料纱网缝制而成，直径在12～15cm，长度在1m左右，袋子里填充珍珠岩，两头用绳子扎紧。土球放进树穴定位，回填之前，把透气袋垂直放在土球四周。一般每株大树视胸径的大小，沿土球的周边均匀地放置3～4个透气袋。放时要特别注意，透气袋子一定要高出地面5cm，回填时不要把透气袋埋住。

（2）PVC管法　在树穴挖好后，将大树放入树穴，在土球周围放入10cm厚的碎石块，然后在碎石块上直立放入布满不规则小孔的PVC管，PVC另一端露出地面接触空气。

9. 大树移栽减少水分蒸发新技术

移栽前使用蒸腾抑制剂进行均匀喷雾，可有效减少水分蒸发。蒸腾抑制剂有两大作用：一是形成半透保护膜，减少水分蒸发；二是关闭植物气孔，降低水分蒸发量。蒸腾抑制剂最好在苗木起挖装车前使用，这样可以在运输过程中减少水分的散失，也可以在施工现场栽植苗木后使用。在使用蒸腾抑制剂时要注意以下几点。

① 要通过实验来取得第一手的数据。即使是同一树种，不同批次、不同季节、不同苗地，都应单独做实验。

② 要喷施均匀。喷施工作要十分细致和周到，每片叶片都要喷到。

③ 要重点喷到叶子的背面。因为叶子的气孔主要集中在叶子背面。

④ 喷施的量要适宜。过少可能起不了应有的作用，过多也会产生不好的影响，会使叶片温度升高损害叶片，或使叶子气孔封闭的时间过长使叶片受到伤害，从而不利于大树正常功能的恢复。喷完之后要及时清洗喷雾器，以免造成堵塞。

⑤注意遮阴降温。目前在园林树木上应用的抗蒸腾剂多数是成膜的，在抑制叶片蒸腾作用的同时，必然会提高叶片的温度，因此在艳阳高照的高温季节更要慎重。

10. 大树移栽化学保护伤口技术

树木出现伤口，可以使用伤口涂抹剂保护伤口，可有效防止水分散发，促进伤口愈合。在施工过程中常常不小心将树皮损伤，轻者会影响树体上下输送营养，严重的会影响整个树体的成活。一般树皮环状受损超过15cm以上就很难成活，所以在运输中用草绳绑好尽量减少损伤。如有损伤先用根部消毒液腐菌灵杀菌消毒，再用伤口涂抹剂直接涂刷均匀，用以水打湿的麻布绑紧即可。

三、反季节移植技术

1. 概述

反季节植树，一般是指不在植树的适宜季节内植树。有时即使在适宜季节内，移栽大胸径的大树或珍贵树种时，为提高树木移栽的成活率，也常常采用反季节植树的技术措施，不仅可以取得植物造景的良好效果，而且能提高园林职工的技术水准和整体素质。

2. 反季节移栽大树的选树要求

苗木选择时，除了满足设计要求的规格外，还应当选择生长健壮、树形良好的苗木。将反季节栽植的苗木带土球挖掘好，并适当重剪树冠，装于比土球稍大、略高出土球20～30cm的箩筐内(常用竹片、紫穗槐等材料所编)。苗木规格较大时，可改用木箱，埋于地下，正常管理。待需要时，连筐一同挖起，种植时去掉箩筐或木箱。这样，苗木根系基本不受伤害，树冠可以不修剪，保持原状，能达到某些临时特殊要求。对于用作色块的小檗、女贞、月季等小规格灌木，可在春季直接种植于塑料盆中，埋于地下，正常管理。待反季节种植时，连盆一同挖出，运至施工现场，撕开塑料盆，植于地下，成型快，绿化效果好。另外，选择苗木时要求土球比常规大，根系越完整，越易成活。尽量不起裸根苗，多使用小苗、扦插苗或经多次移植过的苗木。大苗应做好断根、移栽措施。水生植物的根、茎发育应良好，植株健壮，无病虫害。

大树在夏季种植时，最好选用已移栽过的大树，这样的大树虽然成本高，但是苗木须根多，土球不易破碎，吸水性强，骨干枝已经发新枝，经过假植的大树再次移栽成活率明显高于新移栽大树。如果在起苗过程中不能带上完好的土球，应将大树的老根、烂根锯掉或剪除，把裸根沾上泥浆，再用湿草袋等物包裹。在装车前锯掉或剪除大树枯黄枝叶，并根据土球的完好程度适当锯除部分茎干，甚至可以截干。在移栽前，为了减少树体的水分消耗，对伤根严重的树进行切根、疏枝等，修剪后的伤口要消毒、涂保护剂，防止伤口腐烂，促进愈合。

非种植季节气候环境相对恶劣，对植物本身的要求就更高了。在选材上要尽可能地挑选长势旺盛、健壮的植株。苗木应根系发达，生长茁壮，无病虫害，规格及形态符合设计要求；水生植物根、茎发育应良好，植株健壮，无病虫害；草坪草块土层厚度宜为3～5cm，草卷土层厚度宜为1～3cm；植生带厚度不宜超过1mm，种子分布应均匀，种子饱满，发芽率应大于95%。

3. 反季节移栽修剪技术要点

反季节移栽的苗木应加大修剪量，减少叶面呼吸和蒸腾作用。修剪方法及修剪量如下。

① 种植前应进行苗木根系修剪，宜将劈裂根、病虫根、过长根剪除，并对树冠

进行修剪，保持地上地下平衡。

② 落叶树可疏枝后进行强截，多留生长枝和萌生的强枝，修剪量可达 6/10～9/10。常绿阔叶树，采取收缩树冠的方法，减去外围的枝条，适当疏稀树冠内部不必要的弱枝，多留强的萌生枝，修剪量可达 1/3～3/5。针叶树以疏枝为主，修剪量可达 1/5～2/5。

③ 对易挥发芳香油和树脂的香樟、针叶树等应在移栽前一周进行修剪，凡 10cm 以上的大伤口应整理光滑平整，及时消毒，并涂抹伤口愈合剂。

④ 珍贵树种的树冠宜做少量疏剪、摘叶、拔针。

⑤ 灌木及藤蔓类修剪。带土球或湿润地区带宿土裸根苗木及上年花芽分化的开花灌木不宜修剪，当有枯枝、病虫枝时应予以剪除；对嫁接灌木，应将接口以下砧木萌生枝条剪除；分枝明显、新枝着生花芽的小灌木，应顺其树势适当强剪，促生新枝，更新老枝。

另外，对于苗木修剪的质量也应做到剪口平滑，不得劈裂，枝条短截时应留外芽，剪口应距留芽位置 1cm 以上。修剪直径 2cm 以上大枝及粗根时，截口必须削平并涂伤口愈合剂。

4. 反季节大树堆土法移栽要点

① 大树卸车后，在粗草绳密匝的树干上洒水，然后用有均匀孔洞的塑料薄膜带，再在其处包扎一层。或在粗草绳外，再用草绳密匝一层，形成双层粗草绳密匝护干。

② 在栽植定点上挖深 20cm 浅坑，再挖 20cm 松土（范围比土球稍大），捡去石块等杂物。

③ 将用薄膜包扎好的大树，按标明的树体南北向，顺向置于松土中央。用支柱从四面八方支撑树体的中部固定，使之稳固不倒。

④ 用一定浓度的生根粉溶液浇洒裸根及附近地面，然后用干土（勿用湿土）培植在树兜四周，踏实，使之与根部密接，土围直径 1.3m 左右，高度 0.6m 左右。而带土球者的土围半径应是土球的半径，高度超过土球高度 10～20cm 即可。

⑤ 在堆土的四周，用砖块或石块，自然式地搭叠成挡土砖围，以固定堆土，防止泥土大量流失。堆护的泥土一旦流失严重，应及时回填。

⑥ 浇透水“挖穴法”移栽大树与“堆土法”移栽大树的做法大致相似。只是在移植点上，“挖穴法”不是挖浅坑，因此也不用砖块做挡土砖围，而是挖洞穴栽植。洞穴的规格应大于大树的土球，再按挖穴法栽植大树的规范要求进行，确保成活率即可。

5. 提高大树反季节移栽成活率的措施

（1）移植时间　夏季高温容易失水，苗木宜在早晚进场栽植，遇到阴天或小雨天可加大施工量。

（2）种植穴和土球要求　反季节种植苗木时，土球及种植穴的大小必须要达到并尽可能超过标准要求。

（3）植前修剪　参照反季节移栽修剪。

（4）苗木种植　反季节栽植，因苗木新陈代谢旺盛，苗木栽植宜浅不宜深，并应及时去除土球包裹物以免包裹物发酵对苗木根系造成伤害。对排水不良的种植穴，可在穴底铺10～15cm沙砾或铺设渗水管、盲沟等以利于排水。种植后应及时支撑，浇透水。种植后在略大于种植穴直径的周围，筑成高10～15cm的灌水土堰，堰应筑实不得漏水。

（5）防腐促根　所有苗木在移植时都会经过断根损伤的过程，原有树势已经被削弱。为了恢复原来树势，栽植时可对伤根使用杀菌剂(如腐菌灵)进行杀菌消毒，同时结合浇水灌施生根剂促进根部快速发新根。

（6）减少水分蒸发　苗木移栽前喷施蒸腾抑制剂，降低水分蒸发量。苗木种植后搭遮阳棚减少水分蒸发，具体方法是毛竹或钢管搭成的井字架上盖上遮阳网，但必须注意网和栽植的树木要保持一定距离，以便空气流通。

（7）植后补水　晴天，每天上午9时前、下午4时后分别给新植树木喷水两次保证植株蒸腾所需的水分，也可以结合输液补水，使用吊袋进行补水。

四、大树栽后养护

1. 判断大树移栽后是否成活的五个方法

① 移植后一段时间观察大树叶片是否变绿，恢复正常。

② 观察大树皮层颜色是否有变化，水分是否饱满。

③ 观察大树木质部色泽是否新鲜，是否干枯皱缩或变褐坏死。

④ 在接近土球处刨出一个观察小口，观察根系是否坏死或萌发新根。

⑤ 吊袋输液不流液（树体无吸收能力）或流液很快（木质部干枯或树体空洞），说明大树未成活或无生命力。

2. 树木的“假活”和“假死”现象

（1）“假活”　树体靠自身养分发了芽，但没有萌发新根，过段时间，树体养分耗尽芽枯缩死亡的现象称为“假活”现象。因此，不能以“出新芽”来判断大树是否成活。

（2）“假死”　树体养分比较充足，但既没出芽，也没走根，就误以为树已死亡的现象称为“假死”现象。假死现象的树，只要后期补足养分和水分，并保持根部良好的生根条件(透气、防积水等)，辅以树木移栽生根产品，如旺长根、旺发根等，很大程度上会促其发芽生根。但如果不及时采取措施，就有可能成为真正的死树。

3. 挽救临近死亡的移植大树

（1）挽救大树 指对移植一段时间后不出芽不发根，疑似死亡，但根系和树干尚存在生命力，土球完整的大树进行再次起挖移植的方法。

（2）具体办法 将大树起挖，在原来的根系切断处再次锯出新根组织，在新的断面上喷施生根液和根部消毒杀菌液，消毒防腐，诱发新根。将干枯枝、病虫枝修剪掉，在伤口处涂抹伤口涂抹剂，用土壤消毒剂杀菌愈合，对树体喷施蒸腾抑制剂，减少自身水分的消耗。对种植土和种植穴消毒，栽植后加强管理。

（3）检查分析 对前次移栽失败进行检查分析，如果是由于栽植过深，再次移植时应抬高栽植。如果是根部腐烂，应切除腐烂根，露出新组织。由于大树经过再次移植，损伤大，生命力减弱，应及时用一些生根液来激活树体的细胞活力，促进树体生根发芽，提高存活率。

4. 大树移栽后的输液方法

（1）输液部位的选择 输液部位一般选择在具有较强恢复能力和易于保护的部位(比如根颈部)，便于输入的液体经传导后能均匀分布于全株。松柏类植物容易流胶，不建议输液，如果输液，建议输液部位选择在根部。

（2）针孔方向的选择 胸径 15cm 以下的树木，针孔正南、正北方向分布；胸径 15cm 以上的树木，使针孔均匀对称分布。

（3）输液时期的选择 大多数园林树木应选择在生长季节进行输液；松柏类植物在生长季节容易流胶，应选择在树液刚刚流动时进行。

（4）输入液的选择 选择的输入液如果带毒、带菌或有絮状物、粉尘、绿藻等，不仅起不到补充养分和水分的作用，反而加速树的死亡，因此一定要选择合格的输入液。应选择营养配比合理、无菌物和粉状物、对树木成活有帮助的液体。

（5）输液时间长短的确定 输液时间长短视树木的大小、品种、特性、弱壮而定。胸径 15cm 左右的树木一般输液一个生长季，20cm 以上的树木根据情况需要输液两个以上的生长季节，对于再大的树木输液时间会更长。输液时首次以补充养分为主，然后接着补充水分。

5. 大树移栽过深的解决办法

① 对未生新根，在不损伤土球的情况下，重新抬高栽植(将烂根切掉或未烂根切出新的光滑断面，对切口用生根液和根部消毒液进行处理)。

② 在种植穴旁边开排水沟，铺排水管，填入珍珠岩或种植土混入珍珠岩，设置通气 PVC 管或通心竹管。

③ 用钢钎在树体外围打洞，灌入珍珠岩，进行排水。

④ 在下陷处深开环状沟或深水沟，设置排水管，直接将水排出。

⑤ 将土球覆土剥出一定厚度(保留 5cm 左右)，并深翻覆土。

很多死亡的大树就是因为栽植过深造成根部积水，影响根部呼吸，造成烂根。

若在高温高湿天气，由于水的传热系数大，还会将地表热量传至根部造成烧根现象。

6. 大树移植后的日常管理技术

（1）输液与浇水　栽植后立即浇一次透水，待2～3天后，浇第二次水，过一周后浇第三次水，以后应视土壤墒情，浇水可适当拉长时间。每一次浇水都要做到“干透浇透”，表土干后要及时进行中耕，以利于土球底部的湿热能够散出以免影响根系呼吸。浇水时加上“松土晶”，可以疏松土壤、打破板结，促进根系生长，提高肥水利用率。除正常浇水外，在夏季高温季节还应经常向树体缠绕的草绳或保湿垫喷水，一般每天要浇4～5次水，早晚各喷水1次，中午高温前后2～3次。每次喷水，以喷湿不滴水不流水为度，使根部土壤保持湿润状态即可，以免造成根部积水，影响根系的呼吸和生长。现代先进的养护技术是以给大树吊注输液为主，输液最大的优点是不会造成根部积水影响根系呼吸和生长，因为常规浇水法很难控制水量，易造成水的浪费和根部积水，使用吊注输液能节水节工达90%以上。

（2）捆扎保湿　对树皮呈青色或皮孔较多的树种以及常绿树种，应将主干和近主干的一级主枝部分用草绳或保湿垫缠绕，减少水分蒸发，同时也可预防干体日灼和冬天防冻。但所缠的绳不能过紧和过密，以免影响皮孔呼吸导致树皮糟朽。待第二年秋季可将草绳解除。

（3）搭棚遮阳　夏季气温高，树体蒸腾作用强，为了减少树体水分散失，应搭建遮阳棚减弱蒸腾，并避免强烈的日晒。注意高温天气在运输途中和栽植养护时，大树遮阳不能过严，更不能密封，遮阳棚也不能直接接触树体，必须与树保持50cm的距离，保证棚内的空气流通，以免影响成活率。

（4）支撑拉绳固树　树大招风，大树移植后，必须稳固大树，避免晃动和被大风吹摇树干及吹歪树身。常采用立支撑（一般成“品”字形三杆支撑）和拉细钢绳的方法（细钢绳应为“品”字形三方拉树，并注意系安全标识物）稳固树，若用支撑杆，支撑点一般应选在树的中上部 2/3处，支撑杆底部应入土40～50cm。注意：晃树必死。

（5）剥芽除萌除梢　大树移植后，对萌芽能力较强的树木，应定期、分次进行剥除萌芽、除嫩梢(切忌1次完成)，以减少养分消耗，及时除去基部及中下部的萌芽，控制新梢在顶端30cm范围内发展成树冠。注意：有些大树移植后发芽时在消耗自身的养分，是一种成活的假象，应及时判断是否为假成活并采取相应措施。

（6）防冻防寒解害　在冬季霜冻时，可用防冻垫(无纺麻布、塑膜、草绳)包裹树干及主枝，以减少弱霜冻对大树的影响，防止大树受冻。注意：塑料膜包扎只能在寒冷的冬季使用，待气温回升平稳在5℃以上时立即去除包裹物。现代化先进的更有效的防冻措施是在树干及主枝涂刷防冻霜，并结合全株喷(重点喷幼嫩组织)“冻必施”，减弱冻害寒冷对大树的影响，解害促进康复。

(7) 促进根部土壤透气　大树栽植后，根部良好的土壤通透条件，能够促进伤口的愈合和促生新根。大树根部透气性差如栽植过深、土球覆土过厚、土壤黏重、根部积水等因素会抑制根系的呼吸，根无法从土壤中吸收养分、水分，导致植株脱水萎蔫，严重的出现烂根死亡。为防止根部积水，改善土壤通透条件，促进生根，可采用以下措施。

① 设置通气管。在土球外围5cm处斜放入6～8根PVC管，管上要打无数个小孔，以利透气，平时注意检查管内是否堵塞。

② 换土。对于透气性差、易积水板结的黏重土壤如黏壤土，可在土球外围20～30cm处开一条深沟，开沟时尽量不要造成土球外围一圈的保护土振动掉落，然后将透气性和保水性好的珍珠岩填入沟内，填至与地面相平。

③ 挖排水沟。对于雨水多、雨量大、易积水的地区，可横纵深挖排水沟，沟深至土球底部以下，且沟要求排水畅通。

7. 反季节栽植大树的养护管理

(1) 防止倒伏　反季节栽植的大树一般胸径粗、树体比较高大、质量重。尤其是用“堆土法”栽植的大树，虽然根部通风透气、排水性能好、易发根，但不稳固、易倒伏。因此，反季节栽植大树在养护管理上，首先应加固支柱立杆，防止大树倒伏。

(2) 安全越夏　在反季节栽植大树中，如何及时抗旱排涝，使大树安全越夏，是反季节植树成活的关键。一般采取的综合措施有：第一，在大树的上方架设双层遮阳网，但以不妨碍大树生长为宜，以减少强日光照射，避免造成树体灼伤和过度失水；第二，在大树的支架上，架设和接通自来水管道，管道上安置喷雾装置，人工控制闸阀开关，从不同方向喷洒水雾，或者用人工操作喷雾器，每隔一定时间，采用喷雾器喷水的方法，给树体上下不停地喷雾，达到降温保湿、安全越夏的作用。

(3) 防冻保暖　冬季来临，在冰冻严重或昼夜温差大的地区，尤其是用“堆土法”进行反季节栽植的大树，应注意及时采取防冻保暖措施。如在入冬之前深灌一次防冻水(同时加入淇林松土晶)，施有机肥和磷、钾肥；在新栽大树的树根周围撒层草灰或稻草，或直接用薄膜覆盖；增加埋入土层厚度，将土球推成丘状，减弱气温对大树根部的影响；喷施大树防冻霜和涂白剂来防寒、防冻、杀菌、杀虫卵。

(4) 及时解除树干绑扎物　反季节栽植的大树，经过精心养护管理，成活稳定后，即可解除树干绑扎物，使之适应自然环境。解除树干绑扎物后，仍须加强养护管理，确保反季节栽植的大树成活，并进入自然生长状态。

目前反季节栽植已成为城市绿化施工中普遍使用的方法，其技术的实用性、可靠性和可操作性均已得到实践的证明。它的应用不仅解决了在植物非生长季节进行绿化施工的难题，同时也加快了城市园林建设的步伐，大大延长了绿化施工期。

8. 树木移栽后的水分管理

（1）旱季管理　在6～9月之间，大部分时间气温在28℃以上，且湿度小，是最难管理的时期。这时的管理要特别注意：一是遮阳防晒，可以在树冠周围东西方向搭“几”字形遮阳网，这样能较好地挡住太阳的直射光，使树叶免遭灼伤；二是根部灌水，往预埋的塑料管或竹筒内灌水，此方法可避免浇“半截水”，能一次浇透，平常能使土壤见干见湿，可往树冠外的洞穴灌水，增加树木周围土壤的湿度；三是树南面架三角支架，安装一个高于树1m的喷灌装置，尽量调成雾状水，因为夏、秋季大多吹南风，喷灌雾状水增加了树周围的湿度，并降低了温度，减少了树木体内有限水分、养分的消耗。

（2）雨季管理　南方雨水偏多，空气湿度大，主要应抗涝，及时排水，避免雨水的浸泡，以防造成根部无氧呼吸，酒精中毒死亡。根部积水需要及时处理。

① 挖沟排水。在土球外围纵横深挖排水沟，且沟比土球底部至少深30cm，并保持排水通畅。

② 埋设PVC管。在土球外围直立埋设8根直径8cm左右的PVC管，且在管上打无数个小孔，露出地面的部分高5cm左右。或是直接使用园林大树移栽专用的盲管，效果更好。

③ 地势低洼补救方法为，在移栽的大树周边挖4个深坑，距离土球外围40cm处开挖，深度比土球底部深30cm，及时清理坑中的积水。这个措施成本低、见效快、易施工。

（3）寒冷季节管理　要加强抗寒、保暖措施。一是用草绳或保暖带绕干包裹，可有效抵御低温、寒风的侵害；二是用塑料薄膜包裹整个植株，形成小的温室环境，达到保温抗寒的效果。

9. 不同类型的移植大树的修剪

树木的种类不同，修剪的方式也不一样，通常有以下几种修剪方式。

① 凡主轴比较明显的树种，修剪时应注意保护中央领导枝，使其向上直立生长。原中央领导枝受损、折断，应利用顶端侧枝重新培养新的领导枝。

② 主轴不明显的树种（如槐类），应选择比较直立的枝条代替领导枝直立生长，通过修剪控制与主枝竞争的侧枝。

③ 应逐年调整树干与树冠的合理比例，同一树龄和品种的林地，分枝点高度应基本一致。位于林地边缘的树木分枝点可稍低于林内树木。

④ 针叶树应剪除基部垂地枝条，随树木生长可根据需要逐步提高分枝点，并保护主尖直立向上生长。

⑤ 银杏修剪只能疏枝，不能短截。对轮生枝可分阶段疏除。

⑥ 行道树中乔木的修剪，除应按以上要求操作外，还应注意以下规定。

a. 行道树的树形和分枝点高度应基本一致，分枝点高度最低标准为 2.8m，主通行区可适当提高。

b. 树木与架空线有矛盾时，应修剪树枝，使其与架空线保持安全距离。

c. 在交通路口 30m 范围内的树冠不能遮挡视线。

d. 路灯和变压设备附近的树枝应与其保留出足够的安全距离。

10. 移栽灌木修剪

对移栽灌木的修剪，主要目的是使植株保持适合的树形，达到通风透光、生长旺盛的目的。其主要修剪技术如下。

（1）去蘖　培养有主干的灌木，如碧桃、连翘、紫薇等，移栽时要将从根部萌发的蘖条齐根剪掉，从而避免水分流失。

（2）疏枝　对冠丛中的病枯枝、过密枝、交叉枝、重叠枝，应从基部疏剪掉。对根蘖发达的丛生树种，如黄刺玫、玫瑰、珍珠梅、紫荆等，应多疏剪老枝，使其不断更新、旺盛生长。对于早春发芽比较早的丁香，只疏不剪或轻微短截。

（3）摘蕾　对于一些珍贵灌木树种，如紫玉兰等，移植后的当年，如开花过多，则会过度消耗养分，影响成活和生长。故应于移栽后把花蕾摘掉，并将枝条适当轻剪，确保苗木成活。

（4）短截　早春在隔年生枝条上开花的灌木，如榆叶梅、碧桃、迎春、金银花等，为提高成活率、避免开花消耗养分，需保留合适的 3～5 条主枝，其余的疏去。保留的主枝短截 1/2 左右，侧枝也需疏去 2/3 左右的弱枝。

夏季在当年生枝条开花的灌木，如紫薇、木槿、玫瑰、月季、绣线菊、珍珠梅等，移栽后应重剪。可将保留的枝条剪去 2/3，以便集中养分促发新枝，达到多开花、花大艳丽的目的。既观花又观果的灌木，如金银木、枸骨、水栒子等，仅剪去枝条的 1/5～1/4。对观枝类，如棣棠、红瑞木等，需将枝条重剪，促发新枝，因新发的鲜嫩枝条更具观赏性。

11. 树木整形修剪后或机械损伤的伤口处理

修剪造成的伤口，应将伤口削平然后涂以保护剂，选用的保护剂要求容易涂抹、黏着性好、受热不融化、不透雨水、不腐蚀树体组织，同时又有防腐消毒的作用，如桐油、接蜡、伤口涂抹剂等均可。大量应用时也可用鲜牛粪加入少量的石硫合剂混合后作为涂抹剂。树木伤口专用涂抹剂一般有两大功用：一是涂抹伤口，防止水分散失，促进伤口愈合；二是减少伤口萌蘖，降低修剪量。树皮出现损伤后，应在较短的时间内进行处理，部位不同处理的方法不同，具体如下：

① 对于树皮块状起翘或部分脱落的情况，可先消毒，将树皮恢复原样，再用草绳或麻片绑扎裹紧，每隔一段时间用树干注入液浸灌一次，并于一周左右用喷雾器再次消毒。

② 对于树皮完全脱落的，用伤口涂抹剂（如“伤口一抹愈合灵”）涂刷，再用

草绳或麻片绑扎。

③ 如果是树根损伤的情况，则先修剪坏根，再用伤口涂抹剂封口，促进其愈合，使养分不流失。种植后用生根液浇灌根部，并可结合杀菌剂对根部消毒，起到抑菌促根的作用。

12. 裸根移植栽后的养护管理措施

① 栽后应连灌三次水。以后视需要灌水并适时中耕，以保成活。

② 根据树木生长情况及时施入速效肥或有机肥。

③ 适时进行修剪。修剪的原则是以修剪病虫枝、受伤枝、枯死枝、过密枝为主，保持大树的自然树形和树势均衡。

④ 看管围护。新植裸根大树，树木周围不得堆物或进行影响树木成活的作业，必须注意防止人为破坏，一定要加强看管或采取围护措施。

⑤ 其他养护措施。如定期中耕除草、病虫防治等。根据需要及时安排，有旱情时及时浇水，雨后及时排涝，减少树木生长的不利因素，以保证树木的成活和正常生长。

⑥ 当空气干燥时，应对树干、树冠、树干包扎物早晚各喷雾一次以增加树体湿度；在干旱季节可向树冠喷施抗蒸腾剂，降低蒸腾强度。

⑦ 临近建筑工地的移植树木，应在树冠外 2m，设围栏保护。

⑧ 定期检查树木支撑设施，出现松动时及时加固，避免风倒等事故发生。

第四节 水生植物栽植技术

一、水生植物的类型

1. 水生植物的特性

能在水中生长的植物，统称为水生植物。水生植物的细胞间隙特别发达，经常还发育有特殊的通气组织，以保证植株的水下部分能有足够的氧气。水生植物的通气组织有开放式和封闭式两大类。莲等植物的通气组织属于开放式的，空气从叶片的气孔进入后能通过茎和叶的通气组织，从而进入地下茎和根部的气室。整个通气组织通过气孔直接与外界的空气进行交流。金鱼藻等植物的通气组织是封闭式的，它不与外界大气连通，只贮存光合作用产生的氧气供呼吸作用之用，以及呼吸作用产生的二氧化碳供光合作用之用。

水生植物的叶面积通常较大，表皮发育微弱或在有的情况下几乎没有表皮。沉没在水中的叶片部分表皮上没有气孔，而浮在水面上的叶片表面气孔则常常较多。此外，沉没在水中的叶子同化组织没有栅栏组织与海绵组织的分化。水生植物叶子的这些特点都是适应水中弱光、缺氧的环境条件的结果。水生植物在水中的叶片还常常分裂成带状或丝状以增加对光、二氧化碳和无机盐类的吸收面积。同时这些非常薄、强烈分裂的叶片能充分吸收水体中丰富的无机盐和二氧化碳。十字花科的蔊菜就是一个典型的例子,它的叶片为两型叶,水面上的叶片能够执行正常的光合作用的任务,而沉没在水中的、强烈分裂的叶片还能担负吸收无机盐的任务。

由于长期适应于水环境,生活在静水或流动很慢的水体中的植物茎内的机械组织几乎完全消失。根系的发育非常微弱,在有的情况下几乎没有根,主要是水中的叶代替了根的吸收功能,如狐尾藻。

水生植物以营养繁殖为主,如常见的作为饲料的水浮莲和凤眼莲等。有些植物即使不行营养繁殖,也依靠水授粉,如苦草。

2. 水生植物的分类

根据水生植物的生活方式,一般将其分为以下三大类:挺水植物、浮叶植物和沉水植物(彩图 41)。

(1)挺水植物　挺水型水生植物植株高大、花色艳丽,绝大多数有茎、叶之分;直立挺拔,下部或基部沉于水中,根或地茎扎入泥中生长,上部植株挺出水面。挺水型植物种类繁多,常见的有荷花、千屈菜、菖蒲、黄菖蒲、水葱、再力花、梭鱼草、花叶芦竹、香蒲、泽泻、旱伞草、芦苇、茭白等(彩图 42)。

(2)浮叶植物　又称浮水植物。浮叶型水生植物的根状茎发达,花大、色艳,无明显的地上茎或茎细弱不能直立,叶片漂浮于水面上。常见种类有王莲、睡莲、萍蓬草、芡实、荇菜等。浮叶植物如细叶满江红或凤眼莲也能通过纤细的根吸收水中溶解的养分。深水植物如萍蓬草属和睡莲属植物,它们的根在池塘底部,花和叶漂浮在水面上,它们除了本身非常美丽外,还为池塘生物提供庇荫,并限制水藻的生长(彩图 43)。

(3)沉水植物　沉水型水生植物根茎生于泥中,整个植株沉入水中,具发达的通气组织,利于进行气体交换。叶多为狭长或丝状,能吸收水中部分养分,在水下弱光的条件下也能正常生长发育。沉水植物对水质有一定的要求,因为水质浑浊会影响其光合作用。花小、花期短,以观叶为主。沉水植物有轮叶黑藻、金鱼藻、马来眼子菜、苦草、菹草等(彩图 44)。

3. 水缘植物

这类植物生长在水池边,从水深 23cm 处到水池边的泥里,都可以生长。水缘植物的品种非常多,主要起观赏作用。种植在小型野生生物水池边的水缘植物,可以为水鸟和其他光顾水池的动物提供藏身的地方。在自然条件下生长的水缘植物,可能会成片蔓延,不过,移植到小型水池边以后,只要经常修剪,用培植盆控制根部的蔓延,不会有什么问题。一些预制模的水池带有浅水区,是专门为水缘植物预备的。当然,植物也可以种植在平底的培植盆里,直接放在浅水区(彩图 45)。

4. 喜湿植物

这类植物生长在水池或小溪边沿湿润的土壤里但是根部不能浸没在水中。喜湿性植物不是真正的水生植物，只是它们喜欢生长在有水的地方，根部只有在长期保持湿润的情况下，它们才能旺盛生长。常见的有樱草类、玉簪类和落新妇类等植物。另外还有柳树等木本植物、红树植物（彩图 46）。

5. 漂浮植物

漂浮型水生植物种类较少，这类植株的根不生于泥中，株体漂浮于水面之上，随水流、风浪四处漂泊，多数以观叶为主，为池水提供装饰和绿荫。又因为它们既能吸收水里的矿物质，同时又能遮蔽射入水中的阳光，所以也能够抑制水体中藻类的生长，能更快地提供水面的遮盖装饰。但有些品种生长、繁衍得特别迅速，可能会成为水中一害，如水葫芦等。所以需要定期用网捞出一些，否则它们就会覆盖整个水面。另外，也不要将这类植物引入面积较大的池塘，因为如果想将这类植物从大池塘当中除去将会非常困难（彩图 47）。

二、水生植物栽植技术

1. 栽植水生植物对种植器和土壤的要求

（1）种植器的建造　水池建造时，在适宜的水深处砌筑种植槽，再加上腐殖质多的培养土。种植器一般选用木箱、竹篮、柳条筐等，一年之内不至腐烂。选用时应注意装土栽种以后，在水中不至倾倒或被风浪吹翻。一般不用有孔的容器，因为栽培土及其肥效很容易流失到水里，甚至污染水质。不同水生植物对水深要求不同，容器放置的位置也不相同。一般是在水中砌砖石方台，将容器放在方台的顶托上，使其稳妥可靠。另一种方法是用两根耐水的绳索捆住容器，然后将绳索固定在岸边，压在石下。如水位距岸边很近，岸上又有假山石散点，要将绳索遮蔽起来，否则会影响景观效果。

（2）土壤选择　可用干净的园土细细筛过，去掉土中的小树枝、杂草、枯叶等，尽量避免用塘里的稀泥，以免掺入水生杂草的种子或其他有害生物菌。以此为主要材料，再加入少量粗骨粉及一些缓释性氮肥。

2. 水位对水生植物栽植的影响

水生植物种得太深，挺水植物会被“淹死”，浮叶植物叶子浮不出水面被“闷死”，沉水植物因水深光照过弱而“饿死”，或由于种得比常水位线高出过多，挺水植物被“旱死”。可见常水位线是水生植物的生命线，在实际施工作业时对水位线要给予足够的重视。在种植施工放样前先用水准仪在现场确定出常水位线，在植物配置时把各种植物的水深适应性作为种植深浅的依据。

3. 水生植物的栽植

水生植物应根据不同种类或品种的习性进行种植。在园林施工时，栽植水生植物有两种不同的技术途径：一是在池底砌筑栽植槽，铺上至少 15cm 厚的培养土，将水生植物植入土中；二是将水生植物种在容器中，再将容器沉入水中。以上介绍的两种方法各有利弊。用容器栽植水生植物再沉入水中的方法更常用一些，因为它移动方便，例如北方冬季须把容器取出来收藏以防严寒；在春季换土、加肥、分株的时候，作业也比较灵活省工。而且，这种方法能保持池水的清澈，清理池底和换水也较方便。

4. 水生植物栽植后管理

（1）施肥　以油粕、骨粉的玉肥作为基肥，放四五个玉肥于容器角落即可，水边植物不需基肥。追肥则以化学肥料代替有机肥，以避免污染水质，用量较一般植物稀薄十倍。

（2）调节水位　水生植物依生长习性不同，对水深的要求也不同。漂浮植物最简单，仅需足够的水深使其漂浮。沉水植物则水高必须超过植株，使茎叶自然伸展。水边植物则保持土壤湿润、稍呈积水状态。挺水植物因茎叶会挺出水面，须保持 50cm～1m 的水深。浮水植物较麻烦，水位高低须依茎梗长短调整，使叶浮于水面呈自然状态为佳。

（3）疏除　若同一水池中混合栽植各类水生植物，必须定时疏除繁殖快速的种类，如浮萍、大萍等，以免覆满水面，影响睡莲或其他沉水植物的生长；浮水植物过大，叶面互相遮盖时，也必须进行分株。

（4）换水　为避免蚊虫孳生或水质恶化，当用水发生混浊时，必须换水，夏季则须增加换水次数。

（5）病虫害防治　经常调查病虫害的发生情况，如发现严重危害的，应及时防治。

（6）清除水中的杂草　池底或池水过于污浊时要换水或彻底清理。

第三章

树木衰弱原因分析及对策

第一节　树木地上部分衰弱原因分析及对策

一、 概述

1. 树木衰弱

树木衰弱泛指树木在生长发育过程中，受到有害物质（如重金属、各种垃圾、有害生物等）的侵害，或环境条件（土壤、水分、温度、湿度、光照等多种生态因子）不适宜，或者由于人为的负面影响，使原本正常生长的植株表现为生长势衰弱的现象。如果不采取相应措施，任其发展，树木就会重度衰弱，甚至死亡。生长衰弱现象，不仅发生在数百年生乃至千年生的古树名木上，一般大树、幼树也会发生。健康生长的树木，一旦由于某种原因而引起生长衰弱时，就会出现某种异常现象，我们把各类异常现象称作“症状”。认识树木生长衰弱的症状，尤其是那些轻微的或不太明显但又重要的症状，对在实际中开展调查和研究工作非常有利。它不仅便于我们及时发现问题、及时分析原因，而且有助于我们不失时机地开展复壮工作，促使树木恢复生长。

2. 生物因素导致的衰弱

第一，主要是病虫害导致树木衰弱。害虫的刺吸、蚕食、蛀食等，会导致树体营养流失或树体疏导组织被破坏，造成树木生长发育不良。第二，病害导致树木衰弱。一些真菌或细菌导致的侧柏叶凋病、松针枯病等，会大大降低这两种树木叶片的光合效率，导致树势衰弱。第三，一些生理性病害，如缺铁症等，也会降低叶片中叶绿素的含量，进而影响光合作用，导致树木衰弱。

3. 非生物因素导致的衰弱

（1）干旱或积水导致树木衰弱　干旱会造成树木生长迟缓，部分枝端枯死。持久的干旱，使得树木发芽迟、枝叶生长量小、枝的节间变短、叶片因失水而发生卷曲，严重者可使树木落叶、小枝枯死。当树木遭受干旱时，最易遭病虫侵袭，从而导致树木衰弱。积水也会导致树木衰弱。生长在地势低洼处的树木在雨季易发生积水现象，在实践中发现，若树木处于土壤经常积水的环境，会出现叶片稀疏、夏季掉叶或物候期紊乱的现象。研究表明，当土壤自然含水量在20%以上时，松柏类古树根系将停止生长，持续时间足够长时会造成烂根。

（2）树干腐朽导致树木衰弱　树皮腐朽会导致叶片合成的养分向下运输的途径中断，使根系处于饥饿状态，进而引起根系大量死亡，导致树木衰弱。在实践中发现，树干上一整圈树皮死亡的阔叶大树或古树，一般会在当年或第二年死亡。木质部坏死也会导致树木衰弱，因为死亡部分中断了水分和矿物质向上运输的通道。

（3）郁闭导致树木衰弱　有些强阳性树，如果其周围速生树种的生长高度超过了它的高度，久而久之，这种阳性树会因光照不足而衰弱。

（4）冻害导致树木衰弱　冬季气温低，直接导致了外来或边缘树种因冻害而死亡。气温低对树木的影响还表现为冻破干皮，为真菌、细菌等侵染创造了条件，如海棠类植物易发生的腐烂病，常是因树皮冻裂，继而感染真菌所致。

4. 人为因素导致的衰弱

大多数树木生长在人们活动所及的区域，在这些区域，由于人们的活动十分频繁，导致树木的生长环境恶化，加速了树木衰弱。一般人为因素的影响表现在以下几个方面。

第一，人为践踏导致土壤密实。土壤是树木生存生长的重要基础之一，由于人为活动造成一些树木周围的地面受到大量频繁的践踏，使得本来就缺乏耕作条件的土壤，密实度日趋增高，导致土壤板结，土壤团粒结构遭到破坏，透气性及自然含水量降低，树木根系呼吸困难，须根减少且无法伸展。土壤理化性质恶化，是造成树木树势衰弱的直接原因之一。

第二，过度铺装导致土壤透气透水性差。在公园或风景名胜区，由于游人多，为了方便观赏，管理部门多在树干周围用水泥砖或其他硬质材料进行大面积铺装，仅留下较小的树池，这样既使得土壤透气性下降、营养面积小，在降雨时，也会形成大量的地面径流，使根系无法从土壤中吸收到足够的水分，久而久之，便导致了树木的衰弱。

第三，人为使土壤盐碱过高，导致树木衰弱。盐害的症状与干旱的症状十分相似，表现为树叶发黄、叶片小，严重者叶片枯死，甚至整株死亡。但若是局部土壤遭受盐胁迫，那么同侧的枝条会表现出明显的受害特征，即出现“阴阳头现象”。

第四，伤根导致树木衰弱。公园或景区中的道路铺设或古建维修，会伤及树木的根，造成树木不可逆的衰弱，这样的例子屡见不鲜。

5. 树木地上部衰弱诊断的作用与意义

树木出现生长衰弱，其诱因种类繁多，在同一场所，树木生长衰弱的诱因可能有多个，但是它们对树木影响的程度，则有轻重之别。因此，我们可将它们划分为主导因子和次要因子两大类。主导因子即主要的因子，该因子是导致树木生长衰弱的基本因子，也称作初生因子，它具有相对的独立性。其余因子均称作次要因子。无论何时何地，在一定场合下，对于树木生长衰弱现象而言，总是存在着一个主导因子。有时除主导因子外，可能有1～2个或2个以上的次要因子。在调查中应注重寻找主导因子并明确主次关系，对于适时采取相应的防治手段至关重要。若主次不分，可能会导致今后的复壮工作事倍功半，难以获得理想效果。

二、树木叶片异常症状分析与对策

1. 干旱导致的叶片发黄

干旱会使幼苗出现萎蔫现象。此时的光合作用下降，生长停顿，光合产物的运输因缺水受阻，植物体内有机物大量水解，呼吸增强，从而消耗大量有机物。由于植物体内水分重新分配，新叶从老叶中夺取水分，造成老叶发黄，严重时叶片焦边或整片叶干枯脱落。可根据土壤干湿程度及叶片变化及时灌溉，浇水则浇透。

2. 浇水过多或积水导致的叶片发黄

土壤水分过多造成土壤缺氧，使根部呼吸困难，根系吸水、吸肥受阻，生长不能正常进行而导致树木新枝顶叶淡黄色。这种情况在生产上很常见，起初叶片不发黄，但大量萎蔫，也即“绿蔫”，随后老叶边缘或整个叶片变黄，光滑无病原物，叶柄软绵，同时发生落叶，雨季过后，萌发新叶。若长期积水会导致顶梢枯死。这时应挖土看土壤情况，是否有明显的积水或土壤湿度过大，并确认是否有烂根发生，若土壤含水量超过相应土质的最大田间持水量并持续48h以上时，可确定为积水。此时，应及时松土、排水，控制灌溉量。

3. 酸碱度不适或融雪剂导致的叶片发黄

土壤的酸碱度能影响矿质的溶解度。在碱性土壤中，铁、钙、磷、镁、锌等易形成溶性的化合物，因而会降低植物对这些元素的吸收，造成黄叶病。土壤过酸时，铁、铝、锰等溶解过多，植物也会因过量吸收而中毒。因此控制土壤的酸碱度是保证苗木正常生长的重要手段，对碱性过大的土壤可多施铵盐，对酸性过强的土壤可多施硝酸盐，来调节土壤的 pH 值，使其适合于苗木生长。

近年来，以氯化钠为主要成分的一类融雪剂导致大量城市园林植物死亡已经成为北方城市的一个大问题。受融雪剂影响的树木，春季萌发后至雨季来临之前小叶或嫩芽回抽，或呈不规则焦叶乃至全株死亡，通常栽植在行道上的树木，靠近马路内侧树冠的某些枝条出现焦叶甚至枝条死亡，而外侧叶片生长正常，整个树冠叶片呈所谓的“阴阳头”现象。融雪剂对植物的危害通常是毁灭性的。融雪剂随融化的雪水淋溶到土壤中，经植物的水分循环进入植物体，从而导致植物的衰弱或死亡。不仅如此，植物死亡后的重新补植，必须置换含盐土壤，否则盐分还会继续危及补植植株。此外，融雪剂还会造成公共基础设施的腐蚀、水体污染等，这应引起高度的重视。另外，在融雪剂的种类上也应严格区分，尽量少使用氯盐融雪剂，多使用醋酸盐类融雪剂。

4. 病虫为害导致的叶片异常

在树木生长过程中，常受病虫的侵害。在害虫方面，尤其是各种刺吸口器的害虫，危害叶片或吸食叶片汁液，造成叶片皱缩、卷曲，使叶片出现斑点、变黄等现象。病害侵害的情况比较复杂，生产上发生比较多的是由真菌、细菌和病毒引起的病害，它们都能造成叶片皱缩、卷曲、斑点、变色等现象，但主要的区别是，真菌病的一般症状有霉状物、粉状物、锈状物、丝状物及黑色小粒点，细菌性病害的症状多为组织坏死、腐烂和枯萎（少数能引起肿瘤是分泌激素所致）。初期受害组织表面常为水渍或油渍状、半透明，在潮湿条件下病部有黏稠状的菌脓溢出；腐烂型细菌病害往往有臭味；病毒病是全株表现出病状，有明显的病状表现而无病症，如褪绿、白化、黄化、紫(或红)化、变褐等，还有畸形生长、生长萎缩或矮化、卷叶、线叶、皱缩、蕨叶、小叶状。病虫害的发生有时是很严重的，所以一旦发现病虫害，应注意观察、提早预防，要及时防治，适时适量对症喷药(详见第四章的有关内容)。

5. 缺素症导致的叶片异常

植物养分缺素症，就是缺素，但是我们知道，营养元素在作物体内分可移动(可重新利用）的元素和不可移动（不可再利用）的元素。而不可移动元素，就是只能用一次，用完就沉淀下来了。一般情况下缺素都会表现在新叶上，而老叶因为这些元素固定了所以含量往往比较多。同样的道理，因为这些元素不可移动，所以一般缺素的时候以叶面补充为主，尤其是缺素位置的精准补充。

可移动元素有氮、磷、钾、镁和锌，所以，一般老叶上发生病变了就是这四种元素中的一种缺失。氮、磷缺失一般是全株植物叶片，或者老叶发生，缺氮是浅绿色，缺磷是深绿色。钾缺失一般是在叶尖边缘，及斑点周围失绿，叶子容易向下卷。锌缺失，坏死的斑点在整个叶片出现，叶脉和主脉都可能会出现坏死。缺镁一般是没有坏死点的，主要是主脉间失绿，变为淡绿色或者接近白色。不可移动元素缺乏一般发生在新叶或者顶芽上，顶芽死亡，基本上是缺钙和硼。幼龄叶芽失绿，叶尖或者边缘死亡、向下卷曲，整个植株仍然是绿色的，这一般是缺钙。幼龄叶芽在弯曲处首先失绿，而顶端仍在一定时间内是绿色的，叶片向下卷曲，中脉脆弱易折断，这是缺硼的症状。顶芽不坏死，幼叶萎蔫无病斑或者明显的缺绿，是缺铜的表现。缺铁幼叶开始黄化但不萎蔫，严重时全株黄化，叶脉仍绿，白色调明显，无坏死斑点。缺锰、硫幼叶不萎蔫，叶有缺绿的，但顶芽不死。造成微量元素缺乏症主要是长期不换土或长期单一施用氮素化肥的结果。因此，要隔年对苗床进行客土改良，注意施有机肥料。

6. 肥害、药害导致的叶片异常

肥料过多、过少都会对苗木产生不良的影响，施肥过浓、过多时，会引起植物渗透运输作用受阻，出现新叶肥厚、叶片皱褶而不舒展，老叶渐黄而不脱落的症状。因此要合理施肥，改良土壤，为植物创造良好的生活环境。如施入有机肥料可以增加土壤的团粒结构，不仅改善土壤的水、气、温状况，促进根系的生长和对肥料的吸收，还可促进土壤微生物的活动，加速有机物的分解，改善养分的供应状况。

防病治虫、喷施药剂不当或浓度过大而造成树木发生药害，使叶片发黄而脱落。因此，在使用农药的同时，一定要严格按照说明，按一定的比例进行喷施，一旦出现药害，应尽快用清水冲洗，以降低药性。

三、树冠、树干异常症状分析与对策

1. 树木的自然生长方式

（1）离心生长　树木自播种发芽或经营养繁殖成活后，以根颈为中心，根和茎均以离心的方式进行生长。即根具向地性，在土中逐年发生并形成各级骨干根和侧根，向纵深发展；地上芽按背地性发枝，向上生长并形成各级骨干枝和侧生枝，向空中发展。这种由根颈向两端不断扩大其空间的生长称为离心生长。

（2）离心秃裸　根系在离心生长过程中，随着年龄的增长，主根上早年形成的须根，由基部向根端方向出现衰亡，这种现象称为“自疏”。同样，地上部分由于不断的离心生长，外围生长点增多，枝叶茂密，使内膛光照恶化。壮枝竞争养分的能力强，而内膛骨干枝上早年形成的创生小枝，由于所处低位，得到的养分较少，长势较弱。侧生小枝起初有利养分积累，开花结实较早，但寿命短，逐年由骨干枝基部向枝端方向出现枯落，这种树体在离心生长过程中，以离心方式出现的根系“自疏”和树冠的“自然打枝”，统称为“离心秃裸”。当离心秃裸发生后，表明离心生长日趋衰弱，具有长寿芽的树种，常于主枝弯曲高位处，萌生直立旺盛的徒长枝，开始进行树冠的更新，徒长枝仍按离心生长和离心秃裸的规律形成新的小树冠，俗称“树上长树”。

（3）向心更新　离心秃裸发生后，随着徒长枝的扩展，加速主枝和中心干的先端出现枯梢，全树有许多徒长枝形成新的树冠，逐渐代替原来衰亡的树冠。当新树冠达到最大限度时，同样会出现先端衰弱、枝条开张而引起的优势部位下移，从而又可萌生新的徒长枝来更新。这种更新和枯亡的发生，一般都是由冠外向内膛、由上而下直至根颈部进行的，故称为“向心更新”。

2. 自然衰老导致的树冠主要大枝顶端干死

树木自然衰老的主要症状是树冠主要大枝顶梢干死。具备除了干死的大枝顶梢外，其余树枝仍然生长健壮的特征，是高龄树木，并不具有因干旱、积水、病虫害等因素导致衰弱的特征，当满足上述条件时，可以确认是树木自然衰老，向心更新，应加强水肥管理。

3. 遮阴导致的树冠枝叶稀疏，内膛大量枝条枯死

植物分阳性植物和阴性植物，阳性植物是指在全日照下生长良好而不能忍受荫蔽的植物。例如落叶松属、松属（华山松、红松除外）、桦木属、桉属、杨属、柳属、栎属的多种树木、臭椿、乌桕、泡桐、水杉等。阴性植物在较弱的光照条件下比在全光照下生长良好，这类植物多为生长在潮湿、阴暗密林中的草本植物。树木的生长离不开光，特别是阳性树种需要在全光照条件下才能正常生长，正常生长要求两倍于光补偿点以上的光照强度，此时植物光合作用制造的有机物除补偿呼吸消耗外，剩余的有机物才能满足正常的需要。这些树木在荫蔽状况下生长不良或不能生长。典型的反应是树叶发生黄化现象、落叶、自然枯枝。遇到树冠枝叶稀疏、内膛有大量枯死枝，若存在被建筑物和其他树木遮阳的问题，且该树木是阳性树时，可以判定该树木的衰弱是因为遮阳所致，应采取适当措施。

4. 树干日灼及防治

夏季温度过高，且有明显太阳西晒，则极易造成树木西向一侧干皮被灼伤，如广玉兰树干灼伤，干西向一侧树皮先是稍呈泛白鼓起，外皮灼伤处韧皮部与木质部剥离，开裂后向四周萎缩坏死，逐渐露出内侧的木质部。若外露的木质部未能及时进行防腐处理，因长时间的日晒雨淋，易引发木质部腐烂，从而严重影响到树木的生长。用草绳或湿麻布捆绑，能有效防止树干被灼伤，待其树皮经数年锻炼老熟厚实且有树冠遮挡后，再解去绑在树干上遮挡阳光的草绳等。亦可将坏死的部分刮去，用 100mg/L 的生根粉药液拌成黄心土泥糊，涂抹于植株被灼伤的部位，外用塑料薄膜包裹好。

5. 树干流胶及防治

流胶病是有些树木最重要的枝干病害，一般从发病原因上看主要分为生理性流胶和侵染性流胶两种。生理性流胶主要发生在主干和主枝上。雨后树胶与空气接触变成茶褐色硬质琥珀状胶块，被腐生菌侵染后病部变褐腐烂，致使树势越来越弱，严重者造成死树，且雨季发病重、大龄树发病重。生理性流胶主要是由霜害、冻害、病虫害、雹害、水分过多或不足、施肥不当、修剪过重、结果过多、土质黏重或土壤酸度过高等原因引起，树龄大的树发病重。侵染性流胶病菌侵染当年生枝条，多从伤口和侧芽处入侵，出现以皮孔为中心的瘤状突起，当年不流胶，具有潜伏侵染特征，次年瘤皮开裂溢出胶液，发病后期病部表面生出大量梭形或圆形的小黑点，这是与生理性流胶的最大区别。对于树干流胶应加强栽培管理，增强树势，提高树的抗病能力，或在树发芽前，喷0.5%小檗碱杀菌剂600倍液+有机硅，杀灭活动的病菌。

6. 树木冻害及防治

冻害是指树木受到0℃以下的低温胁迫，发生组织和细胞受伤，甚至死亡的现象。

影响冻害的因素很复杂，从内因来说，与树种、品种、树龄、生长势及当年枝条的成熟及休眠与否均有密切关系；从外因来说，是与气象、地势、坡向、水体、土壤、栽培管理等因素分不开的。树干受冻后有的形成纵裂，一般称为“冻裂”现象，树皮成块状脱离木质部，或沿裂缝向外卷折。一般生长过旺的幼树主干易受冻害，这些伤口极易招致腐烂病。形成冻裂的原因是由于气温突然降到零下，树皮迅速冷却收缩，致使主干组织内外张力不均，因而自外向内开裂，或树皮脱离木质部。树干冻裂常发生在夜间，随着气温的变暖，冻裂处又可逐渐愈合，毛白杨常见此冻害。枝杈或主枝基角部分进入休眠较晚，位置比较隐蔽，输导组织发育不好，通过抗寒锻炼较迟，因此遇到低温或昼夜温差变化较大时，易引起冻害。树杈冻害有各种表现，有的受冻后皮层和形成层变褐色，而后树枝凹陷，有的树皮成块状冻坏，有的顺主干垂直冻裂形成劈枝。主枝与树干的基角愈小，枝杈基角冻害也愈严重。这些表现依冻害的程度和树种、品种而有不同。枝条的冻害与其成熟度有关。成熟的枝条，在休眠期以形成层最抗寒，皮层次之，而木质部、髓部最不抗寒。所以随受冻程度加重，髓部、木质部先后变色，严重冻害时韧皮部才受伤，如果形成层变色则枝条失去了恢复能力。但在生长期则以形成层抗寒力最差。幼树在秋季因雨水过多贪青徒长，枝条生长不充实，易加重冻害，特别是成熟不良的先端对严寒敏感，常首先发生冻害，轻者髓部变色，较重时枝条脱水干缩，严重时枝条可能冻死。多年生枝条发生冻害，常表现树皮局部冻伤，受冻部分最初稍变色下陷，不易发现，如果用刀挑开，可发现皮部已变褐，以后，逐渐干枯死亡，皮部裂开和脱落。但是如果形成层未受冻，则可逐渐恢复。冻害的防治方法如下。

（1）贯彻适地适树的原则　因地制宜地种植抗寒力强的树种、品种和砧木，在小气候条件好的地方种植边缘树种，可大大减少越冬防寒的工作量，同时应注意栽植防护林和设置风障，改善小气候条件，预防和减轻冻害。

（2）加强栽培管理，提高抗寒性　加强栽培管理有助于树体内的营养物质贮备。经验证明，春季加强肥水供应，合理运用排灌和施肥技术，可以促进新梢生长和叶片增大，提高光合效能，增加营养物质的积累，保证树体健壮。后期控制灌水，及时排涝，适量施用磷、钾肥，勤锄深耕，可促使枝条及早结束生长，有利于组织充实，延长营养物质的积累时间，从而更好地进行抗寒锻炼。此外，夏季适时摘心促进枝条成熟，冬季修剪减少蒸腾面积，人工落叶等均对防冻害有良好的效果。同时在整个生长期内必须加强对病虫害的防治。

（3）加强树体保护，减少冻害　对树体的保护方法很多，一般的树木采取浇“冻水”和灌“春水”防寒。为了保护容易受冻的种类，采用全株培土如月季、葡萄等；根颈培土；涂白；主干包草；搭风障；北面培月牙形土埂等。以上防护措施应该在冬季到来之前做好准备，以免低温来得早，造成冻害。最根本的方法还是做好引种驯化和育种工作。

7. 树干涂白的作用与方法

树干涂白是指树干被工人刷了一层白色的液体，主要作用如下。

（1）杀菌　防止病菌感染，并加速伤口愈合。

（2）杀虫、防虫　杀死树皮内的越冬虫卵和蛀干昆虫。由于害虫一般都喜欢黑色、肮脏的地方，不喜欢白色、干净的地方，树干涂上了雪白的石灰水，土壤里的害虫便不敢沿着树干爬到树上为害，还可防止树皮被动物咬伤。

（3）防冻害和日灼，避免早春霜害　冬天夜里温度很低，到了白天，受到阳光的照射，气温升高，而树干是黑褐色的，易于吸收热量，树干温度也上升很快。这样一冷一热，使树干容易冻裂。尤其是大树，树干粗、颜色深，而且组织韧性又比较差，更容易裂开。涂了石灰水后，由于石灰是白色的，能够使40%～70%的阳光被反射掉，因此树干在白天和夜间的温度相差不大，就不易裂开。树干涂白也可延迟果树萌芽和开花期，防止早春霜害。

常用的涂白剂配方为：生石灰10份、水30份、食盐1份、黏着剂(如黏土、油脂等)1份、石硫合剂原液1份，其中生石灰和硫黄液具有杀菌治虫的作用，食盐和黏着剂可以延长作用时间，还可以加入少量有针对性的杀虫剂。先用水化开生石灰，滤去残渣，倒入已化开的食盐，最后加入石硫合剂、黏着剂等搅拌均匀。涂白液要随配随用，不宜存放时间过长。涂白的方法是隔离带行道树统一涂白高度1.2～1.5m，其他按1.2m要求进行，同一路段、区域的涂白高度应保持一致，达到整齐美观的效果。涂液时要干稀适当，对树皮缝隙、洞孔、树杈等处要重复涂刷，避免涂液流失、刷花刷漏、干后脱落。每年应在秋末冬初雨季后进行，早春再涂一次，效果更好。

第二节　树木根系受害及栽植环境对树木的影响

一、根系受害对树木的影响

1. 深栽或浅栽对树木的影响

新移植的树木，如果深栽，虽然便于固定树体，但是能够造成根部积水，使根系吸水功能减弱，树体会因为供水不足，而使水分代谢失去平衡而枯萎，造成烂根死亡。挽救措施是在土球不破损的情况下，重新栽植，可以抬高，达到要求的深度；也可以把土剥开一定的厚度，达到合适的深度。可在树旁挖排水沟，向外渗水，增强透气性。如果大树栽浅，虽然根系呼吸通畅，利于保活，但对水分的要求较高，不便于管理。挽救措施是在不影响土球的情况下，可以重新下落、栽植，达到合适的深度；或在根系上方，进行培土，加厚土层。栽植大树，深栽、浅栽对树都造成一定的影响，最好是采取浅栽植高培土的方法，进行移栽，这样树木不仅成活率高，而且树势特别好。

2. 根系裸露导致树木衰弱

树木上部的根系直接暴露在空气中。在阳光暴晒、雨水的淋刷等作用下，时间久后造成根系死亡，使根系失去了其正常功能，不能向地上部供应水分和养分，进而导致树木衰弱，且遇雷雨天气时易倒伏。在根系上方，进行培土，加厚土层，护根固本。

3. 地下管线导致树木衰弱或死亡

树木栽植与地下管线距离过近，管线致使根系生长受阻或使根系周边土壤发生严重干旱，使根系死亡。尤其是热力管线，对树木的伤害是致命的。按照国家发布的《城市道路绿化规划与设计规范》，燃气管道与乔木中心距离为 1.2m、热力管道为 1.5m、给水管道为 1.5m、电信电缆（管道）为 1.5m。植树时应该按照要求进行。

4. 根系接触石灰、垃圾导致树木衰弱或死亡

石灰的pH值过高，会导致树木根系活力和吸收矿物质的能力降低。这种情况多发生在建筑周边的树木，这些树木在幼龄时，根系接触不到被遗留在土壤里的石灰，但随着树龄的增长，根系接触到石灰，树木便显现出了症状，受害症状与受融雪剂伤害的症状相似。垃圾可分为建筑垃圾和生活垃圾，建筑垃圾是指建设、施工单位或个人对各类建筑物、构筑物、管网等进行建设、铺设或拆除、修缮过程中所产生的渣土、弃土、弃料、淤泥及其他废弃物。生活垃圾是指在日常生活中或者为日常生活提供服务的活动中产生的固体废物以及法律、行政法规规定视为生活垃圾的固体废物。如果树木栽植于建筑垃圾上，则营养瘠薄，易发生漏水漏肥，表现为树势衰弱、枝细叶黄，极易发生干旱。如果树木根系周边有大量的生活垃圾，并有污水污染土壤，生活垃圾发酵产生有毒物质毒害根系，导致根系活力或吸收矿物质的能力降低，则表现为枝细叶黄、树势衰弱或死亡。对于垃圾造成的漏水漏肥及窝根现象，则以树头为中心，放射状开挖多条 40cm 深的引根渠，挖出垃圾，回填营养土。对于垃圾造成的土壤碱性过高，可加少量硫酸铝、硫酸亚铁、硫黄粉、腐植酸肥等。常淋施硫酸亚铁或硫酸铝的稀释液可使土壤增加酸性。腐植酸增加土壤的有机质，并增强土壤对酸碱变化的缓冲力。

5. 根腐病、根瘤病导致树木衰弱

根腐病多为担子菌亚门中的小蜜环菌和发光假蜜环菌所致，以前者为主。探根发现与发黄或干枯枝同侧的毛细根死亡，死亡毛细根上有白色絮状物或黑色线状束覆盖。根腐病是一种分布广、危害严重、多寄主的病害，我国 20 余省份均有分布，可危害针、阔叶树 200 余种，包括红松、落叶松、云杉、栎、杨、柳、榆、

椿、刺槐、桑、苹果、桃、杏、枣等多种园林或园艺树木。常导致根系和根茎部分腐朽，甚至全株枯萎死亡。根癌病又称冠瘿病或根瘤病，其病原为薄壁菌门革兰阴性好氧菌根瘤菌科中的一种根瘤土壤杆菌。根癌病具有分布广、多寄主、危害严重的特点。根癌病为世界性病害，能侵染600余种植物，包括森林植物、经济林植物、园林植物的331个属，特别在杨柳科、蔷薇科植物上最为常见。感病植物根系出现瘤状癌变，地上部分生长缓慢，枝条干枯甚至枯死，对苗木和幼树影响很大。对于根部病害，应注意观察，要及时防治(详见第四章的有关内容)。

二、栽植环境对树木的影响

1. 栽植靠近道路、建筑物导致树木衰弱

一棵栽植在路边的树木，叶片发生了焦叶，枝条生长量小，而不远处绿地中的树木，叶片十分健康。造成上述情况的主要原因之一是立地土壤环境存在巨大不同。一个是路边行道树木的栽植环境，四周全被柏油和灰土垫层圈了起来，形成了一个类似花盆的环境；另一个是绿地中树木的栽植环境。同样道理，树木被建筑包围，遮阴或营养面积小，或无灌溉条件、无排水条件。若建筑物遮挡阳光，特别是油松、侧柏等喜光树木会因光照不足而衰弱；建筑物周边多被硬化，树木营养面积小，也会造成树木衰弱；有时受建筑物影响，树木长期得不到灌水，当遇到干旱年份时，会造成树木严重衰弱。另外经调查发现，生长在建筑物北侧的一些常绿树如油松、白皮松等，虽然营养面积很大，但是发生问题的概率远远高于栽植在建筑物南面的树木，建筑物北侧的土壤在春季的解冻时间要比南侧土壤晚20天左右，特别是有一些年份，春天白天急速升温，芽萌发迅速，而此时土壤还未解冻，不能及时提供水分供应，便造成了新梢因缺水发生黄化。

2. 栽植于地下顶板上导致树木衰弱

探土发现树木栽植于地下顶板之上，土层过浅。由于树木与自然土隔离，吸收不到地下水，极易发生干旱；又因与自然土隔离，导致排水不畅，易发生积水；由于覆土过薄，易导致根系受冻，树木偶见秃梢，特别是早春干旱时，树木极易发生干旱；在雷雨天气，树木易发生倒伏。这种情况要进行覆土绿化，即在地下构筑物顶板上覆土后进行的绿化。覆土绿化要求的深度最低不小于150cm，不应回填渣土、建筑垃圾土和有污染的土壤。

3. 栽植位置近水系或低洼地导致树木衰弱

不同园林植物的耐水性存在差异。按照植物的耐涝性可分为耐涝力最强、较强、中等、较弱和最弱5个等级。其中耐涝能力最强的树种能耐受3个以上的深水浸淹，且水退后生长正常，这类植物包括柳、桑、杜梨、柽柳、紫穗槐、落羽杉等。耐涝力最弱的树种，一般水仅淹没地表或根系一部分至大部分时，经过不到

一周的短暂时期即趋枯萎而无恢复生长的可能，这类园林树木主要有马尾松、杉木、柳杉、柏木、构树、玉兰、杜仲、蜡梅、桃、刺槐、盐肤木、栾树、木芙蓉、梧桐、泡桐、楸树等。因此，在植树时，应该根据树木的耐水性差异，在近水系或低洼地栽植耐水性强的树种。如果观察到树木“绿蔫”或老叶、新叶均发生焦边，叶柄软绵，并有大量落叶，雨过后萌发新叶，严重时树冠顶梢枯死；同时探土观察到地下水位过高，塘、池中水发生回渗，导致树木发生了泡根现象时，就应该及时采取排水措施。

4. 不同土壤类型导致树木衰弱

土壤分为黏质土、沙质土、壤土三类。黏质土含沙量少、颗粒细腻、渗水速度慢、保水性能好，但通气性能差。沙质土含沙量多，颗粒粗糙，渗水速度快，保水性能差，通气性能好。壤土的含沙量一般，颗粒一般，渗水速度一般，保水性能一般，通风性能一般。如果树木栽植在黏重的土壤，就可能会出现类似于积水导致的树木衰弱，老叶、新叶均发生焦边，叶柄软绵，并有大量落叶，雨季过后，萌发新叶，严重者会出现整株死亡。如果树木栽植在沙质的土壤，就可能会出现顶部叶片萎蔫甚至焦边，但叶片厚度正常，叶片小于正常叶片，叶柄硬实，类似于干旱症状。根据上述树木症状和土壤类型，采取针对性的土壤改良措施。

三、空气污染对树木的影响

1. 二氧化硫污染

当空气中含硫量大于0.05mg/L时，就可以对植物造成毒害和伤害。空气中的二氧化硫主要来源于煤和石油的燃烧。二氧化硫由植物叶片气孔侵入。针叶树针叶从先端开始发黄枯死，阔叶树叶脉间先为水渍状失绿斑，后期变为褐色或灰白色枯斑，病、健交界处明显，受害植物生长降低或停滞，严重者全株枯死。常绿阔叶树对二氧化硫的抗性大于落叶阔叶树和针叶树。女贞、刺槐、垂柳、银桦、夹竹桃、棕榈、法国梧桐等抗性较强。雪松、柑橘对硫化物敏感。急性中毒伤害时呈现不规则形的脉间坏死斑，伤斑的形状呈点、块或条状，伤害严重时扩展成片。嫩叶最敏感，老叶的抗性较强。

2. 氟化物污染

氟化物的毒性是二氧化硫的10～20倍。空气中的氟化物主要来源于炼铝厂、磷肥厂、钢铁厂、玻璃厂等。植物对氟化物的敏感性因种类和品种不同而有很大差别。在低水平氮和钙的条件下，坏死现象较少发生；在缺钾、镁或磷时，则影响特别严重。女贞、垂柳、刺槐、油茶、银桦、油杉、夹竹桃、白栎、苹果等抗性较强，桃、枣、板栗、杨树、柑橘等对氟化物敏感。针叶树受害后，由顶部向基部坏死。阔叶树受害后，一般在叶尖和叶缘出现红棕色病斑，然后扩展，脉间可形成穿孔。病、健组织间分界明显，交界处有一棕红色带纹。严重时，坏死组织成片脱落。

3. 臭氧污染

空气中来自汽车尾气和石油化工厂的碳氢化合物与在紫外线辐射下的氮化合物发生反应产生臭氧污染。臭氧浓度在0.05～0.07mg/L时持续2～4h，便开始对植物产生毒害作用。受害植物叶片栅栏组织被破坏，原生质分离。有时会在嫩枝或嫩叶上产生白色散生性的斑点，有时叶片在夏末即可全部落光。

4. 氯气和氨气污染

氯气对植物的叶肉细胞有很大的杀伤力，能很快破坏叶绿素，产生褪色伤斑，严重时全叶漂白、枯卷甚至脱落。受伤组织与健康组织之间无明显界线，同一叶片上常相间分布不同程度的失绿、黄化伤斑。在高浓度氨气影响下，植物叶片会发生急性伤害，使叶肉组织崩溃、叶绿素解体，造成脉间点、块状褐黑色伤斑，有时沿叶脉两侧产生条状伤斑，并向脉间浸润扩展，伤斑与正常组织间有明显界线。

5. 酸雨污染

pH值低于5.6的雨水被称为酸雨。酸雨pH值可降至4.5左右，有的甚至可达1.5。酸雨通过低pH和硫酸根、硝酸根的毒性直接破坏叶片表面蜡质层，使组织中的钙离子和钾离子淋溶而影响新陈代谢，叶片受伤，破坏叶缘产生很多污斑，叶片变黑；慢性症状会使叶片出现白化，不时落叶。酸雨还可使土壤理化性质发生变化，对生态系统产生破坏性影响。

第三节　古树名木的养护与复壮

一、古树名木的保护

1. 古树名木的标准与分级

古树名木一般系指在人类历史过程中保存下来的年代久远或具有重要科研、历史、文化价值的树木。古树指树龄在100年以上的树木；名木指在历史上或社会上有重大影响的中外历代名人、领袖人物所植，或者具有极其重要的历史、文化价值、纪念意义的树木。古树分为国家一、二、三级，国家一级古树树龄500年以上，国家二级古树300～499年，国家三级古树100～299年。国家级名木不受年龄限制，不分级。

2. 古树名木保护的作用与意义

古树名木是中华民族悠久历史与文化的象征，是绿色文物、活的化石，是自然界和前人留给我们的无价珍宝，具有很高的生态、文化、社会、科研和历史价值，但长期以来，由人为、自然灾害、病虫危害等原因，造成古树名木衰老及死亡。因此必须采取抢救性措施，加强对古树名木的管理和养护，来延缓古树名木的衰老。

3. 加强古树名木保护的宣传和制度建设

一要广泛宣传古树名木的重要性，由于古树名木分布广泛、树种多，仅靠业务部门的保护和管理是不够的，应大力宣传保护古树名木的重要性，大力宣传古树名木的生态、科研、旅游、观赏和文化价值，提高公众爱护、保护古树名木的意识，依靠全社会的力量对古树名木进行监管和保护。鼓励广大群众行使对古树名木的知情权、监督权和保护权，使保护古树、珍爱绿色成为人民群众的自觉行动。二是加强制度建设，依法保护古树名木。根据《中华人民共和国森林法》《城市绿化条例》及《关于加强保护古树名木工作的决定》等法律、法规和文件，因地制宜制定本地的有关古树名木的规章制度。同时要加大执法力度，采取有效措施，严厉打击各种破坏古树名木的违法活动，使古树名木的保护和管理工作走上法制化、规范化轨道。

4. 普查建档、设立栅栏及防雷击

管理部门要查清当地的古树名木，实行编号挂牌，时时对号巡查古树名木的有关情况。为了防止人为撞伤和刻伤树皮，保持土壤的疏松透气性，在古树周围应设立栅栏隔离游人，避免践踏，同时在古树周围一定范围内不得铺水泥路面。古树一般树身高大，雷雨时极易遭雷击，因此，在较高大的古树上要安装避雷针，以免雷电击伤树木。

二、古树名木的养护和复壮

1. 古树名木衰弱的症状表现

古树名木衰弱主要表现在叶片枯黄、伤残、干枯、凋落；枝杈劈裂、折断、枯死、腐朽；树皮损伤、腐朽，形成树洞；树干出现劈裂、折断、倾斜、倒伏；根系发生伤根、烂根或死根。树体损伤腐朽成洞的树木、枝干中心偏移的树木和树体不坚固的树木，在大风等外力作用下，容易引起树体倒伏。在公园、街道等人流多的地方，还会砸伤行人、砸坏车辆，不仅影响人身财产安全，而且带来不良社会影响。

2. 古树名木的补水与排水

补水可采用土壤浇水或叶面喷水的方式。应在土壤干旱时适时浇水，寒温带、温带、暖温带地区应浇返青水和冻水，具体浇水时间可根据当地气候变化确定。土壤浇水应在树木多数吸收根分布范围内进行，遇有密实土壤、不透气硬质铺装等障碍因素时，应先改土后浇水。树木出现生理干旱时应进行叶面喷水，喷水时间应选择晴天的上午或者下午，不应在炎热中午，喷水宜选用清洁水，喷水宜使用雾化设施，均匀喷洒树冠。排水的要求是地表积水应利用地势径流或原有沟渠及时排出，土壤积水应铺设管道排出，如果不能排出，宜挖渗水井并用抽水机排水。

3. 古树名木的土肥管理

（1）松土、培土　在生长季节进行多次中耕松土，冬季进行深翻，施有机肥料，以改善土壤的结构及透气性。即对树冠投影范围内进行 40cm 以上的中耕松土，不能深耕的，通过松土结合客土(可用沙土、腐叶土、大粪、锯末等和少量化肥均匀混合)覆盖保护根系。对树木根基水土流失地域用种植土填埋，厚度 40cm 以上，以树根全部埋入土中为准，填土范围一般不少于树冠投影面积，并在四周建挡土墙。同时用活力素或生根粉配水浇根部，加快新根系萌发和生长。

（2）施肥　古树长时间在同一地点生长，土壤肥力会下降，在测定微量元素含量的情况下进行施肥。土壤中如缺微量元素，可针对性增施微量元素，施肥方法可采用穴施、放射性沟施和叶面喷施。

4. 古树名木挖沟、换土复壮

（1）挖沟复壮　复壮沟施工位置在古树树冠投影外侧，从地表往下纵向分层。表层为 10cm 素土；第二层为 20cm 的复壮基质；第三层为树木枝条 10cm；第四层又是 20cm 的复壮基质；第五层是 10cm 树条；第六层为粗沙和陶粒厚 20cm。复壮基质采用树的自然落叶，取 60% 腐熟加 40% 半腐熟的落叶混合，再加少量 N、P、Fe、Mn 等元素配制成。这种基质含有丰富的矿质元素，pH 值在 7.1～7.8 以下，富含胡敏素、胡敏酸和黄腐酸，可以促进古树根系生长。同时有机物逐年分解与土、粒胶合成团粒结构，从而改善了土壤的物理性状，促进微生物活动，将土壤中固定的多种元素逐年释放出来。施后 3～5 年内土壤有效孔隙度可保持在 12%～15% 以上。埋入各种树木枝条，采用紫穗槐、苹果、杨树等枝条，截成长 40cm 的枝段，埋入沟内，树条与土壤形成大空隙，古树的根可在枝条内穿伸生长。复壮沟内也可铺设两层树枝，每层 10cm。

（2）换土复壮　古树几百年甚至上千年生长在一个地方，土壤肥分有限，常呈现缺肥症状，如果采用上述办法仍无法满足，或者由于生长位置受到地形、生长空间等立地条件的限制，而无法实施上述的复壮措施，可考虑更新土壤的办法。以原来的旧土与沙土、腐叶土、大粪、锯末、少量化肥混合均匀之后更换填埋。

5. 古树名木的修剪与桥接

（1）修剪　去枯弱枝、促发新壮枝。对萌芽力和成枝力强的树种，当树冠外围枝条衰弱枯梢时，用回缩修剪截去枯弱枝更新。修剪后应加强肥水管理，以促发新壮枝，形成茂盛的树冠。对于萌蘖能力强的树种，当树木地上部分死亡后，根颈处仍能萌发健壮的根蘖枝时，可对死亡或濒临死亡而无法抢救的古树干截除，由根蘖枝进行更新。

（2）桥接　对树势衰弱的古树，可采用桥接法使之恢复生机。具体做法：在需桥接的古树周围均匀种植2～3株同种幼树，幼树生长旺盛后，将幼树枝条桥接在古树树干上，即将树干一定高度处皮部切开，将幼树枝削成楔形插入古树皮部，用绳子扎紧。愈合后，由于幼树根系的吸收作用强，在一定程度上改善了古树体内的水分和养分状况，对恢复古树的长势有较好的效果。

6. 古树名木的树体支撑加固

树体加固是保证古树名木安全的一项重要工作。树木受人为和自然因素影响，树干、根系受损或主干、主枝重心偏移，致使树体牢固性降低，一旦树木遭受大风、撞击、雪压等外力作用，易造成树体倾斜或倒伏、枝干劈裂、折断。为确保人、树安全，对树体枝干有明显倾斜、树体腐朽不坚固和处于河岸、高坡上树体不稳定的树木应采取树体加固措施。树体支撑分为硬支撑、软支撑和活体支撑。为确保支撑持久、稳定、牢固、安全，树体支撑时应重点找准支撑点、角度和接地点，其中支撑杆顶端的托板须加柔软胶垫以减少对木皮的挤压。树体支撑不仅要做到防止枝干倾斜、树体倒伏或枝杈损伤，还应考虑自身景观效果，做到与周围环境相协调。活体支撑是利用活立木进行支撑的一种方法，活体支撑将活立木与古树结合一体，不仅可达到支撑目的，而且可通过活立木为古树补充营养，同时又能增强景观效果。进行螺纹杆加固时，须确保树体安装部位具有足够的强度。螺纹杆安装会对树木造成一定的创伤，在使用时应制订科学的方案，尽量减少对树体组织的伤害。树体加固后，随着枝干粗度的增加，支撑处托板、拖带、钢丝等会被压入木皮，进而影响水分和养分的输导，因此应每年进行检查，发现有此现象时要及时对支柱或牵引钢丝进行调整。

7. 古树名木的树体损伤处理

由于古树已到生长衰退年龄，对发生的各种伤害恢复能力减弱，更应注意及时处理树体损伤。对于枝干上因病、虫、冻、日灼或修剪等造成的伤口，首先应当用锋利的刀刮净削平四周，使皮层边缘呈弧形，然后用药剂（2%～5%硫酸铜溶液，或0.1%的升汞溶液，或石硫合剂原液等)消毒。修剪造成的伤口，应将伤口削平然后涂以保护剂，选用的保护剂要求容易涂抹、黏着性好、受热不融化、不透雨水、不腐蚀树体组织，同时又有防腐消毒的作用，如铅油、接蜡等均可。大量应用时也可用黏土和鲜牛粪加少量石硫合剂的混合物作为涂抹剂，如用激素涂剂对伤口的愈合更有利，用含有0.01%～0.1%的α-萘乙酸膏涂在伤口表面，可促进伤口愈合。由于雷击使枝干受伤的树木，应将烧伤部位锯除并涂保护剂。

8. 古树名木的树洞修补

古树名木因各种原因造成的伤口长久不愈合，长期外露的木质部受雨水浸渍，逐渐腐烂，形成树洞，严重时树干内部中空、树皮破裂，一般称为“破肚子”。目前我国对古树的树洞处理主要有以下几种。

（1）开放法　树洞不深或树洞过大都可以采用此法。如伤孔不深无填充的必要时可按前述的伤口治疗方法处理，如果树洞很大，给人以奇树之感，欲留做观赏时可采用此法。方法是将洞内腐烂木质部彻底清除，刮去洞口边缘的死组织，直至露出新的组织为止，用药剂消毒，并涂防护剂。同时改变洞形，以利排水，也可以在树洞最下端插入排水管。以后需经常检查防水层和排水情况，防护剂每隔半年左右重涂一次。

（2）封闭法　对较窄树洞，即在洞口表面覆以金属薄片，待其愈合后嵌入树体。也可将树洞经处理消毒后，在洞口表面钉上板条，以油灰(油灰是用生石灰和熟桐油以 1∶0.35 混合而成，也可以直接用安装玻璃用的油灰，俗称“腻子”)和麻刀灰封闭，再涂以白灰乳胶、颜料粉面，以增加美观，还可以在上面压树皮状纹或钉上一层真树皮。

（3）填充法　填充物最好是水泥和小石砾的混合物，如无水泥，也可就地取材。填充材料必须压实，为加强填料与木质部连接，洞内可钉若干电镀铁钉，并在洞口内两侧挖一道深约 4cm 的凹槽。填充物从底部开始，每 20～25cm 为一层用油毡隔开，每层表面都向外略斜，以利排水，填充物边缘应不超过木质部，使形成层能在它上面形成愈伤组织。外层用石灰、乳胶、颜色粉涂抹，为了增加美观、富有真实感在最外面钉一层真树皮。

9. 古树名木的病虫害防治

古树衰老，容易招虫致病，病虫害是造成古树衰弱导致死亡的主要因素之一。河南淇林园林技术有限公司在防治古树主要病虫害时，主要采用了浇灌法和注射法，收到了良好效果（详见本书第六章相关内容）。

（1）浇灌法　利用内吸剂通过根系吸收，经过输导组织至全树而达到杀虫、杀螨等作用的原理，解决古树病虫害防治经常遇到分散、高大、立地条件复杂等情况而造成喷药难、污染空气等问题。具体方法是，在树冠垂直投影边缘的根系分布区内挖 3～5 个深 20cm、宽 50cm、长 60cm 的弧形沟，然后将药剂浇入或撒入沟内，然后浇约 50kg 的水，待药水渗完后封土。

（2）树干注射法　对于周围环境复杂、障碍物较多，而且吸收根区很难寻找的古树，利用其他方法很难解决防治问题的，可以通过此法解决。此方法是通过向树体内注射内吸杀虫、杀螨药剂，经过树木的输导组织至树木全身，达到较长时间的杀虫、杀螨目的(具体方法见本书第六章)。

第四章

园林植物病虫害无公害防治技术

第一节　农药基础知识

一、 概述

1. 农药及无公害农药的定义

农药是指用于预防、消灭或者控制危害农业、林业、渔业、草原和人畜生活环境的病、虫、草、鼠和其他有害生物，或者有目的地调节植物、昆虫生长的化学合成、生物合成和其他天然的一种物质或者几种物质的混合物及其制剂。主要包括用于防治农、林、牧业植物病、虫（昆虫、蜱、螨）、草、鼠和软体动物等有害生物；防治仓储病、虫、鼠等有害生物；防治人畜生活环境卫生害虫；防治河流堤坝、铁路、机场、建筑物和其他场所有害生物；抑制、刺激和促进植物生长发育（萌芽、生长、开花、受精、坐果、成熟和脱落等）的调节昆虫生长的化学、生物制品及制剂，以及商品化的天敌生物等。广义地说，现在还包括抗病虫草的转基因植物。

关于无公害农药，目前没有统一和严格的界定，现在人们常提的无公害农药，是以中国绿色食品发展中心所制定的《绿色食品　农药使用准则》及全国农业技术推广服务中心发布的“无公害农产品生产适用农药推荐品种”为依据的。这两个文件规定，生产无公害农产品和绿色食品允许使用如下几种农药：植物性农药和有害生物天敌；昆虫信息激素及动物引诱剂；矿物油乳剂和植物油乳剂；矿物源农药中的硫、铜制剂；微生物农药；农用抗生素；可限制使用的低毒农药等。由此可见，无公害农药的种类是比较丰富的，每种农药其性质和使用方法又不尽相同。因此，准确地阐述什么是无公害农药不是一件容易的事，但是不对无公害农药的内涵加以说明和阐述，又容易引起思想上和使用上的混乱。为此，参考有关文献，加上笔者的认识和理解，认为："无公害农药，是以无公害农产品和绿色食品生产为原则，在科学合理使用的情况下，对产品和环境没有污染或污染低于国家规定的安全标准的农药"。对于这个概念做以下四点解释。

① 这些农药必须是在生产无公害农产品和绿色食品中所允许使用的。

② 必须科学、合理地使用。这包括使用的方法、用药量、施药的次数、安全间隔期等，都必须科学合理。

③ 这里所说的污染是农药的毒性和残留。

④ 无公害农药并非完全无公害，而是造成的危害低于国家规定的安全标准。

2. 无公害农药按成分和来源进行分类

（1）微生物源农药　这类农药包括微生物活体及其代谢产物，如白僵菌、苏云金杆菌、核多角体病毒、线虫、微孢子虫、各种抗生素等。

（2）植物源农药　这类农药包括植物体及其代谢产物，如大蒜素、苦皮素、烟碱、鱼藤酮、除虫菊酯、芸苔素内酯、基因激活剂等。

（3）动物源农药　这类农药包括动物及其代谢产物。如赤眼蜂、草蛉、昆虫激素、动物油、动物毒素等。

（4）矿物源农药　如矿物油乳剂、硫合剂、松脂合剂等。

（5）生物化学农药　这类农药是指人工模拟合成的生物拟似物。如溴氰菊酯、灭蝇胺、杀虫双、除虫脲等。

（6）其他无公害农药　这类农药主要是包括化学农药中的低毒、低残毒的农药。如辛硫磷、毒死蜱、丙硫磷、抗蚜威等。

（7）植物农药　主要指表达农药活性的转基因植物，如转基因抗虫棉。

3. 无公害农药按防治对象进行分类

（1）无公害杀虫剂　如苏云金杆菌(Bt)、藜芦碱、多杀霉素、氯氰菊酯、阿维菌素等。

（2）无公害杀菌剂　如黄连素、波尔多液、井冈霉素等。

（3）无公害杀鼠剂　如红海葱、C 型肉毒素。

（4）无公害除草剂　如胶孢炭疽菌等。

（5）无公害植物生长调节剂　如赤霉素、芸苔素内酯、玉米生长素等。

（6）无公害农药激活剂　如活化酯等。

（7）无公害保鲜剂　如利中壳糖鲜。

（8）无公害农药增效剂　如增效灵、芝麻素。

4. 生物源农药特征

简言之，生物源农药是指利用生物资源开发的农药。生物包括动物、植物和微生物，因而生物源农药相应地分为动物源农药、植物源农药和微生物源农药三大类。

目前，在学术界对生物源农药的含义和范围的认识大体趋于一致。

① 直接利用生物产生的天然活性物质，经提取加工作为农药，如从烟草中提取烟碱，从豆科植物鱼藤根提取的鱼藤精（酮）。

② 鉴定生物产生的天然活性物质的化学结构之后，用人工合成方法生产的农药；或以天然活性物质作先导化合物的模型，进行衍生物的类似化合物合成，开发出比天然活性物质性能更好的仿生合成农药，例如从除虫菊素衍生开发的拟除虫菊酯类，从毒扁豆碱衍生开发的氨基甲酸酯类，从沙蚕毒素衍生开发的杀螟单和杀虫环等。

③ 直接利用生物活体作为农药，例如将天敌昆虫通过商品化繁殖起到防治害虫的作用；利用微生物、线虫、病毒等使有害生物被感染或被侵蚀而死，因其施用方法与农药施用方法相同，故而称其为农药。但也有人认为其实质是活的生物体对活的生物体之间的生存竞争，实际上是生物防治。生物源农药是无公害农药的重要组成部分。

生物源农药比化学合成农药更适合在有害生物综合防治中应用。因为生物源农药一般在环境中较易降解，其中的不少品种具有靶标专一的选择性，使用后对人畜和非靶标生物相对安全。某些生物源农药的作用方式是非毒杀性的，包括引诱、驱避、拒食、绝育、调节生长发育、寄生、捕食、感染等，比化学合成农药的作用更为广泛。但是这些非毒杀性生物源农药的作用缓慢，在有害生物大量迅速蔓延时，难以控制住危害，届时需要使用化学合成农药以压降有害生物种群数量，或是与化学合成农药混用。

5. 未来农药发展的六个方向

（1）设计开发绿色化学农药　长效→高效→超高效，高毒→低毒→无公害，"杀生"、调控、高效、安全、低残留、经济、使用方便。

（2）针对一定的生物靶标开发合理的分子设计的新型化学农药　如以AIS(乙酰乳酸合成酶)为靶标的超高效除草剂，乙酰乳酸合成酶能抑制生物支链氨基酸(缬氨酸、亮氨酸、异亮氨酸等)的合成。三唑并嘧啶环类、嘧啶(硫)醚类除草剂等都属于这一类作用机理的农药。

（3）研究具有特异性生理活性的物质　杀虫剂的保幼激素、蜕皮激素和性外激素等都已获得重要的进展，开始在农业生产中进行试验性应用。

（4）开发使植物能产生免疫诱导机制的新农药　植物抗毒素类杀菌剂，如类黄酮类植物抗毒素。

（5）杂环化合物农药的开发　当前化学农药开发的热点是杂环化合物，尤其是含氮原子的杂环化合物。在世界农药专利中，大约有90%是杂环化合物。杂环化合物的优点是对温血动物毒性低；对鸟类、鱼类比较安全；药效好，特别是对蚜虫、飞虱、叶蝉、蓟马等个体小和繁殖力强的害虫防效好；用量少，一般防治用量为5～10g/hm^2；在环境中易于降解；有些还有促进作物生长的作用。

（6）生物与生物源农药的开发　即用于防治病、虫、草等有害生物的生物体本身，及源于生物并可作为农药的各种生物活性物质。

6. 农药的主要剂型

（1）水剂　水剂是最常用、最简单的一种制剂。原药直接溶解于水中，再加入少量的湿润剂、展着剂等加工制成的水溶液，如25%杀虫双水剂。它的优点是加工简单、稀释方便，容易直接使用；缺点是不易长期保存。

（2）可湿性粉剂　可湿性粉剂是原药加入填充剂、展着剂、湿润剂等加工制成的制剂。使用时一般用水稀释到规定的浓度时进行喷雾。

（3）乳油　乳油是原药直接加入乳化剂、润滑剂和黏着剂等助剂配制而成的制剂。乳油的稳定性取决于制剂中加入的各组分，还与生产技术和后处理过程有关，但要求乳油在存放过程中分层以后，经过振摇重新乳化。使用时按防治所需要的浓度加水稀释即可。

（4）颗粒剂　颗粒剂是把水剂或粉剂加入适量惰性物质制成的颗粒制剂。例如用玉米粉或黏土制成的白僵菌颗粒剂用来防治玉米螟时，比喷粉或喷雾的效果好。

（5）悬浮剂　又称胶悬剂，是将固体的原药分散于水中的制剂，它兼有乳油和可湿性粉剂的一些特点，没有有机溶剂产生的易燃性和药害问题。悬浮剂有效成分粒子很细，一般粒径为1～5μm，黏附于植物表面比较牢固，耐雨水冲刷，药效较高。适用于各种喷洒方式，也可用于超低容量喷雾，在水中具有良好的分散性和悬浮性。加工生产时没有粉尘飞扬，对操作者安全，不影响环境。例如昆虫生长调节剂的大多数品种可以制悬浮剂。

（6）微乳剂　微乳剂一般是由农药原药、乳化剂、水组成，根据情况也加入少量的有机溶剂。微乳剂中乳化剂的用量比乳油多，如把10%的无公害农药微乳化需加入20%左右的乳化剂，因此该制剂中农药有效成分的含量一般不能太高。

（7）熏蒸剂和烟剂　熏蒸剂和烟剂是利用固体药剂遇硫酸、水等物质反应产生的有毒气体，或利用低沸点液体药剂挥发出的有毒气体，在密闭等特定环境下熏蒸杀死害虫和病菌的制剂。烟剂是用在高温下易挥发的固体农药与氯化钾、硝酸钾等助燃剂和木炭粉、硫脲、尿素、蔗糖等作燃料，按一定的比例配制成的粉状或片状制剂。施用时，引燃烟剂，药物受热挥发到空气中，遇冷气凝集成细小似烟状的颗粒，成为悬浮在空气中的气溶胶。

（8）微胶囊剂　微胶囊剂是指利用天然或者合成的高分子材料形成核—壳结构微小容器，将农药包覆其中，并悬浮在水中的农药剂型。它包括囊壁和囊芯两部分，囊芯是农药有效成分及溶剂，囊壁是成膜的高分子材料。这个剂型分为连续相和非连续相，连续相为水和助剂，非连续相是被包覆的农药微小胶囊。微胶囊悬浮剂外观是黏稠状流动液体，跟水乳剂及水悬浮剂相似。

二、农药使用技术

1. 农药喷雾技术

（1）高容量喷雾　该技术适用于水源丰富的地方防治植物茎部病虫和用于土壤处理防除农田杂草，如用于防治叶面病虫则农药利用率低、易流失。进行高容量喷雾一般采用工农-36型机动喷雾器和喷头喷片孔径大于1.6mm的工农-16背负式手动喷雾器。

（2）中容量喷雾　该技术是目前采用最多的一种喷雾类型，适用于多水地方防治多种作物病虫草害。进行中容量喷雾一般采用喷头喷片孔径为1.3～1.6mm的工农-16背负式手动喷雾器。

（3）低容量喷雾　该技术适用于防治作物叶面害虫，具有效果好、工效高、节约农药等优点，但不适用于化学除草。进行低容量喷雾一般采用东方红或泰山-18型机动喷雾器和喷头喷片孔径为0.7～1.0mm的工农-16背负式手动喷雾器。

（4）很低容量喷雾　该技术适合缺水地方采用，在效果、工效和农药利用率方面优越于低容量喷雾，但对气候等环境条件及使用技术要求较高，此法目前采用较少，进行很低容量喷雾也是采用东方红或泰山-18型机动喷雾器。

（5）超低容量喷雾　该技术类似很低容量喷雾，适合于少水地区防治作物病虫，在防效、工效、农药利用方面比低容量喷雾更优越，但对使用环境和使用技术的要求更高。

2. 农药撒施技术

抛掷或撒施颗粒状农药的施药方法叫施粒法。粒剂的主要特点是颗粒粗大，撒施时受气流的影响很小，容易落地而且基本上不发生飘移现象。因此，特别适合于地面、水田和土壤施药。用于防治杂草、地下害虫以及各种土传病害。

（1）徒手抛撒　对人安全的粒剂可以直接用手抛撒。

（2）人力操作的撒粒器抛撒　采用各种形态的撒粒器，如牛角形撒粒器、撒粒管、手提撒粒箱等。有些撒粒器上有控制撒粒量的装置。

（3）机动撒粒机抛撒　有机动背负式撒粒机、拖拉机牵引的悬挂式撒粒机、气动式撒粒机以及手推式颗粒散布车等多种形式。少数情况下要求在植物的株冠部使用颗粒状药剂。

3. 农药浇洒技术

（1）灌根法　将一定浓度的药液灌入植物根区的一种施药方法。此法主要用于防治作物根部病虫害。如防治地被植物地下害虫等。

（2）土壤处理法　采用喷粉、喷雾、撒毒土、撒颗粒或土壤注射药液等，将药剂施于土表，经机械翻耕或简单混土作业，把药剂分散于耕层中，这种防治有害生物的施药方法，称为土壤处理法或土壤消毒。这种施药方法简单、受环境因素影响小，适用于杀灭土壤中的病菌、害虫和杂草。但用药量要准确均匀，用药量一般以土质、有机质含量或土壤含水量而定。

4. 农药浸蘸技术

用一定浓度的农药处理种子或苗木，消灭种、苗表面及内部的病、虫等，使之在播种或栽植后不受土传性病虫杂草为害的施药方法。其主要特点是经济、安全、省工、操作方便。用少量药剂处理种子表面，将种子带药播入土中就能直接保护种子健壮萌发，并防止幼苗受害。有些药剂能进入植株体内，并在幼苗出土后仍保持较长时间的药效。现代化的种子公司把种子的药剂处理作为一项常规措施，来保证种子的播种质量。

5. 毒饵(毒土)的配制方法

利用能引诱取食的饵料，加上一定比例的胃毒剂混配成毒饵或毒土诱杀有害动物。饵料主要有鲜草、豆饼、花生饼、棉籽饼、麦麸、秕谷等。此法具有省药、省工等特点，如用于诱杀具有迁移活动能力的咀嚼取食的有害动物，包括脊椎动物如害鼠、害鸟和无脊椎动物（有害昆虫、蜗牛、蛞蝓等）。毒饵是在对有害生物具有诱食作用的物料中添加某种有毒药物或毒土，再加工成一定的形态。诱食性的物料包括有害动物所喜食的食料，如植物的香精油、植物油、糖、酒或其他物质。使用较普遍的是有害动物最喜食的天然食料，如谷物或植物种子、叶片、茎秆、块茎制成毒土、毒饵。根据有害动物的习性，有时须对食料进行加工处理，如粉碎、蒸煮、焦炒或把几种食料配合使用，以增强其诱食性能。有些动物对毒饵的形态和色彩也有选择性，特别是鼠类和鸟类。其作用方式是被害物取食后引起胃毒作用和触杀作用。因此，毒饵的粒度以及硬度和毒土细度对于毒饵的毒杀效果有影响，这种影响取决于防治对象。

6. 毒饵(毒土)使用技术

（1）堆施法　把毒饵堆放在田间或有害动物出没的其他场所来诱杀的方法。对于有群集性及喜欢隐蔽的害虫，如蟋蟀等，堆施法的效果很好。可根据有害动物的习性和分布密度来决定毒饵的堆放点和数量。

（2）条施法　条施法是顺作物行间在植株基部地面上施用毒饵的方法。此法比较适合于防治为害作物幼苗的地下害虫，如地老虎、蝼蛄等。

（3）撒施法　将粒状毒饵撒施在一定的农田或草地范围内进行全面诱杀的方

法，比较适用于防治害鼠。

7. 农药熏蒸、熏烟技术

用熏蒸剂或常温下容易蒸发的农药或易吸潮放出毒气的农药防治病虫害的施药方法叫熏蒸法。气态农药以分子状态分散在空气中，其扩散、分布和渗透能力极强。对于在密闭容器、温室大棚、仓库（包括圆筒仓）、运输车厢、船舱、集装箱中，特别是缝隙和隐蔽处的有害生物，熏蒸法是效率最高的农药使用方法。影响熏蒸效果的因素有以下几方面。

（1）药剂本身的特性　一般要求熏蒸剂沸点低、相对密度小、蒸气压高。

（2）被熏蒸物体的表面性质(影响农药气体的吸附性能)　物体表面积越大，吸附药量亦大，毒气渗入慢，熏蒸完毕散气亦慢。

（3）温度　温度升高时，药剂易挥发，同时昆虫活动能力增强，易提高熏蒸效果。但温度一般以不超过20℃为宜。

（4）昆虫种类及不同生长发育阶段　昆虫对药剂抵抗力排序为，老龄幼虫＞卵＞蛹＞成虫。熏蒸时要注意防止人、畜中毒及火灾。熏蒸完毕要彻底通风散气，确认无毒气，方可进行其他工作。

用烟剂点燃发烟，或用原药直接加热发烟来防治有害生物的方法，称为熏烟法。这是介于细喷雾法及喷粉法与熏蒸法之间的一种高效施药方法，烟是悬浮在空气中的极细的固体颗粒，沉降缓慢，能在空间自行扩散，在气流的扰动下能扩散到更大的空间中和扩散至很远的距离。这使烟剂一方面可以具有很高的工效和效力，另一方面会污染环境，而限制其实际应用范围。因此，熏烟法主要应用于封闭的小环境中，如仓库、房舍、温室塑料大棚等。另外，由于此法不需要专门的喷洒工具，不用水，携带方便，所以在郁闭度较高的大片森林和园林中也可采用。熏烟法只适用于防治虫害和病害。影响烟粒流动效果的因素是气流、逆温层、水平气流(风)、地形、地貌等。为提高熏烟的防治效果，应注意各种因素对熏烟效果的影响。

三、先进新型的喷药器械

1. 喷药机

喷药机是将水与药液混合后通过压力将液体喷洒到物体表面的一种农机具，是农业施药机械的一种。喷药机的样式大概分为几种，主要有：牵引式喷药机、自走式喷药机、自走式喷杆喷雾机等。

（1）牵引式喷药机　牵引式喷药机是与拖拉机配套的大型宽幅喷杆喷药机，用于喷洒灭虫剂、除草剂、杀菌剂，亦可用于喷洒液体肥料等，喷雾性能好，作业效率高，广泛适用于草地、旱田等。

（2）自走式喷药机　也叫喷药车，属于便携式农业机械。适用于森林、苗圃、果园等，城市、郊区的园林花木、蔬菜园塑料大棚中植物的病虫害防治。

（3）自走式喷杆喷雾机　自走式喷杆喷雾机是一种将喷头装在横向喷杆或竖立喷杆上自身可以提供驱动动力、行走动力，不需要其他动力提供就能完成自身工作的一种植保机械。该类喷雾机的作业效率高、喷洒质量好、喷液量分布均匀，适合大面积喷洒各种农药、肥料和植物生产调节剂等的液态制剂，广泛用于大田作物、草坪、苗圃、墙式葡萄园及特定场合（如机场、道路融雪，公路边除草等）。自走式喷杆喷雾机分为三轮自走式喷杆喷雾机和四轮自走式喷杆喷雾机。

2. 智能喷药系统

智能喷药系统由动力系统、机载电脑、控制器、传感器、喷药装置等组成，整个系统完全自动控制。智能喷药系统感知目标树木的形状与大小后开启任何给定目标所需喷嘴就能工作。智能喷药系统可轻松为用户节省25%～30%的农药，对于幼树及补种树木节省的药量更为显著。大容积药箱可减少补药次数，更节省时间、人工与燃料。由于药物是被直接喷洒到目标树上，而不是空气中或树木间的空地上，大幅度减少了喷药对环境的压力与影响，为客户带来更大的益处。智能喷药系统正领导着种植者如何管理喷药运作的一场变革。

3. 喷药机器人

这种机器人的外形很像一部小汽车，机器人上装有感应传感器、自动喷药控制装置（一台能处理来自各传感器的信号以及控制各执行元件的计算机）以及压力传感器等。机器人在作业时，不需要手动控制，能够完全自动对树木进行喷药。机器人控制系统还能够根据方向传感器和速度传感器的输出，判断是直行还是转弯，而在转弯时，在没有树木一侧的机器人能自动停止喷药。如果转弯时两边有树木也可以根据需要解除自动停止喷药功能。在喷药作业时，当药罐中的药液用完时，机器人能自动停止喷药和行走。在作业路径的终点，感应电缆铺设成锐角形状，于是由于磁场的相互干扰，机器人的感应传感器就检测不到信号，所有功能就会停止下来。当机器人的自动功能解除时，还可以利用遥控装置或手动操作运行，把机器人移动到作业起点或药液补充地点。喷农药机器人，不仅使工作人员避免了农药的伤害，还可以由一人同时管理多台机器人，这样也就提高了生产效率，所以这种机器人将会有更大的发展。

4. 喷药无人机

遥控式农业喷药小飞机，机型娇小而功能强大，可负载8～10kg农药，在低空喷洒农药，每分钟可完成一亩地的作业，其喷洒效率是传统人工的30倍。该飞机采用智能操控，操作手通过地面遥控器及北斗系统或GPS定位对其实施控制，其旋翼产生的向下气流有助于增加雾流对作物的穿透性，防治效果好，同时远距离操控施药大大提高了农药喷洒的安全性。还能通过搭载视频器件，对农业病虫害等进行实时监控。无人驾驶小型直升机具有作业高度低、飘移少、可空中悬停、无需专用起降机场等诸多优点。另外，电动无人直升机喷洒技术采用喷雾喷洒方式至少可以节约50%的农药使用量，节约90%的用水量，这将很大程度地降低资源成本。电动无人机与油动的相比，整体尺寸小、重量轻、折旧率更低、单位作业人工成本不高、易保养。

四、农药的科学使用

1. 防治害虫对症用药

不同类型的害虫只能用相应的杀虫剂来防治，即农药的防治对象和主要发生对象相吻合。每种药剂都有一定的杀虫、防病、除草范围。即使广谱性农药，在应用时也会受到限制，也不是所有的防治对象都能防治。如咀嚼式口器的害虫地老虎、菜青虫、果树食心虫、棉铃虫、黏虫、蝗虫等主要是取食作物的叶片或钻食作物的果实和茎秆。对于这一类害虫如果使用以内吸作用为主的杀虫剂，即使用药量加大，效果也不一定很好。而胃毒杀虫剂最适用于咀嚼式口器害虫的取食特点，当药剂喷施在被取食的作物上或者制成毒饵，使其通过害虫的血液，最终扩散至害虫神经靶标，导致害虫中毒死亡。与此相反，一些刺吸式口器的害虫如蚜、螨、叶蝉、飞虱、椿象等通常是取食植物的汁液，对于这类害虫如用胃毒作用为主的农药防效一般很差，若使用以内吸作用为主的杀虫剂则效果较好。所以，在防治害虫时一定要根据害虫的口器以及取食特点来选择用药。但是有些农药品种比较特殊，如抗蚜威是一种以触杀作用为主兼有熏蒸和渗透作用的杀虫剂，它虽无内吸作用，但对麦穗蚜、菜蚜、烟蚜、豆蚜的防治效果却很好，而对棉蚜效果极差。因而在选择农药品种时，虽然根据害虫种类去选择农药品种是合理用药的基本方法，仍应先做试验，再示范推广和大面积使用。

2. 防治病害对症用药

由于病害的种类不同，其侵染循环、致病特点各不相同，防治方法、施药方法、施药时期、选择的杀菌剂品种也都不同。对于种传病害，病原菌多黏附在种子表面，成为翌年的主要初侵染菌源。因而选择适于种子处理的杀菌剂用浸种或者拌种的方法进行防治，杀灭种子所带的病原菌，防治效果好。如只采用种子处理的方法，仅能使苗期病害指数有所降低，而对中后期的发病植株则基本无效。因此，根据田间实际发病情况，选用保护性或治疗性杀菌剂进行田间防治，防治效果比较好。小麦白粉病、锈病、赤霉病属于此类型。对于传毒媒介昆虫所传播的病毒性植物病害，要选用杀虫剂消灭传媒昆虫，能取得事半功倍的防治效果，而用杀菌剂防治一般情况下效果不明显。霜霉病、黑胫病、晚疫病等病原菌含水量高，选用甲霜灵、精甲霜灵类杀菌剂防治。含蜡量较高的病原菌如白粉菌、锈病等选择三唑酮、烯唑酮等杀菌剂防治效果好。因此对于作物病害的防治，应视其种类的不同而对症下药。

3. 防除杂草对症用药

在使用化学除草剂进行杂草化学防除时，一定要根据杂草种类和作物田块选择相对的除草剂品种防除草害。如在苹果、柑橘、葡萄、蔬菜、免耕地除草，用双丙氨膦可防除阔叶杂草，如荠菜、猪殃殃、雀舌草、繁缕、婆婆纳等。

4. 农药的使用适期

适期用药的目的就是要用少量的农药取得好的防治效果，得到明显的经济效益。适期施药要注意以下几点。

（1）要详细了解防治对象的生物学特性及发生规律　根据防治对象的生物学特性及发生规律，找出防治效果高而有利的施药时期。害虫一般幼龄期抗药力弱，触杀效果比较明显。对于隐蔽危害的害虫，要在隐蔽之前施药。对于杂草要掌握在杂草对除草剂最敏感的时期施药，一般在杂草幼苗期进行最有利。许多除草剂为了减少作物药害，都在播种前或发芽前施药。

（2）病害的防治施药适期是在发病初期，或在作物最易被病菌侵染之前施药　杀菌剂的防治效果与施药适期关系密切，它直接影响防治效果的好坏。如在田间发病基数较高、温度适宜(20～30℃)、湿度较大(多雾、多露、多雨)的情况下，穗颈瘟的防治始穗期至齐穗为最佳施药时期；小麦赤霉病应选择扬花至灌浆期为最佳施药期，在这个时期施药均能取得良好的防治效果，如果施药时期过迟或太早则防效均很差。

（3）根据田间有害生物和有益生物的消长规律施药　这样可避免伤害天敌，有益于控制有害生物，且发挥农药的作用。

（4）根据防治对象的危害特点和药剂品种、制剂特性，采取正确的施药方法　例如茎叶处理的除草剂应选用喷雾方法，有利于药液喷在杂草上杀死杂草提高防效，若用毒土法则效果差。乳油、可湿性粉剂可用水稀释喷雾，油剂、粉剂和颗粒剂则不能加水喷雾，只能用超低容量喷雾或喷粉器喷粉或撒施，否则可能出现药害，或人、畜中毒现象。喷洒农药要遵守施药的有关规定，均匀周到，特别要做到不漏行、不漏株，以保证喷药质量，取得良好的防治效果。

5. 农药使用的环境条件

环境条件的变化，对药剂的理化性质、防治对象的生理活动都有影响，从而影响药效。只有具备适宜的施药条件，才能有最佳的施药效果。环境条件包括温度、湿度、风、降水（雨、雾、露等）、光、土壤等，其中温度、风、雨的影响较大。

（1）温度　一般药剂，在一定温度范围内，温度的升高与药剂增加呈正相关。品种多、使用范围广的有机磷类杀虫剂基本上属于这一类型。此外，温度高时，害虫的活动加强，也增加了药剂对害虫体壁、肠壁的穿透力和对气门的侵入速度，这对提高药效十分有利。但是，温度升高时会增加对作物的药害和对人、畜的毒害作用。

（2）湿度　湿度可以加速某些药剂的水解作用，使药剂失效或产生药害。因此，施用药剂时，遇大雾天或露水多时要多加小心，如喷施波尔多液应该减少硫酸铜用量或增加生石灰用量，以便提高效果。

（3）风　风可以加快药剂的挥发，并吹走一部分药剂，使药剂的覆盖面不均匀，降低药效，所以大风天不宜喷药。但在风小的情况下，对喷雾有一定好处(如进行超低容量喷雾需 1m/s 的风速)。因此，应注意风向、风力、风速等问题。

（4）光　光可以使一些药剂的光解作用加强，促使这些药剂失效。例如，辛硫磷对光十分敏感，在强光下 4h 可被光解 50% 以上。苏云金杆菌在阳光下暴露 30min 可失去活力 50%，白僵菌孢子的萌发随日晒时数的增加而降低，棉铃虫核型多角体病毒在田间易被阳光等因子钝化。所以，这些农药在使用时应避开强阳光。

（5）土壤　土壤中有机质含量高，一般不利于土壤处理或拌种的药效发挥。例如，对黏土或含腐殖质高的黑土进行土壤处理或撒播颗粒剂或拌种时，药量应适当增加。含有机质很少的沙土，虽有利于发挥药效，但又易引起植物药害，用量可适当少点。在施用除草剂时应特别注意各种土壤质地与施药量的关系。

6. 农药的适量使用

农药的使用剂量和浓度要适当。近些年来，人们在使用农药过程中提倡最低有效剂量。这是稳定防效、防止污染、防止抗药性的有效措施之一，是取得经济效益和生态效益的关键。在施用农药时任意提高剂量和浓度、随便增加施药次数，会增加农药的副作用。选用最低有效浓度进行病、虫、草害的防治，对于保护和利用天敌，进行综合防治，取得较好的防治效果，具有积极的作用。

各类农药使用时，均需按照商品介绍说明书推荐用量使用，严格掌握施药量，不能任意增减。操作时不仅要将药量、水量、饵料量称准，还应将施药面积量准，才能真正做到准确适量施药，取得好的防治效果。施药量常见有三种表示方法。

（1）用亩施用制剂数量表示　如每亩用 10 亿个/g 棉铃虫核多角体病毒可湿性粉剂 100～150g 防治棉铃虫，掌握单位面积用药量即可。

（2）用有效成分数量表示　如 2% 农抗 120 水剂每亩用有效成分 9～10g 防治黄瓜白粉病。

（3）用兑水倍数表示　如 5% 井冈霉素 500～1000 倍灌根防治棉花立枯病。

7. 农药的轮换使用

长期连续使用同一种农药商品是导致有害生物产生抗药性的主要原因。所以，合理地交替、轮换使用农药，就可以切断生物种群中抗药性种群的形成过程。轮换使用农药应选用作用机制、作用方式不同的农药，以防止或延缓抗药性的发生。

在杀虫剂中可以根据当地虫害的发生特点及农药商品的调运供应情况，选用作用机制各不相同的有机磷制剂、拟除虫菊酯剂、氨基甲酸酯类剂、其他有机氮制剂及生物制剂等几个大类杀虫进行轮换、交替使用。同一类制剂中的杀虫剂品种也可以互相换用，但需要选取那些化学作用差异比较大的品种在短期内换用，如长期采用也会引起害虫产生交互抗性。已产生交互抗性的品种不宜换用。例如，棉蚜对毒死蜱产生了抗性以后，敌敌畏就不能使用，因为棉蚜对敌敌畏会产生交互抗性。

在杀菌剂中，一般内吸杀菌剂比较容易引起抗药性(如苯并咪唑类、抗生素类等)，保护性杀菌剂不大容易引起抗药性。因此，除了不同化学结构和作用机制的内吸剂间轮换使用外，内吸剂、无机硫制剂与多菌灵都是较好的轮换组合。例如，代森类制剂与甲霜灵，无机硫制剂与多菌灵等都是较好的轮用品种组合。

8. 农药的混用

科学合理地混用农药有利于充分发挥现有农药制剂的作用。目前有两种混用形式：一是使用混剂，即两种或两种以上的农药原粉混配加工，制成复配制剂，由农药企业实行商品化生产，投放市场，使用者不需要再进行配制而直接稀释使用；二是现混现用，使用者根据有害生物防治的实际需要，把两种或两种以上的农药商品在使用地点混合均匀后立即施用。农药混用具有能够克服有害生物对农药产生的抗药性、扩大防治对象的种类、延长老品种农药的使用年限、发挥药剂的增效作用、降低防治费用等优点。如杀螟杆菌和哒螨酮混用以增加杀虫谱；高效氯氰菊酯和吡虫啉混用能提高对麦蚜的防效。Bt 乳剂与杀虫双混用对防治水稻二化螟、稻苞虫均有增效作用。但是，应当坚持先试验后混配混用的原则。一般应当考虑以下几点：两种以上农药混配后应当产生增效作用，而不应有拮抗作用；应当不增加对人、畜的毒性，不增加对作物的药害；应当避免发生不利的理化变化(如絮结和大量沉淀等)等。

9. 病虫草害对农药的抗药性

① 抗药性一般都不是在毫无预兆的情况下突然出现的。在出现药效严重减退现象之前，必定有一段药效持续减退的过程，这个过程因病、虫、草、药剂种类不同而有长有短。对于 1 年内发生世代很多的害虫，如蚜虫、螨类、白粉虱、蚊、蝇等，用同一种农药多次反复喷洒，抗药性出现的概率就比较高，例如用溴氰菊酯防治棉蚜，连续 2～3 年后棉蚜就产生抗药性。对于 1 年内发生世代少的害虫，如多种鳞翅目、鞘翅目害虫，则往往要经过几年连续使用同一种农药后才有可能表现出抗药性现象。稻飞虱对氨基甲酸酯类杀虫剂的抗药性发展是较缓慢的。而甜菜褐斑病对多菌灵的抗药性发展相当快，仅 2～3 年的时间。

② 用药剂防治的有效使用浓度或用量发生明显的逐次增高的现象。

③ 防治后病虫回升的速度比过去明显加快。

④ 抗药性的诊断，在一定范围地区内的表现应该是基本一致的。当初步确诊是抗药性现象，就应做小区药效比较试验，例如判断害虫抗药性的方法，选择比较平整而且肥力均匀、作物生长比较整齐的地块，划分小区，每小区 15～30m^2，每个处理重复 3 次，随机排列，并调查每小区虫口基数；把某种药剂配成 3～5 个浓度，其中最低浓度为常用浓度，其余浓度可分别比常用浓度提高 20%、40%、60%、80%、100%等；把配成的各浓度药液准确地喷施在相应的小区内，经过一定时间(如 24h、48h 等)后，调查各小区残存虫口数，与施药前虫口基数相比较，计算虫口减退率或防治效果；如果常用浓度的防治效果确实降低了，而提高了浓度的各处理区的防治效果都相应地提高了，就可初步判断确实存在抗药性问题，这样，就应采用毒力测定方法做进一步的确诊。

10. 抗药性的预防

（1）轮换用药　就是轮换使用作用机制不同的农药类型，以切断生物种群中抗药性种群的繁殖和发展过程。

（2）混合用药　两种作用方式和机制不同的药剂混合使用可以延缓抗药性的形成和发展。一旦抗药性出现，采取混合使用或改用混剂往往也能奏效。但必须注意，混剂也不能长期单一使用，以防有害生物产生多抗性。

（3）暂停使用已有抗性的农药　当一种农药已经引发了抗药性以后，可以暂时停止使用这种农药，使抗药性逐渐减退，甚至消失，然后再重新使用。

（4）讲究施药技术　提高施药质量，包括施药时期、使用浓度或剂量、施药方法和使用次数等。

五、农药药害及其防治对策

1. 农药药害的类型

（1）残留型药害　这种药害的特点是施药后，当季植物不发生药害，而残留在土壤中的药剂，对下茬较敏感的植物产生药害。如用西玛津、磺酰脲类除草剂后，往往对下茬的植物幼苗产生药害。这种药害多在植物种子发芽阶段出现，轻者根尖、芽梢等部位变褐或腐烂，影响正常生长；重者烂种烂芽，降低出苗率或完全不出苗。这种药害较难诊断，容易和肥害等混淆。可采用了解前茬作物的栽培管理情况及农药使用史，土壤测试等措施诊断，防止误诊。

（2）慢性型药害　这种药害(某些有机氯农药)，施药后症状不立即表现出来，具有一定的潜伏性，使作物生长受阻。这种药害往往很难诊断，易和其他生理性病害相混淆。诊断时，可采用了解病虫害的发生情况，施药种类、数量、面积和植株对照的方法诊断。

（3）急性型药害　这种药害具有发生快、症状明显的特点，一般在施药后几小时到几天内就可出现症状，一般表现为植物叶片出现斑点、穿孔、焦灼、卷曲、畸形、枯萎、黄化、失绿或白化等。根部受害表现为根部短粗肥大，根毛稀少，根皮变黄或变厚、发脆、腐烂等。种子受害表现为不能发芽或发芽缓慢等。

2. 农药药害症状

（1）斑点　斑点药害主要发生在叶片上，有时也在茎秆或花果上。常见的有褐斑、黄斑、枯斑、网斑等。药斑以叶片下垂的边缘最先发生和最为常见。药斑与生理性病害的斑点不同，药斑在植株上分布没有规律性，整个地块发生有轻有重。病斑通常发生普遍，植株出现症状的部位较一致。药斑与真菌性病害的斑点也不一样，药斑的大小和形状变化大，而病斑的发病中心和斑点形状比较一致。

（2）黄化　黄化可发生在植株茎叶部位，以叶片黄化发生较多。引起黄化的主要原因是农药阻碍了叶绿素的正常光合作用。轻度发生表现为叶片发黄，重度发生表现为全株发黄。叶片黄化又有心叶发黄和基叶发黄之分。药害引起的黄化与营养元素缺乏引起的黄化有所区别，前者常常由黄叶变成枯叶，晴天多，黄化产生快，阴雨天多，黄化产生慢；后者常与土壤肥力有关，全地块黄苗表现一致，与病毒引起的黄化相比，后者黄叶常有碎绿状表现，且病株表现系统性症状，在田间病株与健株混生。

（3）畸形　由药害引起的畸形可发生于作物茎叶和根部，常见的有卷叶、丛生、肿根、畸形穗、畸形果等。药害畸形与病毒病害畸形不同，前者发生普遍，植株上表现局部症状；后者往往零星发生，表现系统性症状，常在叶片混有碎绿明脉、皱叶等症状。

（4）枯萎　药害枯萎往往表现为整株枯萎，大多由除草剂引起。药害引起的枯萎与植株染病后引起的枯萎症状不同，前者没有发病中心，且大多发生过程较迟缓，先黄化，后死苗，根茎输导组织无褐变；而后者多是根茎输导组织堵塞，当阳光照射，蒸发量大时，先萎蔫，后失绿死苗，根基导管常有褐变。

（5）生长停滞　这类药害表现为抑制了作物的正常生长，使植株生长缓慢，除草剂药害一般均有此现象，只是程度不同而已。药害引起的缓长与生理病害的发僵和缺素症比较，前者往往伴有药触或其他药害症状，而后者中毒发僵表现为根系生长差，缺素症发僵则表现为叶色发黄或暗绿。

（6）不孕　是作物生殖生长期用药不当而引起的一种药害反映。药害不孕与气候因素引起的不孕二者不同，前者为全株不孕，有时虽部分结实，但混有其他药害症状；而气候引起的不孕无其他症状，也极少出现全株性不孕现象。

（7）脱落　大多表现在果树及部分双子叶植物上，有落叶、落花、落果等症状。注意药害引起的落叶、落花、落果与大气或栽培因素引起的落叶、落花、落果不同，前者常伴有其他药害症状，如产生黄化、枯焦后，再落叶；而后者常与灾害性天气有关，在大风、暴雨、高温时常会出现。

3. 农药药害的预防策略

（1）普及安全用药知识　避免作物药害的根本措施是农药使用人员掌握农药使用技术，克服盲目施药。农药销售和技术辅导人员，也只有掌握农药性能及使用技术，才能正确指导农民安全用药。为了防止药害发生，在农药使用过程中要特别注意在选择农药品种时，不使用对作物敏感的农药。严格控制用药量，防止过量使用。特别是除草剂，过量用药都有可能发生药害。应避免作物敏感期施药，施药时应采用合适的方法，提高施药质量。

（2）做好农药的试验、示范、推广工作　凡引进的新农药，或者扩大农药使用范围，都要求先试验后应用。通过试验获得适合于当地气候、土质、耕作制度等条件下的用药量、用药时期、施药方法等的应用技术，明确作物各生育阶段对药剂的敏感性反应及发生药害的条件，取得这些经验后再推广应用。

（3）加强农药管理，提高农药产品质量　农药管理部门应严格农药生产的审批、登记手续，加强质量检验，禁止伪劣农药的生产和销售。要杜绝除草剂等农药的错售事故。农药生产部门应改进工艺，提高生产技能，生产合格的农药产品供应市场。

（4）防止作物药害应贯彻“预防为主”的方针　如果发生药害，应深入现场，诊断和查明药害原因，并采取措施减轻药害，做到尽量减少损失。

4. 农药药害的预防方法

（1）正确选用药剂品种　在药剂品种选用上，要把以杀灭效果为主，改为以药害较小为主。尽量选用毒性低、分解快、污染小、药害轻、对环境安全的农药，如一些矿物质农药、植物性农药等。

（2）正确选用药剂剂型　无论是追求杀灭作用，还是从减轻药害方面考虑，用水溶剂要比用粉剂好，对冠部喷施用油乳剂为最好。如把选准剂型和改进用法结合起来，效果会更好。

（3）正确掌握药剂用量　配制农药时要按照说明书严格计算、准确称量。农药施用次数，要依据有害生物的发生状况和药液的持效时间，以不超过植物的忍受力为限。

（4）根据植物情况用药　不同园林植物对不同农药耐力不同。施药应掌握好时期，根据病虫害的发生规律或短期预报，在普遍发生前进行。植物不同发育阶段对农药抗药力不同，萌芽期、小苗期、开花期、孕穗期、幼果期对药物较敏感，为预防药害，此时施药应适当降低药液浓度。

（5）根据气候条件用药　高温、高湿、强光、大风等不良气候条件下施药，很易造成药害。杀虫剂、农药杀菌剂以晴天早晨或午后施用效果好，封闭除草剂在雨前或雨中施用效果好。

5. 药害救治措施

（1）增施肥水　对于由触杀性除草剂、杀虫剂、农药杀菌剂引起的局部药斑、叶缘焦枯、植株黄化等药害，可通过施用有机或化学肥料的方法，以提高植物再生补偿能力。如禾本科小草幼苗出现绿麦隆药害后，追施人粪尿、饼肥等有机肥，或根外喷施尿素、磷酸二氢钾等化肥。

（2）灌水冲洗浸泡　对于通过土壤处理方式施用的杀虫剂、农药杀菌剂、除草剂，因施用过量或施用不当所产生的药害，可采用对绿地土壤翻耕晾晒、灌水浸泡、反复冲洗的办法，尽可能地稀释药液在土壤中的浓度，减少药剂在土壤中的残留量，减轻农药对植物根部的药害。若是叶面喷药过量造成药害，可在早期药液尚未完全渗透或被吸收时，迅速用大量清水快速喷洗受害植物叶片。

（3）喷施生长激素　对于由一些生长调节剂和传导型除草剂如甲草胺、乙烯利、整形素等引起的药害，可喷施赤霉素、叶面宝、芸苔素内酯等以减轻药害程度。

（4）使用解毒剂或吸附剂　对一些药害可用和其性质相反的药物中和缓解，也可通过使用解毒剂或吸附剂补救，如喷施生石灰水、多硫化钙等方法来防止或减轻药害。

（5）选用或培育耐、抗药品种　通过耐、抗药性植物的作用，也能有效减少药害发生数量或缓解受害植物的被害程度。

六、农药的安全使用与中毒急救

1. 农药安全使用技术

（1）严格按照要求施药　农药能否使用或使用次数多少，除取决于防治效果外，还取决于其毒性的大小。严格控制农药的施用浓度、施药量、制剂、次数和施药方式等。其原因在于农作物上农药的残留量，不仅因多种农药性质不同而异，而且与农药的施用浓度、用量、制剂、使用次数和施药方式等有着十分密切的关系，它随着施药浓度、用药量和次数的增加而相应增多。农药制剂以乳油残留量较大，乳粉和可湿性粉剂次之，粉剂较低。从施药方式来看，种子处理、土壤处理、树干包扎法比喷雾、喷粉有较高的残留。至于在农业生产上究竟怎样控制施药浓度、用药量，用何种制剂、施药次数和使用方式等，这要根据具体的防治对象和农作物种类而定，既要考虑防治效果，又要使农产品上的农药残留量不能超过无公害标准，特别要注意在接近农作物收获期时施药，除要选择毒性低、分解快的药剂品种外，还应严格控制用药量、使用浓度、施药方式、次数和安全间隔期等。这样做是为了充分发挥农药的效果，减少副作用，达到经济、安全、有效的目的。并且能有效防止和控制农药对环境的污染，确保安全及人民的身体健康。

（2）正确掌握农药操作规程　在配药、喷药时，操作人员必须做好个人防护，防止农药污染皮肤，在高温时不要喷药，连续喷药时间不宜过长。在操作现场应保管好农药，防止人畜误食中毒。施用农药要防止污染附近的水源、土壤等，以免影响水产养殖和人、畜用水。

（3）妥善保管农药　农药上的标签要保持完好，以免误用、误食；农药不能与粮食或其他食品混放在一起，不能放在居室内，应放在小孩不易拿到的地方；各种乳油、油剂、熏烟剂等易燃农药，应远离火源；液体农药在严寒地区要注意防冻，粉剂要注意防潮，各种农药都应避免存放在日光直接照射的地方。

2. 施药人员的个人防护

① 施药人员喷药时必须戴防毒口罩，穿长袖上衣、长裤、鞋、袜。

② 在施药过程中施药人员禁止吸烟、喝水、食用食物。

③ 施药人员在施药期间不得饮酒。

④ 施药人员不得用手擦嘴、脸和眼睛，施药人员之间绝对不准互相喷射嬉闹。

⑤ 施药人员每次施药结束，要用肥皂水彻底清洗手、脸，并用水漱口，有条件的应洗澡，然后才能喝水、吸烟、吃东西。

⑥ 被农药污染的工作服，要及时换洗。

⑦ 施药人员每天工作时间一般不超过 6h。施用高毒农药和使用背负式机动药械喷药，要 2 人配对，轮换操作。每人连续施药 3～5 天后应休息一天。

3. 农药的急性毒性的分级

这里讨论的农药急性毒性是针对温血动物而言的。通常是以农药对大白鼠致死中量 LD_{50} 或致死中浓度 LC_{50} 作为分级依据，但各国分级标准并不相同。我国农药毒性分级是以世界卫生组织(WTO)推荐的农药危害分级标准为模板，并考虑以往毒性分级的有关规定，结合我国农药生产、使用和管理的实际情况制定(表 4-1)。

表 4-1　农药毒性分级标准

毒性分级	级别符号语	经口半数致死量/(mg/kg)	经皮半数致死量/(mg/kg)	吸入半数致死浓度/(mg/m^3)
Ⅰa 级	剧毒	≤5	≤20	≤20
Ⅰb 级	高毒	＞5～50	＞20～200	＞20～200
Ⅱ级	中等毒	＞50～500	＞200～2000	＞200～2000
Ⅲ级	低毒	＞500～5000	＞2000～5000	＞2000～5000
Ⅳ级	微毒	＞5000	＞5000	＞5000

4. 引起农药中毒的主要原因

（1）施药人员选择不当　如选用儿童、少年、老年人、三期妇女(月经期、孕期、哺乳期)、体弱多病、患皮肤病、皮肤有破损、精神不正常、对农药过敏或中毒后尚未完全恢复健康者。

（2）不注意个人防护　配药、拌种、拌毒土时不戴橡皮手套和防毒口罩。施药时不穿长袖衣、长裤和鞋，赤足露背喷药，或用手直接播撒经高毒农药拌种的种子。施药过程中吸烟、喝水、吃东西，或是施药后未洗手、洗脸就吃东西、喝水、吸烟。

（3）配药不小心　药液污染皮肤，又没有及时清洗，或药液溅入眼内。人在下风配药，吸入农药过多。甚至有人用手直接拌种，拌毒土。

（4）配药方法不正确　如下风配药，或几架药械同田、同时喷药，又未按梯形前进下风侧先行，引起粉尘、雾滴污染。

（5）施药设备修理不当　发生喷雾器漏水、冒水，或喷头堵塞等故障时，徒手修理，甚至用嘴吹，农药污染皮肤或经口腔入体内。

（6）连续施药时间过长　经皮肤和呼吸道进入体内的药量较多，加之人体疲劳，抵抗力减弱。

5. 农药的中毒症状

农药中毒后，可能是如下一种或多种症状同时表现。一般症状：中毒者身体极度虚弱；皮肤症状：有刺激、发热、过度出汗留下明显痕迹等；眼睛症状：有刺激、发烧、过度流泪、视力模糊、瞳孔缩小或放大；消化系统症状：口干舌燥、过度流口水、恶心、胃痉挛或疼痛、痢疾；神经系统症状：头晕、混乱、烦躁不安、头疼、肌肉痉挛、摇摇晃晃、言语不清、一阵阵痉挛、无知觉；呼吸系统症状：呼吸困难、发出嘶嘶声、咳嗽、胸紧和疼痛。

农药中毒的许多症状与疾病症状相关。农药中毒症状通常在12h之内出现，但是也可能需要更长时间，如果怀疑有问题，应立即寻求医疗帮助。

6. 农药中毒人员的急救

遇到农药中毒事故，有关人员必须保持冷静，应有组织地处理问题，认真评估当时的情况，小心避免在治疗过程中受到污染。

（1）首先让中毒人员离开污染源，为中毒者去污　要立即脱去所有被污染的衣服，用大量的清水洗涤。如果没有清水，则用干净棉布或纸张轻擦皮肤，清洁皮肤不得用力过猛，以免擦伤。

（2）密切观察症状，采取措施稳定中毒者情绪　要密切观察中毒者症状，耐心安慰中毒者，使其保持镇静和尽可能稳定，使中毒者既放心，又充满信心地接受治疗，确保急救措施更加有效。

（3）急救治疗　如果中毒者已经停止呼吸，应将下巴向后推，确保呼吸道畅通。如果呼吸没有恢复，应立即进行人工呼吸。将中毒者仰卧，头部向后倾斜，下巴向前；使用清洁的纱布包裹住手指，清洁中毒者口腔中的呕吐物或农药残余；捏住中毒者的鼻子，把嘴打开，以正常呼吸速率向内吹气，如果中毒者口腔污染严重，则关闭口腔，从鼻子向内吹气；检查中毒者心脏是否跳动，循环往复进行人工呼吸，直至中毒者恢复正常呼吸为止。如果施药人员眼睛被污染，无论是否有中毒症状，都必须用清水反复清洗眼睛。然后送医院请医生治疗。

第二节　园林植物病虫害防治原理及方法

一、园林植物无公害病虫害的防治原理

1. 园林植物病虫害防治的指导方针

园林植物病虫害防治指导方针是“预防为主、综合治理”。其基本原理概括起来为“以综合治理为核心,实现对园林植物病虫害的可持续控制”。在理念上的调整,从保护园林植物个体、局部,转移到保护园林生态系统以及整个地区的生态环境。园林植保的定位是,既要满足当时当地某一植物群落和人们的需要,还要满足今后人与自然的和谐、生物多样性、保持生态平衡和可持续发展的需要。要求达到的目的是,有虫无害、自然调控;生物多样性,相互制约;人为介入,以生物因素为主,无碍生态环境,免受病虫危害。园林植物病虫害,综合防治要求努力调节环境条件,充分利用自然控制因素,协调各种防治措施以降低主要病虫害的危害程度。

2. 园林植物病虫害的发生特点

园林植物大体上可分为两大类群:一是城镇露地栽培的各种乔木、灌木、地被植物等;二是主要以保护地（日光温室或各种塑料拱棚）形式栽培的各种盆花及鲜切花。

（1）城镇园林植物病虫害的特点

① 人的活动多，植物品种丰富、生长周期长、立地条件复杂，小环境、小气候多样化，生态系统中一些生物种群关系常被打乱。

② 城镇郊区与蔬菜、果树、农作物种植地相连接，除了园林植物本身特有的病虫害外，还有许多来自蔬菜、果树、农作物上的病虫害，有的长期落户，有的则互相转主危害或越夏越冬，因而病虫害种类多、危害严重。

（2）盆花及鲜切花(含切叶、切枝植物等)病虫害防治的特点

① 品种单一，种植密集，且大都位于保护地内栽培，环境湿度大，病虫害重且易流行，防治难度大。

② 花卉业是近几年新兴起的一种产业，广大花农普遍缺乏花卉栽培的一般常识，管理上常常不到位，导致花卉植物生长不良及病虫害发生。因园林植物大多位于城镇或人口稠集区附近，所以病虫害的防治原则是：首先要强调安全为主，尤其使用化学农药时，更要注意对人、环境、天敌及植物的安全，要根据城镇园林的

特点，贯彻预防为主、综合治理的原则，采取一些既行之有效，又安全可靠的措施。

3. 园林植物病虫害综合治理的原则

（1）经济、安全、简易、有效　这是在确定综合治理方案时首先要考虑的问题，特别是安全问题，包括对植物、天敌、人畜等，不致发生药害和中毒事故。不管采用什么措施，都要考虑既节省资金，又简便易行，并且要有良好的防治效果。

（2）协调措施，减少矛盾　化学防治常常会杀伤天敌，这就要求化学防治与生物防治相结合，尽量减少二者之间的矛盾。在使用化学药剂时，要考虑到对天敌的影响，选择无公害农药，通过改变施药的时间和方法，使化学防治与生物防治有机地结合起来，达到既防治病虫害又保护天敌的目的。

（3）相辅相成，取长补短　各种防治措施各有长短，综合治理就是要使各种措施相互配合，取长补短，而不是简单的"大混合"。化学防治具有见效快、效果好、工效高的优点，但药效往往仅限于一时，不能长期控制病虫害，且使用不当时，容易使病虫害产生抗性、杀伤天敌、污染环境；园林技术措施防治虽有预防作用和长效性，不需额外投资，但对已发生的病虫害则无能为力；生物防治虽有诸多优点，但当病虫害暴发成灾时，也未必能见效。因此，各种措施都不是万能的，必须有机地结合起来。

（4）力求兼治，化繁为简　自然情况下，各种病虫害往往混合发生，如果逐个防治，浪费工时，因而在化学防治时应全面考虑，适当进行药剂搭配，选择合适的时机，力求达到一次用药兼治几种病虫害的目的。

（5）要有全局观念　综合治理要从园林的全局出发，要考虑生态环境，以预防为主。

二、植物检疫法

1. 植物检疫概念和意义

植物检疫是指一个国家或地方政府颁布法令，设立专门机构，禁止或限制危险性病虫害人为地传入或传出，或者传入后为限制其继续扩展所采取的一系列措施。植物检疫也叫法规防治，是防治病虫害的基本措施之一，也是贯彻"预防为主、综合治理"方针的有力保证。

在自然情况下，病虫害、杂草的分布虽然可以通过气流等自然动力和自身活动扩散，不断扩大其分布范围，但这种能力是有限的。再加上有高山、海洋、沙漠等天然障碍的阻隔，因而病虫害的分布有一定的地域局限性。但是，一旦借助人为因素的传播，就可以附着在种子、苗木、接穗、插条及其他植物产品上跨越这些天然屏障，由一个地区传到另一个地区或由一个国家传播到另一个国家。当病虫害离开了原产地，到了一个新的地区后，原来制约病虫害发生发展的一些环境因素被打破，条件适宜时，就会迅速扩展蔓延。葡萄根瘤蚜在1860年由美国传入法国后，经过25年，就有10万公顷以上的葡萄园归于毁灭；最近几年传入我国的美洲斑潜蝇、蔗扁蛾、椰心叶甲也带来了严重灾难。因而为了防止危险性害虫的传播，各国政府都制定了检疫法令，设立了检疫机构，进行植物害虫的检疫。

2. 植物检疫的任务

① 禁止危险性病虫害随着植物及其产品由国外输入或国内输出。

② 将国内局部地区已发生的危险性病虫害封锁在一定的范围内，防止其扩散蔓延，并采取积极有效的措施，逐步予以清除。

③ 当危险性病虫害传入新的地区时，应采取紧急措施，及时就地消灭。

随着我国对外贸易的发展，园林花卉产品的交流日益频繁，危险性病虫害的传播机会也越来越大，因而要重视植物检疫工作，切实做到“既不引祸入境，也不染灾于人”，以促进对外贸易，维护国际信誉。

3. 园林植物病虫害检疫对象的确定

园林植物病虫害确定检疫对象的原则和依据是：第一，本国或本地区未发生或分布不广，仅在局部地区发生的病虫害；第二，危害严重、防治困难的病虫害；第三，可借助人为活动传播的病虫害，即可以随同种子、接穗、包装物等运往各地，适应性强的病虫害。我国农业部于1995年发布了全国植物检疫对象和应施检疫的植物、植物产品名单，林业部于1996年发布了森林植物检疫对象和应施检疫的森林植物及其产品名单，其中许多病虫与园林植物有关。

发生在园林植物上的主要检疫性病虫害有：松突圆蚧、日本松干蚧、湿地松粉蚧、枣大球蚧、苹果绵蚜、泰加大树蜂、落叶松种子小蜂、大痣小蜂、黄斑星天牛、锈色粒肩天牛、双条杉天牛、杨干象、杨干透翅蛾、柳蝙蛾、美国白蛾、苹果蠹蛾、双钩异翅长蠹、白缘象、黑森瘿蚊、美洲斑潜蝇、蔗扁蛾、椰心叶甲、红棕象甲、疱锈病、松针红斑病、松针褐斑病、落叶松枯梢病、杉木缩顶病、松材线虫病、杨树花叶病毒病、桉树焦枯病、毛竹枯梢病、猕猴桃溃疡病、肉桂枝枯病、板栗疫病、柑橘溃疡病、菊花叶枯线虫病、香石竹枯萎病、香石竹斑驳病毒病、菊花白锈病等。

4. 植物检疫的程序和方法

（1）对内检疫程序

① 报检。调运和邮寄种苗及其他应受检的植物产品时，应向调出地有关检疫机构报验。

② 检验。检疫机构人员对所报验的植物及其产品要进行严格的检验。到达现场后凭肉眼和放大镜对产品进行外部检查，并抽取一定数量的产品进行详细检查，必要时可进行显微镜检及诱发试验等。

③ 检疫处理。经检验如发现检疫对象，应按规定在检疫机构监督下进行处理。一般方法有：禁止调运、就地销毁、消毒处理、限制使用地点等。

④ 签发证书。经检验后，如不带有检疫对象，则检疫机构发给国内植物检疫证书放行；如发现检疫对象，经处理合格后，仍发证放行；无法进行消毒处理的，应停止调运。

（2）对外检疫程序　我国进出口检疫包括以下几个方面：进口检疫、出口检疫、旅客携带物检疫、国际邮包检疫、过境检疫等。应严格执行《中华人民共和国进出口动植物检疫条例》及其实施细则的有关规定。

5. 植物及植物产品的检验与检测

植物检疫检验一般包括产地检验、关卡检验和隔离场圃检验等。

（1）产地检验　产地检验是指在调运植物产品的生产基地实施的检验。对于关卡检验较难检测的检疫对象常采用此法。产地检验一般是在危险性病虫高发流行期前往生产基地，实地调查应检危险性病虫及其危害情况，考察其发生历史和防治状况，通过综合分析做出决定。对于田间现场检测未发现检疫对象的即可签发产地检疫证书；对于发现检疫对象的则必须经过有效的处理后，方可签发产地检疫证书；对于难以进行处理的，则应停止调运并控制使用。

（2）关卡检验　关卡检验是指货物进出境或过境时对调运或携带物品实施的检验，包括货物进出国境和国内地区间货物调运时的检验。关卡检验的实施通常包括现场直接检测和取样后的实验室检测。

（3）隔离场圃检验　隔离场圃检验是指对有可能潜伏有危险性病虫的种苗实施的检验。对可能有危险性病虫的种苗，按审批机关确认的地点和措施进行隔离试种，一年生植物必须隔离试种一个生长周期，多年生植物至少两年以上，经省、自治区、直辖市植物检疫机构检疫，证明确实不带有危险性病虫的，方可分散种植。

6. 疫情处理

疫情处理所采用的措施依情况而定。一般在产地隔离场圃发现有检疫性病虫，常由官方划定疫区，实施隔离和根除扑灭等控制措施。关卡检验发现检疫性病虫时，则通常采用退回或销毁货物、除害处理和异地转运等检疫措施。

除害处理是植物检疫处理常用的方法，主要有机械处理、温热处理、微波或射线处理等物理方法和药物熏蒸、浸泡或喷洒处理等化学方法。所采用的处理措施必须能彻底消灭危险性病虫和完全阻止危险性病虫的传播和扩展，且安全可靠、不造成中毒事故、无残留、不污染环境等。

三、园林技术防治法

1. 园林技术防治

园林技术防治是利用园林栽培技术来防治病虫害的方法，即创造有利于园林植物和花卉生长发育而不利于病虫害危害的条件，促使园林植物生长健壮，增强其抵抗病虫害危害的能力，是病虫害综合治理的基础。园林技术防治的优点是：防治措施结合在园林栽培过程中完成，不需要另外增加劳动力，因此可以降低劳动力成本，增加经济效益。其缺点是：见效慢，不能在短时间内控制暴发性发生的病虫害。

2. 种苗的栽培

（1）苗圃地的选择及处理　一般应选择土质疏松、排水透气性好、腐殖质多的地段作为苗圃地。在栽植前进行深耕改土，耕翻后经过曝晒、土壤消毒后，可杀灭部分病虫害。消毒剂一般可用50倍的甲醛稀释液，均匀洒布在土壤内，再用塑料薄膜覆盖，约2周后取走覆盖物，将土壤翻动耙松后进行播种或移植。用硫酸亚铁消毒，可在播种或扦插前以2%～3%硫酸亚铁水溶液浇盆土或床土，可有效抑制幼苗猝倒病的发生。

（2）选用无病虫种苗及繁殖材料　在选用种苗时，尽量选用无虫害、生长健壮的种苗，以减少病虫害危害。如果选用的种苗中带有某些病虫，要用药剂预先进行处理，如桂花上的矢尖蚧，可以在种植前，先将有虫苗木浸入氧化乐果或甲胺磷500倍稀释液中5～10min，然后再种。当前世界上已经培育出多种抗病虫新品种，如菊花、香石竹、金鱼草等抗锈病品种，抗紫菀萎蔫病的翠菊品种，抗菊花叶线虫病的菊花品种等。

3. 选育抗病虫害品种

培育抗病虫害品种是预防病虫害的重要一环，不同花木品种对于病虫害的受害程度并不一致。目前已培育出柳树抗天牛的新品种。我国园林植物资源丰富，为抗病虫害品种的选育提供了大量的种质，因而培育抗性品种前景广阔。培育该类品种的方法很多，有常规育种、辐射育种、化学诱变、单倍体育种等。随着转基因技术的不断发展，将抗病虫害基因导入园林植物体内，获得大量理想化的抗性品种已逐步变为现实。

4. 采用合理的栽培措施防治病虫害

根据苗木的生长特点，在圃地内考虑合理轮作、合理密植以及合理配置花木等原则，从而避免或减轻某些病虫害的发生，增强苗木的抗病虫性能。有些花木种植过密，易引起某些病虫害的大发生，在花木的配置方面，除考虑观赏水平及经济效益外，还应避免种植病虫的中间寄主植物（桥梁寄主）。露根栽植落叶树时，栽前必须适度修剪，根部不能暴露时间过长；栽植常绿树时，须带土球，土球不能散，不能晾晒时间过长，栽植深浅适度，是防治多种病虫害的关键措施。

5. 合理配施肥、浇水防治病虫害

（1）有机肥与无机肥配施　有机肥如猪粪、鸡粪、人粪尿等，可改善土壤的理化性状，使土壤疏松、透气性良好。无机肥如各种化肥，其优点是见效快，但长期使用对土壤的物理性状会产生不良影响，故两者以兼施为宜。

（2）大量元素与微量元素配施　氮、磷、钾是化肥中的三种主要元素，植物对其需要最多，称为大量元素；其他元素如钙、镁、铁、锰、锌等，则称为微量元素。在施肥时，强调大量元素与微量元素配合施用。在大量元素中，强调氮、磷、钾配合施用，避免偏施氮肥，造成花木的徒长，降低其抗病虫性。微量元素施用时也应均衡，如在花木生长期缺少某些微量元素，则可造成花、叶等器官的畸形、变色，降低观赏价值。

（3）施用充分腐熟的有机肥　在施用有机肥时，强调施用充分腐熟的有机肥，原因是未腐熟的有机肥中往往带有大量的虫卵，容易引起地下害虫的暴发危害。

（4）合理浇水　花木在灌溉中，浇水的方法、浇水量及时间等，都会影响病虫害的发生。喷灌和“滋水”等方式往往加重叶部病害的发生，最好采用沟灌、滴灌或沿盆钵边缘浇水。浇水要适量，水分过大往往引起植物根部缺氧窒息，轻者植物生长不良，重则引起根部腐烂，尤其是肉质根等器官。浇水时间最好选择晴天的上午，以便及时降低叶片表面的湿度。

6. 合理轮作、间作防治病虫害

每种病虫害对树木、花草都有一定的选择性和转移性，因而在进行花卉生产及苗圃育苗时，要考虑到寄主植物与病虫害的食性，尽量避免相同食料及相同寄主范围的园林植物混栽或间作。如黑松、油松、马尾松等混栽将导致日本松干蚧严重发生；槐树与苜蓿为邻将为槐蚜提供转主寄主，导致槐树严重受害；桃、梅等与梨相距太近，有利于梨小食心虫的大量发生。

7. 加强园林管护防治病虫害

（1）改善环境条件　改善环境条件主要是指调节栽培场所的温度和湿度，尤其是温室栽培植物，要经常通风换气，降低湿度，以防止病虫害的发生。种植密度、盆花摆放密度要适宜，以利通风透光。冬季温室的温度要适宜，不要忽冷忽热。草坪的修剪高度、次数、时间也要合理，否则，也会加剧病虫害的发生。

（2）合理修剪　合理修剪、整枝不仅可以增强树势、花叶并茂，还可以减少病虫害危害。例如，对天牛、透翅蛾等钻蛀性病虫害以及袋蛾、刺蛾等食叶病虫害，均可采用修剪虫枝等进行防治；对于介壳虫、粉虱等病虫害，则通过修剪、整枝达到通风透光的目的，从而抑制此类病虫害的危害。对于园圃修剪下来的枝条，应及时清除。草坪的修剪高度、次数、时间也要合理。此法的优点是不污染环境，不伤害天敌，不需额外投资，便于开展群众性的防治，特别是在劳动力充足的条件下，更易实施。缺点是工效低，费工多。

（3）中耕除草　中耕除草不仅可以保持地力，减少土壤水分的蒸发，促进花木健壮生长，提高抗逆能力，还可以清除许多病虫害的发源地及潜伏场所。扁刺蛾、黄杨尺蛾、草履蚧等病虫害的幼虫、蛹或卵生活在浅土层中，通过中耕，可使其暴露于土表，便于杀死。

(4) 翻土培土　结合深耕施肥，可将表土或落叶层中越冬的病虫害深翻入土。公园、绿地、苗圃等场所在冬季暂无花卉生长，最好深翻一次，这样便可将其深埋于地下。对于公园树坛，翻耕时要特别注意树冠下面和根颈部附近的土层，让覆土达到一定的厚度，使得病虫害无法孵化或羽化。

8. 清洁园圃及收后管理防治病虫害

及时收集园圃中的病虫害残体、草坪的枯草层，并加以处理，深埋或烧毁。生长季节要及时摘除有虫枝叶，清除因病虫害或其他原因致死的植株。园艺操作过程中应避免人为传染，温室中带有病虫害的土壤、盆钵在未处理前不可继续使用。无土栽培时，被污染的营养液要及时清除，不得继续使用。

许多花卉是以球茎、鳞茎等器官越冬，为了保障这些器官的健康贮存，要在晴天收获；在挖掘过程中尽量减少伤口；挖出后剔除有病的器官，并在阳光下暴晒几天方可入窖。贮窖必须预先清扫消毒、通风晾晒；入窖后要控制好温度和湿度，窖温一般控制在5℃左右，湿度控制在70%以下。球茎等器官最好单个装入尼龙网袋内悬挂在窖顶贮藏。

四、物理机械防治法

1. 园林植物害虫物理机械防治

利用简单的工具以及物理因素(如光、温度、热能、放射能等)来防治害虫的方法，称为物理机械防治。物理机械防治的措施简单实用、容易操作、见效快，可以作危害虫大发生时的一种应急措施。特别对于一些化学农药难以解决的害虫或发生范围小时，往往是一种有效的防治手段。

2. 人工捕杀园林植物害虫

利用人工或各种简单的器械捕捉或直接消灭病虫害的方法称捕杀法。人工捕杀适合于具有假死性、群集性或其他目标明显易于捕捉的病虫害，如多数金龟甲、象甲的成虫具有假死性，可在清晨或傍晚将其振落杀死。榆蓝叶甲的幼虫老熟时群集于树皮缝、树疤或枝杈下方化蛹，此时可人工捕杀。冬季修剪时，剪去黄刺蛾茧、蓑蛾袋囊，刮除舞毒蛾卵块等。在生长季节也可结合园圃日常管理，人工捏杀卷叶蛾虫苞、摘除虫卵、捕捉天牛成虫等。

3. 诱杀法防治园林植物害虫

是指利用害虫的趋性设置诱虫器械或诱物诱杀害虫，利用此法还可以预测害虫的发生动态。常见的诱杀方法有以下几种。

(1) 灯光诱杀　利用害虫的趋光性，人为设置灯光来诱杀防治害虫。目前生产上所用的光源主要是黑光灯，此外，还有高压电网灭虫灯。黑光灯是一种能辐射出 360nm 紫外线的低气压汞气灯，而大多数害虫的视觉神经对波长 330～400nm 的紫外线特别敏感，具有较强的趋性，因而诱虫效果很好。利用黑光灯诱虫，除能消灭大量虫源外，还可以用于开展预测预报和科学实验，进行害虫种类、分布和虫口密度的调查，为防治工作提供科学依据（彩图 48）。

安置黑光灯时应以安全、经济、简便为原则。黑光灯诱虫时间一般在 5～9 月份，灯要设置在空旷处，选择闷热、无风、无雨、无月光的夜晚开灯，诱集效果最好，一般以晚上 9～10 时诱虫最好。由于设灯时，易造成灯下或灯的附近虫口密度增加，因此，应注意及时消灭灯光周围的害虫。除黑光灯诱虫外，还可以利用蚜虫对黄色的趋性，用黄色光板诱杀蚜虫及美洲斑潜蝇成虫等。

（2）毒饵诱杀　利用害虫的趋化性在其所嗜好的食物(糖醋、麦麸等)中掺入适当的毒剂，制成各种毒饵诱杀害虫。例如，蝼蛄、地老虎等地下害虫，可用麦麸、谷糠等作饵料，掺入适量敌百虫或其他药剂制成毒饵来诱杀。所用配方一般是饵料 100 份、毒剂 1～2 份、水适量。另外诱杀地老虎、梨小食心虫成虫时，通常以糖、酒、醋作饵料，以敌百虫作毒剂来诱杀。所用配方是糖 6 份、酒 1 份、醋 2～3 份、水 10 份，再加适量敌百虫。

（3）饵木诱杀　许多蛀干害虫如天牛、小蠹虫、象虫、吉丁虫等喜欢在新伐倒不久的倒木上产卵繁殖。因此，在成虫发生期间，在适当地点设置一些木段，供害虫大量产卵，待新一代幼虫完全孵化后，及时进行剥皮处理，以消灭其中害虫。例如，在山东泰安岱庙内，每年用此方法诱杀双条杉天牛，取得了明显的防治效果。

（4）植物诱杀　或称作物诱杀，即利用害虫对某种植物有特殊嗜好的习性，经种植后诱集捕杀的一种方法。例如，在苗圃周围种植蓖麻，使金龟子误食后麻醉，可以集中捕杀。

（5）潜所诱杀　利用某些害虫的越冬潜伏或白天隐蔽的习性，人工设置类似环境诱杀害虫。注意诱集后一定要及时消灭。例如，有些害虫喜欢选择树皮缝、翘皮下等处越冬，可于害虫越冬前在树干上绑草把，引诱害虫前来越冬，将其集中消灭。

（6）色板诱杀　将黄色粘胶板设置于花卉栽培区域，可诱粘到大量有翅蚜、白粉虱、斑潜蝇等害虫，其中以在温室保护地内使用时效果较好（彩图 49）。

4. 阻隔法防治园林植物害虫

人为设置各种障碍，以切断病虫害的侵害途径，这种方法称为阻隔法，也叫障碍物法。

（1）涂毒环、涂胶环　对有上、下树习性的幼虫可在树干上涂毒环或涂胶环，阻隔和触杀幼虫，胶环的配方通常有以下两种：一是蓖麻油 10 份、松香 10 份、硬脂酸 1 份；二是豆油 5 份、松香 10 份、黄醋 1 份。早春在树干基部使用专用粘虫胶带，可以有效地阻隔草履蚧、枣尺蠖上树危害或产卵。

（2）设障碍物　有的病虫害雌成虫无翅，只能爬到树上产卵。对这类病虫害，可在上树前在树干基部设置障碍物阻止其上树产卵，如在树干上绑塑料布或在干基周围培土堆，制成光滑的陡面。山东枣产区总结出人工防治枣尺蠖的经验，"五步防线治步曲"即"一涂、二挖、三绑、四撒、五堆"，可有效地控制枣尺蠖上树。

（3）纱网阻隔　在温室及各种塑料拱棚内，可采用 40～60 目的纱网覆罩，不仅可以隔绝蚜虫、叶蝉、粉虱、蓟马、斑潜蝇等病虫害的危害，还能有效地减轻病毒病的侵染。此外，在目的植物周围种植高秆且病虫害喜食的植物，可以阻隔外来迁飞性病虫害的危害；土表覆盖银灰色薄膜，可使有翅蚜远远躲避，从而保护园林植物免受蚜虫的危害并减少蚜虫传毒的机会。

5. 温度处理防治园林植物害虫

任何病虫害对温度都有一定的忍耐性，超过限度生物就会死亡。病虫害对高温的忍受力都较差，因此通过提高温度来杀死病虫害的方法称温度处理法，简称热处理。在园林植物病虫害的防治中，热处理有干热和湿热两种。

（1）种苗的热处理　有病虫害的苗木可用热风处理，温度为 35～40℃，处理时间为 1～4 周；也可用 40～50℃的温水处理，浸泡时间为 10min～3h。如唐菖蒲球茎在 55℃水中浸泡 30min，处理时间为 0.5～2h，处理后的植株用凉水淋洗；用 80℃热水浸刺槐种子 30min 后捞出，可杀死种内小蜂幼虫，不影响种子发芽率。种苗热处理的关键是温度和时间的控制，一般对休眠器官处理比较安全。

（2）土壤的热处理　现代温室土壤热处理是使用热蒸汽(90～100℃)，处理时间为 30min。蒸汽处理可大幅度降低地下病虫害的发生程度。在发达国家，蒸汽热处理已成为常规管理。利用太阳能热处理土壤也是有效的措施，在 7～8 月份将土壤摊平做垄，垄为南北向。浇水并覆盖塑料薄膜(25μm 厚为宜)，在覆盖期间要保证有 10～15 天的晴天，耕层温度可高达 60～70℃，能基本上杀死土壤中的病虫害。温室大棚中的土壤也可照此法处理，当夏季花木搬出温室后，将门窗全部关闭并在土壤表面覆膜，能较彻底地消灭温室中的病虫害。

6. 土壤消毒灭菌、灭虫及修复设备

该系列设备是依据直流电流土壤相消毒原理、水分电处理原理、脉冲电解原理、介导颗粒反应胞集成的土壤电化学消毒技术原理开发的一种电消毒灭虫与土壤修复设备，其主要功能及作用如下。

（1）土壤消毒灭菌　由于土壤水分含有羟基、氯原子，因此，电极与介导颗粒反应胞产生的气体中含有大量酚类气体和原子氯气体，酚类气体和原子氯气体在土壤团粒缝隙逸散过程中可以有效杀灭引起土传病害的病原微生物。另外还可以利用金属离子灭菌，某些材质的电极自身的电解剥离作用会产生许多可以消毒的铜、银、铁的金属离子，这些离子与土壤水形成絮状物，这些絮状微粒吸附在微生

物的表面，同时吞下金属离子的微生物，改变了微生物与周边土壤水的化学平衡，为恢复平衡，这些絮状微粒释放出离子，从而形成对抗微生物的离子流。

（2）土壤灭虫

① 电解氧化性气体灭虫。土壤中的线虫、昆虫以及金属粒子都会成为电解反应源，生成的气体成分因土壤溶液化学成分的不同而有较大的差别，但通常为水和盐的电化学反应产物，比如，氧气、氯气、氢气等，同时还有一些金属盐的氧化还原反应。而其中的活生物电解反应源会在短暂的电化学反应中死去，具有氧化性质气体会在土壤中扩散的过程中杀死土壤害虫。

② 高电压大直流电灭虫。在土壤饱和水的状态下，根结线虫的耐受电场强度高于某一数值时会瞬间失去活力。

（3）土壤改良原理

① 酸碱调节。土壤、水体在具有直流性质的脉冲电流作用下，离子发生移动，使电极和介导颗粒反应胞的负脉冲带 pH 增高而中和根系分泌的有机酸，正脉冲带 H^+ 浓度升高，土壤溶液酸度增加，又可促进难溶矿物质养分的溶解、分解与转化，对土壤有很好的解毒效果，而电极附近的微生物会在脉冲电流和高酸高碱的作用下失活。

② 结构变化。一般来讲，这种土壤电处理方式可导致土壤分散性降低，膨胀性减弱，团聚体增加，结构疏松、孔隙增大，渗透性提高和保水能力提高。

③ 盐碱化改良原理。对于盐化土、碱化土的处理，该机具主要依据的是土壤溶液的电解原理。在直流电流的作用下，引起土壤盐害、碱害的金属离子会在金属电极附近发生还原作用而成为原子，而碳酸根、氯离子会发生氧化作用而成为气体从土壤中排出，随着电解的继续，土壤的钠化率将逐渐降低，即盐碱度减小。

7. 近代物理技术在园林植物害虫上的应用

近几年来，随着物理学的发展，生物物理也有了相应的发展。因此，应用新的物理学成就来防治病虫害，也就具有了愈加广阔的前景。原子能、超声波、紫外线、红外线、激光、高频电流等，正普遍应用于生物物理范畴，其中很多成果正在病虫害防治中得到应用。

（1）原子能的利用　原子能除用于研究昆虫的生理效应、遗传性的改变以及示踪原子对昆虫毒理和生态方面的研究外，也可用来防治病虫害。例如直接用 83C/kg 的 ^{60}Co γ 射线照射害虫，可使害虫立即死亡。

（2）高频、高压电流的应用　通常我们所使用的为每秒 50 周的低频电流，在无线电领域中，一般将每秒 3000 万周的电流称为高频率电流，每秒 3000 万周以上的电流称为超高频电流。在高频率电场中，由于温度升高，病虫害迅速死亡。由于高频率电流产生在物质内部，而不是由外部传到内部，因此对消灭隐蔽危害的病虫害极为方便。该法主要用于防治茎干病虫害、土壤病虫害等。

（3）超声波的应用　利用振动在 20000 次/s 以上的声波所产生的机械动力或

化学反应来杀死病虫害，例如对水源的消毒灭菌、消灭植物体内部病虫害等。

（4）微波的应用　用微波处理植物果实和种子杀虫是一种先进的技术，其作用原理是微波使被处理的物体内外的病虫害温度迅速上升，当达到病虫害的致死温度时，即起到杀虫的作用。实验表明，利用 ER-692 型、WMO-5 型微波炉处理检疫性林木子实病虫害，每次处理种子 1～1.5kg，加热至 60℃，持续处理 1～3min，即可 100%地将落叶松种子广肩小蜂、紫穗槐豆象的幼虫、刺槐种子小蜂、柳杉大痔小蜂、皂荚豆象的幼虫和蛹杀死。

（5）光波的利用　一般黑光灯诱集的昆虫有害虫也有益虫，近年根据昆虫复眼对各种光波具有很强鉴别力的特点，采用对波长有调节作用的“激光器”，将特定虫种诱入捕虫器中加以消灭。

五、生物防治法

1. 生物防治的概念

用生物及其代谢产物来控制病虫的方法，称为生物防治。从保护生态环境和可持续发展的角度讲，生物防治是最好的防治方法。生物防治法不仅可以改变生物种群的组成成分，而且能直接消灭大量的病虫；对人、畜、植物安全，不杀伤天敌，不污染环境，不会引起害虫的再次猖獗和形成抗药性，对害虫有长期的抑制作用；生物防治的自然资源丰富，易于开发，且防治成本低，是综合防治的重要组成部分和主要发展方向。但是，生物防治的效果有时比较缓慢，人工繁殖技术较复杂，受自然条件限制较大。害虫的生物防治主要是保护和利用天敌、引进天敌以及进行人工繁殖与释放天敌控制害虫发生。自 20 世纪 70 年代以来，随着微生物农药、生化农药以及抗生素类农药等新型生物农药的研制与应用，人们把生物产品的开发与利用也纳入到害虫生物防治工作之中。

2. 园林植物上的主要天敌昆虫

（1）捕食性天敌昆虫　专以其他昆虫或小动物为食物的昆虫，称为捕食性昆虫。这类昆虫用它们的咀嚼式口器直接蚕食虫体的一部分或全部，有些则用刺吸式口器刺入害虫体内吸食害虫体液使其死亡，有害虫也有益虫，因此，捕食性昆虫并不都是害虫的天敌。但是螳螂、瓢虫、草蛉、猎蝽、食蚜蝇等多数情况下是有益的，是园林中最常见的捕食性天敌昆虫。这类天敌，一般个体较被捕食者大，在自然界中抑制害虫的作用十分明显。例如，松干蚧花蝽对抑制松干蚧的危害起着重要的作用；紫额巴食蚜蝇对抑制在南方各地区危害很重的白兰台湾蚜有一定的作用。据初步观察，每头食蚜蝇每天能捕食蚜虫 107 头。

（2）寄生性天敌昆虫　一些昆虫种类，在某个时期或终身寄生在其他昆虫的体内或体外，以其体液和组织为食来维持生存，最终导致寄主昆虫死亡，这类昆虫一般称为寄生性天敌昆虫。主要包括寄生蜂和寄生蝇。这类昆虫个体一般较寄主小，数量比寄主多，在一个寄主上可育出一个或多个个体。寄生性天敌昆虫的常见类群有：姬蜂、小茧蜂、蚜茧蜂、土蜂、肿腿蜂、黑卵蜂及小蜂类和寄蝇类。

3. 天敌昆虫的保护与利用

当地自然天敌昆虫种类繁多，是各种害虫种群数量重要的控制因素，因此，要善于保护利用。在方法实施上，要注意以下几点。

（1）慎用农药　在防治工作中，要选择对害虫选择性强的农药品种，尽量少用广谱性的剧毒农药和残效期长的农药。选择适当的施药时期和方法或根据害虫发生的轻重，重点施药，缩小施药面积，尽量减少对天敌昆虫的伤害。

（2）保护越冬天敌　天敌昆虫常常由于冬天恶劣的环境条件而大量减少，因此采取措施使其安全越冬是非常必要的。例如，七星瓢虫、异色瓢虫、大红瓢虫、螳螂等都是在解决了安全过冬的问题后才发挥更大的作用。

（3）改善昆虫天敌的营养条件　一些寄生蜂、寄生蝇，在羽化后常需补充营养而取食花蜜，因而在种植园林植物时要注意考虑天敌昆虫蜜源植物的配置。有些地方如天敌食料缺乏时(如缺乏寄主卵)，要注意补充田间寄主等，这些措施有利于天敌昆虫的繁衍。

4. 天敌昆虫的繁殖和释放

在害虫发生前期，自然界的天敌昆虫数量少、对害虫的控制力很低时，可以在室内繁殖天敌昆虫，增加天敌昆虫的数量。特别在害虫发生之初，大量释放天敌昆虫于林间，可取得较显著的防治效果。我国不少地方建立了生物防治站，繁殖天敌昆虫，适时释放到林间消灭害虫。我国以虫治虫的工作也着重于此方面，如松毛虫赤眼蜂的广泛应用，就是显著的例子。

天敌能否大量繁殖，决定于下列几个方面：首先，要有合适的、稳定的寄主来源或者能够提供天敌昆虫的人工或半人工的饲料食物，并且成本较低、容易管理；第二，天敌昆虫及其寄主，都能在短期内大量繁殖，满足释放的需要；第三，在连续的大量繁殖过程中，天敌昆虫的生物学特性（寻找寄主的能力、对环境的抗逆性、遗传特性等）不会有重大的改变。

5. 天敌昆虫的引进

我国引进天敌昆虫来防治害虫，已有80多年的历史。据资料记载，全世界成功的约有250多例，其中防治蚧虫成功的例子最多，成功率占78%。在引进的天敌昆虫中，寄生性昆虫比捕食性昆虫成功的多。目前，我国已与美国、加拿大、墨西哥、日本、朝鲜、澳大利亚、法国、德国、瑞典等十多个国家进行了这方面的交流，引进各类天敌昆虫100多种，有的已发挥了较好的控制害虫的作用。例如，丽蚜小蜂于1978年底从英国引进后，经过研究，解决了人工大量繁殖的关键技术，在北方一些省、市推广防治温室白粉虱，效果十分显著；广东省从日本引进花角蚜小蜂防治松突圆蚧，已初步肯定其对松突圆蚧具有很理想的控制潜能，应用前景非常乐观；湖北省防治吹绵蚧的大红瓢虫，1953 年从浙江省引入，这种瓢虫以后又被四川、福建、广西等地引入，均获得成功；1955 年，我国曾从苏联引入澳洲瓢虫，先在广东繁殖释放，防治木麻黄的吹绵蚧，取得了良好的防治效果，后又引入四川防治柑橘吹绵蚧，防治效果也十分显著，50 年来，该虫对控制介壳虫的发生发挥了重要的作用。

6. 利用其他有益动物治虫

（1）蜘蛛和螨类治虫　利用捕食螨防治害螨，目前已成为新的生防热点。例如，蜘蛛对于控制南方观赏茶树（金花茶、山茶）上的茶小绿叶蝉起着重要的作用；胡瓜钝绥螨以红蜘蛛、锈壁虱、驸钱螨、蓟马等小型害螨害虫为主要捕食对象，是这些害虫的天敌，它适用在园林植物上放养。

（2）蛙类治虫　两栖类中的青蛙、蟾蜍等，主要以昆虫及其他小动物为食。所捕食的昆虫，绝大多数为农林害虫。蛙类食量很大，如泽蛙 1 天可捕食叶蝉 260 头。为发挥蛙类治虫的作用，除严禁捕杀蛙类外，还应加强人工繁殖和放养蛙类，保护蛙卵和蝌蚪。

（3）鸟类治虫　据调查，我国现有 1100 多种鸟，其中食虫鸟约占半数，很多鸟类一昼夜所吃的东西相当于它们本身的重量，广州地区 1980～1986 年对鸟类调查后，发现食虫鸟类达 130 多种，对抑制园林病虫害的发生起到了一定作用。目前，在城市风景区，森林公园等保护益鸟的主要做法是：严禁打鸟、人工悬挂鸟巢招引鸟类定居以及人工驯化等。1984 年广州白云山管理处，曾从安徽省定远县引进灰喜鹊驯养，获得成功。山东省林科所人工招引啄木鸟防治蛀干病虫害，也收到良好的防治效果。嗜食病虫害的鸟类主要有：四声杜鹃、大杜鹃、大斑啄木鸟、红尾伯劳、黑枕黄鹂、灰卷尾、黑卷尾、红嘴蓝鹊、灰喜鹊、喜鹊、画眉、白眉翁、长尾翁、大山雀、戴胜。

7. 利用有益微生物防治害虫

人为利用病原微生物使害虫得病而死的方法称为以菌治虫，能使昆虫得病而死的病原微生物有：真菌、细菌、病毒、立克次氏体、原生动物及线虫等。目前生产上应用较多的是前 3 类。以菌治虫在城镇街道、绿地小区、公园、风景区等中具有较高的推广应用价值。

（1）细菌　目前我国应用最广的细菌制剂主要有苏云金杆菌(松毛虫杆菌、青虫菌均其为变种)。这类制剂无公害，可与其他农药混用。并且对温度要求不严，在温度较高时发病率高，对鳞翅目幼虫防效好。

（2）真菌　目前应用较为广泛的真菌制剂是白僵菌，不仅可有效地控制鳞翅目、同翅目、膜翅目、直翅目等病虫害，而且对人畜无害，不污染环境。在我国广东、福建、广西等地，普遍用白僵菌来防治马尾松毛虫，取得了很好的防治效果。大多数真菌可以在人工培养基上生长发育，便于大规模生产应用。但由于真菌孢子的萌发和菌丝生长发育对气候条件有比较严格的要求，因此昆虫真菌性病害的自然流行和人工应用常常受到外界条件的限制，应用时机得当才能收到较好的防治效果。

（3）病毒　利用病毒防治害虫，其主要优点是专化性强，在自然情况下，某种病原病毒往往只寄生一种害虫，不存在污染与公害问题，在自然界中可长期保存、反复感染，有的还可遗传感染，从而造成害虫流行病。昆虫感染病毒后，虫体多卧于或悬挂在叶片及植株表面，后期流出大量液体，但无臭味，体表无丝状物。在已知的昆虫病毒中，防治应用较广的有核型多角体病毒(NPV)、颗粒体病毒(GV)和质型多角体病毒(CPV)三类。目前发现不少园林植物害虫，如在南方危害园林植物的槐尺蠖、丽绿刺蛾、榕树透翅毒蛾、竹斑蛾、棉古毒蛾、樟叶蜂、马尾松毛虫、大袋蛾等，均能在自然界中感染病毒，对这些害虫的猖獗发生起到了抑制作用。各类病毒制剂也正在研究推广之中，如上海使用大袋蛾核型多角体病毒防治大袋蛾效果很好。

（4）线虫　有些线虫可寄生地下害虫和钻蛀害虫，导致害虫受抑制或死亡。例如用斯氏线虫防治卷叶蛾。

（5）抗生素　某些微生物在代谢过程中能够产生杀虫的活性物质，称为杀虫素。目前取得一定成效的有杀蚜素、T21、44 号、7180、浏阳霉素等。近几年大批量生产并取得显著成效的为阿维菌素(杀虫、杀螨剂)、浏阳霉素(杀螨剂)等。该类药剂杀虫效力高、不污染环境、对人畜无害，符合当前无公害生产的原则，因而极受欢迎。

8. 利用有益微生物防治园林植物病害

一些真菌、细菌、放线菌等微生物，在它们的新陈代谢过程中分泌抗生素，杀死或抑制病原物。这是目前生物防治研究中的一个重要内容。如哈茨木霉能分泌抗生素，杀死、抑制茉莉白绢病病菌。又如菌根菌可分泌萜烯类等物质，对许多根部病害有拮抗作用。链孢粘帚菌是从土壤里分离得到的，防治土壤里的腐霉和丝核菌。对观赏植物进行处理，可以预防葡萄孢、亚隔孢壳和长蠕孢等病原菌的侵害。木霉菌用来防治园林植物的土生性葡萄孢和核盘菌，也可用于处理树木的伤口，防止腐烂，还可用来防治许多土生性和叶生性病原菌如假密环菌、疫霉菌、银叶病病菌、腐霉、镰孢菌、丝核菌、齐整小核菌，因此可以用于观赏植物病害的防治。

9. 利用昆虫激素防治害虫

（1）昆虫外激素的利用　昆虫的外激素是昆虫分泌到体外的挥发性物质，是昆虫对它的同伴发出的信号，便于寻找异性和食物。已经发现的有性外激素、结集外激素、追踪外激素及告警激素。目前研究应用最多的是雌性外激素。某些昆虫的雌性外激素已能人工合成，在病虫害的预测预报和防治方面起到了非常重要的作用。目前我国能人工合成的雌性外激素种类有马尾松毛虫、白杨透翅蛾、桃小食心虫、梨小食心虫、苹小卷叶蛾等。昆虫性外激素的应用有以下几个方面。

① 诱杀法。利用性引诱剂将雄蛾诱来，配以粘胶、毒液等方法将其杀死。如利用某些性诱剂来诱杀国槐小卷蛾、桃小食心虫、白杨透翅蛾、大袋蛾等效果很好。

② 迷向法。成虫发生期，在田间喷洒适量的性引诱剂，使其弥漫在大气中，使雄蛾无法辨认雌蛾，从而干扰正常的交尾活动。

③ 绝育法。将性诱剂与绝育剂配合，用性引诱剂把雄蛾诱来，使其接触绝育剂后仍返回原地，这种绝育后的雄蛾与雌蛾交配后就会产下不正常的卵，起到灭绝后代的作用。

除此之外，昆虫性外激素还可应用于病虫害的预测预报，即通过成虫期悬挂性诱芯，掌握病虫害发生初期、盛期、末期及发生量，指导施药时机和施药次数。减少环境污染和对天敌的伤害。

（2）昆虫内激素的利用　昆虫内激素是分泌在体内的一类激素，用以控制昆虫的生长发育和蜕皮。昆虫内激素主要有保幼激素、脱皮激素及脑激素。在病虫害防治方面，如果人为地改变内激素的含量，可阻碍病虫害正常的生理功能，造成畸形，甚至死亡。昆虫生长调节剂现在我国应用较广的有灭幼脲Ⅰ号、Ⅱ号、Ⅲ号等，对多种园林植物害虫如鳞翅目幼虫、鞘翅目叶甲类幼虫等具有很好的防治效果。

10. 利用生物工程治虫

利用生物工程防治病虫害，近年已取得一定进展。如将具有高效特异毒杀某些昆虫的苏云金杆菌晶体蛋白（07）基因导入杨树，以获得抗虫转基因植物。这些转基因植物能表达出的苏云金蛋白（07）对有关鳞翅目害虫的毒杀活性，具有一定的实用价值。

第三节　园林植物病害无公害防治技术

一、概述

1. 园林植物病害发生的原因

园林植物病害是在外界环境条件影响下园林植物与病原相互作用并导致园林植物生病的过程，因此，影响园林植物病害发生的基本因素有病原、感病的园林植物和环境条件。

引起园林植物发生病害的病原，可分为两大类型：一类是非生物因素，即非生物病原，指不适宜的环境条件，如营养的缺乏或过剩、水分供应失调、温度过高或过低、日照不足或过强、缺氧、空气污染、土壤酸碱不当或盐渍化、农药引起的药害等；另一类是生物因素，即生物病原，也称病原物，如真菌、细菌、病毒、植原体和线虫等，其中属于菌类的病原物(如真菌和细菌)称为病原菌。

2. 园林植物病害类别

园林植物病害可以有多种分类方法。但最重要或最基本的是以病因类型，把病害分成两大类：一类是侵染性病害（或传染性病害），是由病原生物引起的，植株间可以相互传染，使病害不断扩展蔓延；另一类是非侵染性病害（或生理性病害），由于这类病害是由非生物因素引起的，在植株间相互不传染，所以又称为非传染性病害。园林植物病害也有别的分类方法。

（1）按照园林植物受害部位分　根部病害、茎部病害、叶部病害和果实病害等；

（2）按照病原生物类型分　真菌病害、细菌病害、病毒病害、线虫病害等；

（3）按照传播方式和介体来源分　种传病害、土传病害、气传病害和介体传播病害等；

（4）按照病害症状分　腐烂型病害、斑点或坏死型病害、花叶或变色型病害、萎蔫型病害等。

3. 真菌性病害

真菌性病害几乎包括了所有症状类型。它特有的标志是，被害部或迟或早要出现繁殖体、菌丝体、菌核或菌索，病部常有粉霉状物、小黑点。真菌性病害是林木的一种最广泛病害，70%～80%的林木病害都属于真菌性病害。其表现症状多样，病部病症有霜霉、白粉、白锈、黑粉、锈粉、烟霉、黑痣、霉状物、蘑菇状物、棉絮状物、颗粒状物、绳索状物、黏质粒和小黑点等。大的病症可用肉眼直接观察到。病症的出现与寄主的品种、器官、部位、生育时期、外界环境有密切关系。如不少叶斑病菌一般在寄主生育后期才产生病症，甚至在落叶上才形成小黑点；有的菌核病要在寄主某一特定部位才形成颗粒状的菌核；银叶病要在寄主的死亡部分才长出蘑菇状的产孢结构；根肿病要在肿瘤很深的位置才能观察到病原菌。许多真菌病害在环境条件不适宜时完全不表现病症。真菌病害的症状与病原真菌的分类有密切关系，如白绢病菌在许多不同作物上均造成症状相似的白绢病，霜霉菌产生霜霉状物，黑粉菌产生黑粉状物等。在自然条件下的主要传播动力有气流、水流、土粒、雨滴溅洒、昆虫，其中最主要的是风力。其他常见的真菌性病害有炭疽病、烟煤病、苹果褐纹病等。

4. 细菌性病害

细菌性病害常出现水渍状(迎光时半透明)，有溢脓状物(除根癌病菌外)或在潮湿状态下有菌脓，病斑表面光滑，腐烂性患部往往有恶臭味。主要症状有斑点、溃疡、萎蔫、穿孔、肿瘤、软腐、变色、黄化等。主要靠雨滴的溅洒传播，很少由气流和昆虫传播，与雨水和气温关系密切。植物由假单孢杆菌侵染引起的病害中，有相当数量呈斑点状。叶枯型多数由黄单孢杆菌侵染引起，植物受侵染后最终导致叶片枯萎。青枯型一般由假单孢杆菌侵染植物维管束，阻塞输导通路，致使植物茎、叶枯萎。溃疡型一般由黄单孢杆菌欧文氏菌所致，后期病斑木栓化，边缘隆起，中心凹陷呈溃疡状。腐烂型多数由欧文氏杆菌侵染植物后引起腐烂。由癌肿野杆菌侵染所致，使植物的根、根颈、以及枝干畸形，呈肿瘤状，如菊花根癌病等。

5. 病毒性病害

病毒性病害外表无病症，但有明显的传染迹象。病毒性病害主要有花叶病毒和枯死病毒以及拜拉斯病毒三种。花叶病毒在叶面上出现各种花纹的斑点或条纹，逐渐扩大使整个叶片枯黑而死；拜拉斯病毒多由外地携入，如外地墨兰的拜拉斯病毒相当普遍，而且代代遗传。症状以叶片和嫩枝表现最为明显，主要表现为黄化、花叶、畸形、生长停滞，受病毒侵染的植物有的表现为植株矮小、开花结果少，甚至不开花结果。病害后期，黄化的叶片上常出现枯斑，往往伴随卷叶、缩叶、裂叶或小叶的症状出现，严重时果实也常出现皱缩、变小等现象。受病毒侵害的主要为阔叶树。主要传播媒介为刺吸式口器昆虫，如蚜虫、叶跳蝉等；寄生性植物和人工作业也可传播，偶尔也可以通过病、健植物的接触摩擦而传播。常见的病毒性病害有桑花叶病、苹果花叶病、苹果绿皱缩果病。

6. 线虫病害

线虫病害外表无病症，但有明显的生长抑制现象。表现为瘿瘤、叶斑、坏死、针叶变褐或整株枯死、变色、现油状水渍状小斑或坏疽斑、褪绿、黄化、矮缩、蔫萎等症状，各属线虫表现症状各不相同。茎线虫主要为害植物的地下茎，如块茎、鳞茎和块根；胞囊线虫多寄生在根部的支根或须根的侧面，虫体裸露；根结线虫在新生的支根或侧根上寄生后引起根结，虫体在瘤状组织中；粒线虫和滑刃线虫主要为害植物的地上部分，虫体常在茎干或穗部；长针线虫、剑线虫和毛刺线虫在根部外寄生，可传染植物病毒，虫体较大，且有发达的口针；伞滑刃线虫中的松材线虫主要为害松树的枝干木质部，使松树针叶变红褐色、松脂减少、木质部变蓝，最后整株枯死，有松树癌症之称。线虫病害的主要传播途径有植物繁殖体、栽培介质、水流、媒介昆虫、植物之间的接触摩擦。

7. 辨识各类病害的要点

（1）非侵染性病害

① 发生均匀。

② 无明显传播迹象。

③ 病状多生长不良、无病症。

④ 能找到诱发因素，病状和分布特征与诱因有一定关系。

（2）侵染性病害　真菌、细菌、病毒、植原体、线虫病害。

① 真菌。 有病症，可用显微镜观察病原物特征。

② 细菌。 油渍或水渍状病斑，有菌脓和喷菌现象。

③ 病毒。 多花叶、畸形与坏死症，无病症，有些病毒会产生各种形状的内含体。

④ 植原体。 畸形(矮缩、丛枝、扁枝与黄化)。

⑤ 线虫病。 有虫瘿、营养不良。

二、园林病害的主要症状识别

1. 叶片变色

因叶绿素的形成受到抑制，叶片局部或全部褪绿，造成黄化、花叶、斑驳、明脉等，通常是由类菌质体、病毒、细菌性病或缺素症引起。 如翠菊黄化病、矮牵牛花叶病、杨树花叶病毒病、苹果花叶病、柑橘黄龙病（又称黄梢病、黄枯病、青果病）、杉木黄化病。

2. 组织畸形

因植株受病原物产生的激素或毒素类物质刺激而表现异常，造成肿瘤、丛枝、矮化、皱缩、根结、毛毡等，可由真菌、细菌、病毒、类菌原体等引起。

（1）枝干部畸形　树木的根、干、枝条局部细胞增生而形成肿瘤，多由真菌或细菌引起，如松瘤锈病、柳杉瘿瘤病、桃树细菌性根瘤病等。 丛枝病多由类菌质(原)体所致，也有由病毒和真菌侵染的，如泡桐丛枝病、枣疯病、柚矮化病、竹丛枝病。

（2）根部畸形　由根结病线虫或真菌引起。 果树根结线虫病在我国分布较广，主要危害根部，为害苹果、梨、山楂、柑橘、枣等果树。

（3）叶部畸形　桂花叶尖皱缩病由真菌炭疽病菌引起。 叶片毛毡病多由瘿螨(四足螨)类引起。 贴梗海棠毛毡病、荔枝毛毡病和核桃楸毛毡病(山胡桃丛毛病)是由于瘿螨侵害，葡萄毛毡病则是锈壁虱(锈螨)寄生所致。

3. 整株或局部萎蔫(枯萎)

通常是植物根茎的维管束组织受到破坏而发生的树木整株或局部枝叶枯萎现象。 多属细菌类病害，也有真菌性、生理性的。 如木麻黄青枯病、番茄青枯病都是由细菌引起的，合欢的枯萎病、油桐枯萎病由真菌引起。

4. 坏死

罹病的林木由于生理机能或细胞结构被破坏而坏死。 通常表现为斑点、溃疡、腐烂等，病因多种。

（1）斑点　多发生于叶片、嫩枝和果实上，病斑多为褐色，圆形、近圆形或不规则形，有时具有轮纹。多为真菌类和细菌性病害。由真菌中的炭疽菌引起的斑点类病害称为炭疽病，病斑多为黑色或黑褐色，潮湿时病部会涌出粉红色胶状物。在叶片上病症表现为叶斑和叶枯，其中叶斑又根据形状、大小、颜色不同分为轮斑、褐斑、灰斑、红斑等。叶上斑点扩大，会引起叶枯。油桐黑斑病(又称叶斑病、角斑病)、油桐炭疽病、油茶软腐病（又称落叶病)、桉树溃疡病、苹果斑点落叶病(褐纹病)均为真菌性病害。杉木细菌性叶枯病则为细菌引起。

（2）溃疡　树木枝干的局部皮层坏死，形成凹陷病斑，周围稍隆起。主要由真菌、细菌、日光灼伤引起。如槐树溃疡病、柑橘溃疡病、檫树溃疡病(日灼病)。

（3）腐烂　发生于树木的各个部分，其病原物较为复杂。主要是由真菌或细菌分泌的酶分解细胞间的中胶层，使细胞分离、组织腐烂，并常带有酸臭味。如杨树腐烂病、香果树苗木湿腐病、油茶软腐病、松苗立枯病由真菌引起，君子兰细菌性腐烂病则由细菌引起。侵染性病源是引起苗木立枯病的主要原因。这类病源中以丝核菌、镰刀菌、腐霉菌三种为主。与受害苗种染病时期不同，其症状可表现为以下几种情况：

① 种芽腐烂型播种后，种子发芽出土前被病菌侵入，病菌破坏种芽的组织，引起腐烂，苗床上常发生缺苗断条现象。

② 猝倒型。幼苗出土后扎根时期，由于苗木茎部尚未木质化，外表未形成角质层和木栓层，病菌自根茎侵入，产生褐色斑，病斑扩大呈水渍状。病菌在苗颈组织内蔓延，破坏苗颈组织，使苗木迅速倒伏，引起典型的幼苗猝倒症状。

③ 茎叶腐烂型。幼苗出土后，由于苗木过密或空气湿度过大，被病菌侵染，幼苗常茎叶黏结，使茎叶腐烂，出现白毛状丝，造成苗木萎蔫死亡。

④ 立枯型。苗木木质化后，根皮和细根感病后，组织腐烂、坏死，使地上部分失水萎蔫，但直立不倒伏。拔起病苗时，根皮留于土中。

5. 流脂或流胶

树木的芽、枝、干流出树脂或树胶，致使树木生长衰弱或芽梢枯死，称为流脂病或流胶病，病原多种。如国外松芽流脂病（又称松芽枯病、丛枝病）是由于土壤中缺硼；桃树流胶病和红叶李流胶病主要是由真菌引起，生理性原因次之。

6. 腐朽或粉层（粉霉状物）

腐朽专指树木根、干的木质部霉烂，腐朽的木质部松软易碎。由真菌引起。腐朽后期，病部往往长出蕈（蕈菌）来。如木材腐朽、松根朽病等。

粉层多在叶片或小枝上出现病原生物覆盖层，如白粉、黑粉、黄锈、煤污等，多为真菌类病害。如板栗白粉病、黄檀煤烟病、柑橘煤烟病、柚木锈病等。

三、枝干病害

1. 杨树腐烂病的症状识别和防治方法

（1）发病规律　病菌主要以子囊壳、菌丝体或分生孢子器在病部组织内越冬。来年春季平均气温在10～15℃、相对湿度60%～85%时，子囊中子囊孢子成熟借风雨传播，分生孢子从枝、干伤口侵入，半月后形成分生孢子器，产生分生孢子，同样借风雨传播，孢子萌发通过各种伤口侵入寄主组织，潜育期为6～10天。3月中下旬开始发病，4月中下旬至6月上旬为发病盛期，7月份后病势渐缓，秋季又复发，10月份基本停止发展。杨树腐烂病菌是一种弱寄生菌，只能侵染生长不良、树势衰弱的苗木和林木，通过虫伤、冻伤、机械损伤等各种伤口侵入，一般生长健壮的树不易被侵染。

（2）症状　腐烂病主要发生在主干或枝条上，典型症状是烂皮，引致枝干枯死。主干或大枝初发病时，出现不规则形水肿斑块，病部皮层组织变软、多水、易剥开，散发有酒糟气味，表面呈浅褐色。后病部失水，树皮干缩下陷或病斑中部龟裂，有的从边缘产生裂缝，剥开病皮，可见皮层呈腐烂状，纤维分离，木质部变成褐色。后期病部生出针头状黑色小突起，即病原菌的分生孢子器。遇潮湿或雨后，从小突起中可挤出橘黄色胶质卷丝，即病原菌的孢子角（彩图50）。

（3）防治方法

① 主要是加强管理，增强树势，提高杨树自身的抗病能力。

② 药剂防治。在腐烂病发生前和初期，用流腐净150～200倍液对树干及枝干等部位均匀喷雾，以喷匀而药液不下流为宜。当腐烂病已经发生时，选晴天先用工具将病部刮除，露出生长健壮部位，然后用药剂原液或稀释5～10倍用毛刷对病部进行涂抹，也可用70%代森锰锌100倍液进行涂抹；在发病较严重或高发期，最好间隔5～7天再涂1次。

2. 柳树溃疡病的症状识别和防治方法

（1）发病规律　柳树溃疡病以菌丝体和未成熟的子实体在病组织内越冬。越冬病斑内产生分生孢子器和成熟的分生孢子，成为当年侵染的主要来源。翌年4月开始发病，5月下旬至6月形成第一个发病高峰，7～8月气温增高时病势减缓，9月出现第2个发病高峰，此时病菌来源于当年春季病斑形成的分生孢子，10月以后停止。春季气温达10℃以上、相对湿度在60%以上时，病害开始发生；24～28℃时最适宜发病。病菌从伤口或皮孔进入，潜育期约1个月。从发病到形成分生孢子期需要2～3个月，秋季在病斑上形成囊腔和子囊孢子。潜伏侵染是柳树溃疡病的重要特点，当树势衰弱时，有利于发生病害。春季发病高峰是前年秋季侵染造成的结果，而不是当年春季侵染的缘故。当年在健壮的树上发病的病斑，翌年有些可以自然愈合。同一株病树，阳面病斑多于阴面。未移植的苗木一般不发病或病害很轻；一经移植，水分失去平衡，树势衰弱，病害便易于发生。

（2）症状　树干的中下部首先感病，受害部树皮长出水泡状褐色圆斑，用手压会有褐色臭水流出，后病斑呈深褐色凹陷，病部上散生许多小黑点，为病菌的分生孢子器，后病斑周围隆起，形成愈伤组织，中间裂开，呈溃疡症状。老病斑处出现粗黑点，为子座及子囊腔。还可表现为枯梢型，初期枝干先出现红褐色小斑，病斑迅速包围主干，使上部梢头枯死（彩图 51）。

（3）防治方法

①选择抗病健壮苗木种植，起苗时尽量避免伤根，运输假植时保持水分，避免受伤。加强栽培管理，栽植后浇透水，保证栽植苗成活，减少病害。秋季造林有利于根系的恢复和春季发根，可减轻病害。

② 药剂防治。用淇林仕勋稀释 600～800 倍液均匀喷雾，间隔 1 周重喷 1 次，连续 2～3 次，也可以采用输液或插瓶的方式进行，具体用药量为胸径大于 15cm 的每棵每次剂量 3～5mL，加适量水(不少于 500mL)后进行树体输液，这样用量小，持效期也比较长。

3. 银杏干枯病的症状识别和防治方法

（1）发病规律　弱寄生性病原菌由伤口侵入。病菌以菌丝体及分生孢子器在病枝中越冬。待翌年温度回升，便开始活动。长江流域及长江以南地区，3 月下旬至 4 月上旬即开始出现症状，6 月下旬以后病斑明显扩大，尤以 7～9 月份病斑扩展最快。在长江流域，病原菌的无性时代在 4 月下旬至 5 月上旬即开始出现。分生孢子借雨水、昆虫、鸟类到处传播，并可多次进行侵染。10～11 月份，在树皮上出现埋生于子囊壳的橘红色子座，12 月上旬子囊孢子成熟。子囊孢子借风传播，病菌自寄主伤口侵入。

（2）症状　银杏干枯病，又称银杏胴枯病，全国各主要银杏产区均有分布，常见于生长衰弱的银杏树。病菌侵入后，在光滑的树皮上，产生圆形或不规则形的光滑病斑。随后病斑逐步扩大，患病部位渐见肿大，树皮出现纵向开裂，病树皮层和木质部间，可见羽毛状扇形菌丝体层，初为污白色，后为黄褐色。感病枝干的病斑继续蔓延，逐步使树皮成环状坏死，最后导致枝条和植株死亡。该病从 3 月底至 4 月初开始出现症状，并随气温升高而加速扩展，直到 10 月下旬停止（彩图 52）。

（3）防治方法

① 加强栽培管理，提高植株抗性。这是防治银杏干枯病的关键措施。重病株和患病死亡的枝条，应及时清理销毁，彻底清除病原。

② 药剂防治。及时刮除病斑，并用 40% 淇护可湿性粉剂 100 倍液或涂白剂涂刷伤口，杀灭病菌并防止病菌扩散。

4. 合欢枯萎病的症状识别和防治方法

（1）发病规律　病原菌以菌丝体在病株内或以厚壁孢子、菌丝体在土壤中越冬，腐生能力强，可在土壤或病残体内存活多年。病原菌可从植物根系伤口侵入，随水分输导传入地上部分的枝叶和树干发病，也可从地上部分的伤口侵入，在侵入口上下蔓延发病。从5月份开始侵染发病，8～9月份进入发病高峰，10月停止发病。发病高峰期病部皮孔处肿胀破裂产生粉红色分生孢子堆，分生孢子借风雨传播，在土壤中的病原菌借灌溉或雨水径流传播。该病菌为弱寄生菌，树势衰弱有利于病害的发生，土壤黏重、排水不良、土层瘠薄、管理粗放，导致树势衰弱，加重病害的发生。

（2）症状　病菌侵染部位不同表现出不同的症状。病原菌从根部伤口侵入的，随水分输导向地上的枝干叶扩散，首先在同侧枝条的叶片上表现出症状，枝条基部叶片变黄，逐步失水萎蔫，然后下垂脱落；枝干上表现出的症状是发病初期含水量增多，并从局部流出大量液体，有时流至地面，一周后失水干枯，病斑下陷，同侧枝条和树干枯死。病原菌从地上部分枝干伤口侵入的，向上下蔓延，形成菱形病斑，病斑初期含水量多，后期变干，病斑下陷。秋季病树干、枝条上皮孔肿胀、破裂，出现黄白色至粉红色的疱状物，破裂后散发出大量分生孢子（彩图53）。

（3）防治方法

① 减少侵染来源。及时清除病枝、病株，集中销毁，并用20%石灰水消毒土壤。加强栽培管理，定期松土，增加土壤通气性，春秋生长旺期给合欢树施肥，以增强其抗病能力。

② 药剂防治。选用淇林仕勋，在发病前或初期除采用喷雾的方式以外，也可以采用输液或插瓶的方式进行，具体用药量为胸径大于15cm的每棵每次剂量3～5mL，加适量水(不少于500mL)后进行树体输液，这样用量小，持效期也比较长。

5. 毛白杨破腹病的症状识别和防治方法

（1）发病规律　毛白杨破腹病的裂缝发生在12月中旬至1月份。主要集中在12月中下旬冬至前后，裂缝数占总数80%以上。1月份除产生裂缝外，主要是裂缝的延伸、加宽和加深，裂缝数占总数18%以上。一天之内，从傍晚到早晨气温低，容易产生冻裂。裂缝是低温时温度变化所造成。气温的下降强度，与裂缝的冻裂程度成正比。自2月至5月气温逐渐回升，愈合组织开始形成。由于早春干燥，裂缝及皮孔处产生增宽、伸长及破裂现象。裂缝产生的方向，大部分集中在树干的西南向及南向，部位在2m以下，前者占26.6%，后者为16.2%，西向为15.4%，东向为12.6%，东南方为11.4%，其余各方向甚轻。由于南向、西南向所受的日照时间长，温度变化大，当温度骤然下降时，树干内、外部产生了力的不平衡变化，造成树干外部开裂。

树木生长的立地条件，对该病害的发生有着不同的影响。阴坡土壤湿润，受日照时间短，温度变幅小，发病株率低，仅为15.6%。反之，阳坡发病株率高达63.1%。岩石露裸、土壤瘠薄的沙地，发病重，病株率为47.8%。土层深厚的林地，发病则轻，病株率为 16%。

在纯林条件下，林内温度变幅比林外小得多。林内木不易受到低温时温度的突然变化而产生冻裂，林缘木因受外来温度变化的影响而易发生冻裂，发病率也高。一般情况下，林内木病害率为 2.8%，而林缘木则为 14.3%。在林木密度方面，表现为稀林发病重、密林病轻。四旁零星林木，管理差的，受害率高。靠近水源及湿度大的地方，病害发生率低。

（2）症状　毛白杨破腹病又名烂肚子病，是危害毛白杨主干的一种多发病和常见病。此病不仅影响植株生长和观赏性，严重的还可诱发白腐病发生。该病发病时从树干平滑部位开裂，深可达木质部，病灶处可渗流出黄褐色树液，树液有尿骚味，树势强壮而发病轻者，在气候条件适宜的情况下可自行愈合，伤口大者则进一步加深、加长，长度可达 1m。此病系低温冻害所致，秋季浇水量大或降水量多，冬季或初春气温变化大是发病的主要原因（彩图 54）。

（3）防治方法

① 加强抚育管理，提高树势，增强植株的抗逆性。

② 药剂防治。发病时，可于仲春气温稳定后，用经消毒的利刀对病灶进行清理，直至健康部位，用流腐净 5～10 倍液涂抹病部，在发病高峰期间隔 5～7 天再涂 1 次；或者使用淇林柯骏 500 倍液进行喷干。

6. 桃树流胶病的症状识别和防治方法

（1）发病规律　桃树流胶病的病原菌在树干、树枝的染病组织中越冬，第二年在桃树萌芽前后产生大量分生孢子，借风雨传播，并且从伤口或皮孔侵入，以后可再侵染。在珠江三角洲地区的碧桃种植地区，每年在 3 月下旬开始发生流胶病。高湿是病害发生的重要条件，春季低温多阴雨易引起树干发病，高温多湿的 4～6月更是发病盛期，病原桃囊孢菌通过风雨传播，再到枝条和树皮进行初侵染，其分生孢子发芽温度为 8～40℃，最适温度为 24～35℃，相对湿度 85%～90%，病菌在树干、枝条病斑中越冬，于次年 3 月下旬至 4 月中旬开始喷射分生孢子，随气流、降水滴溅传播，从枝条皮孔或伤口侵入树皮再侵染。5～6 月为侵染高峰期，9 月下旬至 10 月中旬缓慢停止。在管理粗放、排水不良、土壤黏重、树体衰弱的情况下，病害易于发生。

（2）症状　桃树流胶病，是危害桃树的一种极常见病害。该病主要发生在桃树主干及主枝上，以主干发病最为突出。发病初期病部肿胀，不断流出树胶，形成圆形不规则流胶病斑。树胶初时为透明或褐色，之后变硬较快。此病会造成树皮与木质部腐烂，树势日趋衰弱，叶片变黄、变小，严重时，全株树干枯死。高湿是该病害发生的重要条件，春季低温多阴雨易引起树干发病，高温多湿的 4～6 月份和8～9 月份是两个发病高峰期（彩图 55）。

（3）防治方法

① 加强栽培管理，增施有机肥，增强树势，提高树体抗病能力。保护树体，

减少伤口，冬春季树干刷白，预防冻害和日灼伤。

② 药剂防治。病害发生初期，使用淇林流腐净100倍液或塞姆利800～1000倍液对病部均匀喷雾；或是用50%多菌灵可湿性粉剂800～1000倍液，或70%甲基硫菌灵可湿性粉剂1000～1500倍液对发病部位均匀喷雾进行防治。

7. 国槐瘤锈病的症状识别和防治方法

（1）发病规律　病原菌在瘤内可存活多年，病瘤枯死前可以每年产生大量的冬孢子。夏秋病部产生夏孢子和冬孢子，借风雨传播，侵染枝叶。夏秋在叶背和叶柄上生赤褐色粉状夏孢子堆，叶柄肿大，呈弓形弯曲。夏孢子堆呈圆形或椭圆形，黄褐色，壁上有刺。枝干发病处肿大呈纺锤形，从病皮裂缝中露出大量褐色粉状冬孢子堆。病瘤为多年生，此病3月上旬开始染病，7～8月份发病严重。

（2）症状　该病主要发生在枝条上，叶片和叶柄亦可受害。感病枝条病部形成纺锤形的瘿瘤，表面粗糙，密布纵裂纹。病枝逐渐枯死，发病重的植株，树冠枝叶稀疏，明显影响生长。后期，感病叶片的叶背和叶脉、叶柄等处产生黄褐色和黑色粉状物，秋天在病部裂纹中散生大量黑色粉状物（彩图56）。

（3）防治方法

① 加强栽培管理，7～8月份发现病瘤要及时切除，并集中销毁。

② 药剂防治。3月份上旬发病前可用400g/L田钧800～1000倍液，或50%甲基硫菌灵可湿性粉剂500倍液，或用50%退菌特500倍液均匀喷洒枝干部位进行防治，间隔7天1次，连喷数次，效果良好。

8. 加拿利海枣干腐病的症状识别和防治方法

（1）症状　干腐病的发生通常是由种植密度太大，苗圃里不通风、不透光造成的。当苗圃密度太大，叶片纵横交错，光照不充足，加上湿度大，就会在叶柄的基部弯曲的地方产生黄褐色的病斑。病斑然随后向上、向下、向内传染，直至整个叶片枯黄，导致许多叶柄发病，最后植株变黑、变烂。遇到阴雨天气，整个干都会发霉，甚至可以长出许多蘑菇来，严重时每个发病叶片所对应的根也会烂掉。

（2）防治方法

① 苗子染上干腐病，在病情不严重的情况下，可将海枣苗树干下部病枯的叶片割掉，让阳光充分暴晒，起到预防效果。

② 药剂防治。如果干腐病已经发展到树干的深部，阳光都晒不透的情况下，就要尽快用淇林仕勋600～800倍液从叶心到叶柄仔细喷洒，直至药液渗入叶柄的每一个缝隙，15天左右喷1次，连喷2～3次。

9. 棕榈干腐病的症状识别和防治方法

（1）发病规律　病菌在病株上过冬。每年5月中旬开始发病，6月逐渐增多，7～8月为发病盛期，至10月底，病害逐渐停止蔓延。该病对小树和大树均有危害。棕榈树遭受冻伤或剥棕太多，树势衰弱易发病。

（2）症状　棕榈干腐病又名枯萎病、烂心病、腐烂病，是棕榈常见病害。棕榈树既是观赏树种又是经济树种，因干腐病的发生，常造成枯萎死亡。病害多从叶柄基部开始发生，首先产生黄褐色病斑，并沿叶柄向上扩展到叶片，病叶逐渐凋萎枯死。病斑树干产生紫褐色病斑，导致维管束变色坏死，树干腐烂，叶片枯萎，植株趋于死亡。若在棕榈干梢部位，其幼嫩组织腐烂，则更为严重。在枯死的叶柄基部和烂叶上，常见到许多白色菌丝体。当地上部分枯死后，地下根系也很快随之腐烂，全部枯死（彩图 57）。

（3）防治方法

① 及时清除腐死株和重病株，以减少侵染源。

② 药剂防治。发病初期，可用淇林仕勋 600～800 倍液，或 50%多菌灵 500 倍液喷雾，或刮除病斑后涂药，有一定防治效果。喷药时间，从 3 月份下旬或 4 月份上旬开始，间隔 10～15 天 1 次，连续喷 2～3 次。

10. 松材线虫病的症状识别和防治方法

（1）发病规律　该线虫由卵发育为成虫，期间要经过 4 龄幼虫期。雌、雄虫交尾后产卵，雌虫可保持 30 天左右的产卵期，1 条雌虫产卵约 100 粒。在生长最适温度(25℃)条件下约 4 天 1 代。秋末冬初，病死树内的松材线虫已逐渐停止增殖，并有自然死亡，同时开始出现另一种类型的 3 龄幼虫，称为分散型 3 龄虫，进入休眠阶段。翌年春季，当媒介昆虫松褐天牛将羽化时，分散型 3 龄虫脱皮后形成分散型 4 龄虫，即休眠幼虫(耐久型幼虫)。这个阶段的幼虫即分散型 3 龄、分散型 4 龄幼虫在形态上及生物学特性上都与繁殖阶段不同，如角质膜加厚、内含物增多、形成休眠幼虫口针、食道退化。这阶段幼虫抵抗不良环境能力加强，休眠幼虫适宜昆虫携带传播。

松褐天牛在华东地区一般为 1 年 1 代；广东 1 年 2～3 代，以 2 代为主。在 1 年 1 代的地区，春天可见松材线虫分散型 3 龄虫明显地分布在松褐天牛蛀道周围，并渐渐向蛹室集中。这主要是由于蛹室内含有大量的不饱和脂肪酸，如油酸、亚油酸、棕油酸等对线虫产生趋化活性。当松褐天牛即将羽化时，分散型 3 龄虫脱皮形成休眠幼虫，通过松褐天牛的气门进入气管，随天牛羽化离开寄主植物。松材线虫对二氧化碳有强烈的趋化性，天牛蛹羽化时产生的二氧化碳是休眠幼虫被吸引至气管中的重要原因。在松褐天牛体上的松材线虫均为休眠幼虫，多分布于气管中，以后胸气管中线虫量最大。此外也会附着在体表及前翅内侧。1 只天牛可携带成千上万条线虫，据记载最高可达 280000 条。当松褐天牛补充营养时，大量的休眠幼虫则从其啃食树皮所造成的伤口侵入健康树。松褐天牛在产卵期线虫携带量显著减少，少量线虫也可从产卵时所造成的伤口侵入寄主。休眠幼虫进入树体后即蜕皮为成虫进入繁殖阶段，大约以 4 天 1 代的速度大量繁殖，并逐渐扩散到树干、树枝及树根。被松材线虫侵染了的松树大抵是松褐天牛产卵的对象。翌年松褐天牛羽化时又会携带大量线虫，并接种到“健树”上，如此循环，导致松材线虫的传播。

（2）症状　松材线虫病是危害松属等植物的一种毁灭性流行病。该病由病原线虫通过媒介昆虫松褐天牛补充营养时从伤口进入木质部，寄生在树脂道中，大量繁殖后遍及全株，造成导管阻塞、植株失水、蒸腾作用降低、树脂分泌急剧减少和停止，针叶陆续变为红褐色萎蔫，最后整株枯死。病害初期，植株外观正常，但树脂分泌开始减少，树脂逐渐停止分泌，蒸腾作用减弱，树冠部分针叶失去光泽、变黄，一般能观察到天牛或其他甲虫侵害或产卵的痕迹。随后多数针叶变黄，植株开始萎蔫，可以发现甲虫的蛀屑。最后，整个树冠部针叶由黄色变为褐色或红褐色，全株枯死，针叶当年不落。通常感病后40多天即可造成松树枯死，3～5年即可摧毁成片松树（彩图58、彩图59）。

（3）防治方法

① 加强检疫，选育抗病树种进行种植。清除林间病死树，并集中销毁。

② 采用淇林松线净输液或插蛀方法进行药剂防治。

11. 雪松枯梢病的症状识别和防治方法

（1）症状　病害多数发生于成年树，初期侵染新萌发的树梢，主梢、侧梢均可受害。病菌侵染后首先使嫩的针叶失绿变色，并逐渐向下蔓延，当病斑环绕皮层后，小枝随之枯死，其上部的针叶呈赤褐色，并迅速脱落，仅残存枯死的小枝，在病菌侵染点附近的针叶上首先看到黑色颗粒状的病原菌子实体（彩图60）。

（2）防治方法

① 栽植前树穴换土。在一些土壤前提不理想的处所栽植雪松，必须在栽种前将树穴中的土换入经筛选配制好的土。当令施肥，增添土壤肥力，春秋两季在树穴内开穴施肥。合理浇灌，干旱季节实时开穴浇灌，且必然要浇透，等干透后再浇第二遍；雨季实时排水；封冻前要浇好冻水。

② 药剂防治。用淇林仕勋600～800倍液均匀喷雾，或70%代森锌可湿性粉剂700倍液或40%甲基硫菌灵600倍液等均匀喷雾，在发病较严重或发病高峰期，间隔1周重喷1次，连续2～3次。

12. 泡桐丛枝病的症状识别和防治方法

（1）症状　感病泡桐的腋芽和不定芽大量丛生，节间变短，叶片黄化变小，产生明脉，冬季小枝不脱落呈鸟巢状，严重的病株当年枯死，轻的几年后死掉。该病主要由茶翅蝽传毒，在每年7～8月份发病较重（彩图61）。

（2）防治方法

① 春季对病枝进行环状剥皮，防止病原体向其他部位转移、扩散，达到防治效果。

② 在发病初期喷洒塞姆利800～1000倍液或四环素族抗生素4000倍液进行药

剂防治。

13. 水杉赤枯病的症状识别和防治方法

（1）症状　水杉赤枯病危害水杉、柳杉、柏树等园林树种，严重影响植物生长和观赏性。该病一般从下部枝叶开始发病，逐渐向上发展蔓延，严重发生时导致全株枯死。感病枝叶，初生褐色小斑点，后变深褐色，小枝和枯枝变褐枯死。病害可引起绿色小枝形成下陷的褐色溃疡斑，包围主茎，导致上部枯死，或不包围主茎，但长期不能愈合。随着主茎生长，溃疡斑深陷主干，形成沟腐，幼树基干部产生不规则凹沟，成为畸形。在潮湿条件下，病斑产生黑色小点（彩图62）。

（2）防治方法

① 保持适当的种植密度，注意通风透光。增施磷、钾肥，少施氮肥，增强树势，提高植株抗病能力。

② 药剂防治。病害发生初期，使用淇林仕勋600～800倍液，也可喷施50%多菌灵可湿性粉剂800倍液，或战菌1000～1500倍液，间隔10～15天1次，连续喷2～3次。

14. 大叶黄杨立枯病的症状识别和防治方法

（1）症状　患病的大叶黄杨最初是个别枝条的上部叶片青干失水，继而整个枝条和全株呈青枯失水状，最终叶片呈黄白色而整株死亡，有的植株从发病到死亡不超过一周。病源菌多以根部伤口侵入，也可直接侵入植株。该病一般5月份中旬开始发生，7、8月为发病高峰期（彩图63）。

（2）防治方法

① 加强水肥管理，提高植株抗病力。栽培地应保持湿润，但不能积水。发现有患病植株，应及时将病株拔除并烧毁。

② 药剂防治。对于初发病的植株，如病症较轻，可在用腐菌灵800倍液或是淇林柯骏1500倍液灌根的同时，用50%多菌灵500倍液，连喷2～3次，防治效果显著。

15. 月季枯枝病的症状识别和防治方法

（1）症状　通常发生于枝干部位，病斑最初为红色小斑点，逐渐扩大变成深色，病斑中心变为浅褐色，病斑周围褐色和紫色的边缘与茎的绿色对比明显。病菌的分生孢子器在病斑中心变褐色时出现，随着分生孢子器的增大，茎表皮出现纵向裂缝。发病严重时，病部以上部分枝叶萎缩枯死（彩图64）。

（2）防治方法

① 秋冬季彻底剪除病枯枝集中烧毁。加强栽培管理，施足基肥。

② 药剂防治。淇林仕勋600～800倍液、40%淇护可湿性粉剂或50%多菌灵可湿性粉剂1000倍液均匀喷雾，在发病较严重或发病高峰期，间隔1周重喷1次连续2～3次。

16. 苗木茎腐病的症状识别和防治方法

（1）症状　苗木茎腐病主要发生在夏季高温炎热的地区，是苗木上的严重病害。苗木发病初期，茎基部变褐色，叶片失去绿色而发黄，稍下垂，顶梢和叶片逐渐枯萎，以后病斑包围茎基部并迅速向上扩展，全株枯死，叶片下垂、不脱落。银杏等树种苗木茎基部皮层较厚，发病后期，病苗茎部皮层皱缩，内皮组织腐烂变为海绵状或粉末状，灰白色，其中有许多黑色微小的菌核。严重受害的苗木，病菌也侵入到木质部和髓部，髓部变褐色、中空，也有小菌核产生。最后病菌扩展到根部时，根部皮层腐烂。如拔出病苗，根部皮层全部脱落，仅剩木质部。茎部皮层较薄的苗木，发病后，病部皮层坏死不皱缩，坏死皮层紧贴于木质部，皮层组织不呈海绵状，剥开病部皮层，在皮层内表面和木质部表面，也有黑色小菌核产生。苗木茎腐病，在6～8月份气温高，且高温持续时间长的情况下，发病严重。

（2）防治方法

① 增施有机肥料，提高土壤肥力，促进苗木生长，增强抗病力。搭荫棚，7～8月高温季节，在苗床上搭荫棚遮阴，降低苗床温度，减轻苗木灼伤危害程度，起到防病效果。夏季在苗木行间盖草、浇水，雨后及时松土也可降低土温，并有利于苗木生长，减少发病。

② 药剂防治。发病初期，可用塞姆利800～1000倍液或65%甲霜灵400倍液，或腐菌灵800倍液灌根，如病害发生蔓延时，间隔7天重复1次。

17. 园林苗木青枯病的症状识别和防治方法

（1）症状　青枯病是一种系统性维管束病害，寄生范围十分广泛。主要危害幼苗和1～2年生幼树。幼苗发病初期一般发生萎蔫，随后出现叶枯，病株根部出现坏死，呈水渍状有臭味，横切后出现乳黄色的溢脓，皮层和木质部均出现上述症状。幼树发病时，急性症状为：病株叶片萎蔫、失绿、不脱落，茎、枝、干表面出现褐色或黑褐色条斑，木质部渐变黑褐色，根部腐烂，皮层脱落，木质部坏死，表面有乳黄色或浅白色的菌溢脓产生，一般只需7～20天全株死亡。慢性病症为：一般为植株发育不良，较矮小，下部叶片变紫红色，且渐向上发展，导致叶片全部脱落，部分枝条出现不规则变褐或坏死，部分根系出现细菌性溢脓，一般3～6个月导致全株死亡。青枯病的发病时间为4～11月，高温多雨的7～8月为高峰期。

（2）防治方法

① 保持适当的种植密度，注意通风透光。增施磷、钾肥，少施氮肥，增强树势，提高植株抗病能力。及时清除并烧毁病株，防止病害在苗圃地蔓延，并对土壤进行消毒，在病害发生地和周围用生石灰消毒。

② 药剂防治。发病初期可喷施甲基硫菌灵1000倍液，或淇林柯骏800～1000倍液进行防治，均有一定效果。

四、落叶园林植物叶、花、果病害

1. 银杏叶枯病的症状识别和防治方法

（1）发病规律　银杏叶枯病的发生与多种因素有关，如树龄、立地条件、栽培管理措施等。在苗木上，病害多半于6月下旬开始出现，而在幼树和大树上，通常发生较迟。病害的盛发期为8～9月，10月逐渐停止。在土层浅薄、下土板结、低洼易积水的地段上栽植；或在基肥不足、地下害虫危害猖狂的圃地上育苗；起苗伤根、定植窝根等情况下，叶枯病发生较严重。这类植株在春季展叶1个月后，就会表现为早期黄化。不久，黄化株大多首先感病。而叶色正常、长势好的植株，一般较迟感病，并且受害程度亦相对轻微。在大树上，一般雌株较雄株感病重，雌株结果大年比小年时感病要重。另外，在野外调查中还发现，凡与感染赤枯病的水杉林或行道树相邻近的银杏，常常较远离水杉的银杏植株感病重。其原因可能是两种病菌在不同寄主上能够相互感染，以至加重了对各自的危害。经室内显微观察和接种试验，银杏叶枯病菌链格孢和水杉赤枯病菌链格孢形态基本一致，应属于同一个种。它们对水衫、银杏两种寄主都有明显的致病性。

（2）症状　银杏树叶枯病属真菌性病害，发病初期叶片先端变黄，之后黄色部位逐渐变褐坏死，并扩展到整个叶缘，其后病斑向叶片基部蔓延，直至整张叶片变褐并枯焦脱落。银杏苗木一般在6月中旬表现出叶枯病症状，8～9月是危害高峰期，到10月逐渐停止（彩图65）。

（3）防治方法

① 冬春清园，清除病害侵染源。冬、春季节必须及时清除果园内的枯枝落叶、杂草，并运到园外烧毁。清园后，用石硫合剂或80%多菌灵全面喷施树体及地表一次。合理修剪，改善通风透光条件。每年12月至翌年2月，银杏落叶休眠后，进行精细修剪，剪除病虫枝、枯枝、重叠枝和交叉枝，以利于银杏萌芽长叶。

② 药剂防治。淇林淇护+柯骏400～500倍液均匀喷雾效果最佳，也可用50%多菌灵500倍液或70%代森锌600倍液，在发病较严重或发病高峰期，间隔1周重喷1次连续2～3次。

2. 合欢枯斑病的症状识别和防治方法

（1）症状　病菌多从叶尖、叶缘侵入，初为淡褐色小斑点，以后逐渐扩大为圆形或不规则的大型病斑，严重时几个病斑相互连接形成大枯斑，使全叶干枯达1/3～1/2。病斑灰褐色至红褐色，边缘为鲜明的红褐色，有时卷曲脆裂。后期病部产生许多黑色小点粒，即病原菌的分生孢子器。

（2）防治方法

① 选择抗病性强的品种以减少侵染来源。选择适宜生长的栽植地。发现病

叶及时摘掉，及时收集落叶销毁。

② 药剂防治。用淇林淇护400～500倍液，或仕勋300～500倍液均匀喷雾，在发病较严重或发病高峰期，间隔1周重喷1次连续2～3次。

3. 杨树褐斑病的症状识别和防治方法

（1）症状　杨树褐斑病是一种常见的叶部病害，主要危害毛白杨、小叶杨、馒头柳等。发病初期在表面出现黄褐色小点，逐渐扩大，边缘颜色较浅而整齐，到后期病斑中心变为褐色，上面生有黑点。黑点破裂后，放出分生孢子，经风吹到其他叶片上进行再侵染，以7、8月发病危害最严重，病斑多数相连成片，9月常造成树叶焦枯而脱落。在种植过密，温、湿度都较高时，发病更严重（彩图66）。

（2）防治方法

① 于夏秋季扫集落叶，高温堆肥或烧毁，消灭病原菌。不要种植过密，注意修剪，使树林通风透光，减少发病条件。

② 药剂防治。淇林淇护400～500倍液或40%多菌灵800倍液均匀喷雾，在发病较严重或发病高峰期，间隔1周重喷1次连续2～3次。

4. 桃树细菌性穿孔病的症状识别和防治方法

（1）发病规律　此病由一种黄色短杆状的细菌侵染造成，病菌在枝条的腐烂部位越冬，翌年春天病部组织内细菌开始活动。桃树开花前后，病菌从病部组织中溢出，借风雨或昆虫传播，经叶片的气孔、枝条的芽痕和果实的皮孔侵入。一般年份春雨期间发生，夏季干旱月份发展较慢，到雨季又开始后期侵染。病菌的潜伏期因气温高低和树势强弱而异。气温30℃时潜伏期为8天，25～26℃时为4～5天，20℃时为9天，16℃时为16天；树势强时潜伏期可长达40天；幼果感病的潜伏期为14～21天。

（2）症状　桃树细菌性穿孔病主要为害叶片，多发生在靠近叶脉处，初生水渍状小斑点，逐渐扩大为圆形或不规则形，直径2mm，褐色、红褐色的病斑，周围有黄绿色晕环，以后病斑干枯、脱落形成穿孔，严重时导致早期落叶。果实受害，从幼果期即可表现症状，随着果实的生长，果面上出现1mm大小的褐色斑点，后期斑点变成黑褐色。病斑多时连成一片，果面龟裂（彩图67）。

（3）防治方法

① 发病期，及时清除病株残体、病果、病叶、病枝等。合理施肥，不偏施氮肥，增施磷、钾肥，培育壮苗，以提高植株自身的抗病力。适量灌水，阴雨天或下午不宜浇水，预防冻害。

② 药剂防治。淇林柯骏800～1000倍液或2%农用链霉素可湿性粉剂3000倍液均匀喷雾，在发病较严重或发病高峰期，间隔1周重喷1次连续2～3次。

5. 碧桃缩叶病的症状识别和防治方法

（1）发病规律　病原菌在树皮、芽鳞上以芽孢子越冬或越夏，翌年的春季萌发产生芽管，穿透叶表皮或经气孔侵入嫩叶进行侵染。孢子借风力传播。侵入叶片的病原菌菌丝体在寄主表皮下，或在栅栏组织的细胞间隙中蔓延，刺激寄主组织细胞加速分裂。胞壁加厚，使病叶呈现皱缩卷曲症状。早春温暖干旱病害则发生轻。

（2）症状　碧桃缩叶病主要危害桃树叶片，发病严重时，嫩梢、花及果也可受侵害。感病叶片初期呈波纹状皱缩并卷曲，颜色变为黄色至红色。发病后期，叶片加厚、质地变脆、颜色变为红褐色。发病严重的年份，感病植株全株多数叶片变形、枝梢枯死。感病嫩梢节间变短，有些肿胀，颜色变为灰绿色或黄色，病枝上的叶片多呈丛生状、卷曲，严重时病枝梢枯萎死亡（彩图 68）。

（3）防治方法

① 发病初期，及时摘除病叶，剪除被害枝条，并集中销毁，以减少侵染来源。

② 药剂防治。用药要掌握在碧桃花瓣未展开时，可喷施淇林柯骏 800～1000 倍液，或 40% 淇护可湿性粉剂 400～500 倍液进行防治，间隔 7～10 天，连续喷2～3 次即可得到控制。

6. 梨树黑星病的症状识别和防治方法

（1）发病规律　病菌主要在腋芽的鳞片、枝梢病部或落叶上越冬。第二年春季新梢基部最先发病，病梢上的分生孢子，通过风雨传播到附近的叶、果上，当环境适宜时对叶、果进行侵染和再侵染。浙江省一般在 4 月中下旬开始发病，梅雨季节为盛发期。地势低洼、树冠茂密、通气不良、湿度较大的梨园，以及树势衰弱的梨树，易发生黑星病。

（2）症状　梨黑星病主要为害幼叶、嫩梢、幼果等幼嫩组织。叶片受害，先在叶背产生圆形、椭圆形或不规则病斑，不久就变成辐射状黑霉斑。严重时，病斑相连，叶背长满黑色霉层，引起早期落叶。受害叶中脉上有长条状的黑色霉斑。受害新梢长出黑霉层，甚至枯死。果实在幼果期和成长期均会发病。幼果受害出现黄色小斑点至圆斑，长出黑霉层，然后病斑变硬、龟裂，造成果实畸形和落果（彩图 69）。

（3）防治方法

① 铲除菌源。因病菌在病叶、病芽中越冬，关键是冬前认真清理园中落叶、落果、杂草，结合冬剪，剪除病梢，集中烧毁。加强肥水管理。夏剪注意使内膛枝通风透光，降低湿度，控制发病，生长期及时摘除病叶病果。

② 药剂防治。选用淇林仕勋稀释 600～800 倍液、40% 淇护可湿性粉剂 400～500 倍液，或代森锌 600 倍液均匀喷雾，在发病较严重或发病高峰期，间隔 1 周重

喷 1 次连续 2～3 次。

7. 梨树锈病的症状识别和防治方法

（1）症状　梨树锈病主要危害梨树叶片及新梢。叶片受害，叶正面形成橙黄色圆形病斑，并密生橙黄色针头大的小点，潮湿时，溢出淡黄色黏液，后期小粒点变为黑色。病斑对应的叶背面组织增厚，并长出一丛灰黄色毛状物，破裂后散出黄褐色粉末。新梢、叶柄、果实及果梗受害，初期病斑与叶片上的相似，后期在同一病斑的表面产生毛状物。梨锈病病菌有转主寄生的特性，必须在转主寄主上越冬，才能完成其生活史。2～3 月份气温的高低以及 3 月份下旬至 4 月份下旬雨水的多少，是影响当年梨锈病发生轻重的重要因素（彩图 70）。

（2）防治方法

① 清除转主寄主，砍除桧柏、龙柏、刺柏等树木是防治梨锈病最彻底有效的措施。

② 药剂防治。在梨树上喷药，应掌握在梨树萌芽期至展叶后 25 天内，即担孢子传播侵染的盛期进行。一般梨树展叶后，如有降雨，并发现桧柏树上产生冬孢子角时，喷施 1 次 400g/L 淇林田钧 800～1000 倍液或 20%粉锈宁乳油 1500～2000 倍液，间隔 10～15 天再喷 1 次，可基本控制锈病的发生。若防治不及时，可在发病后叶片正面出现病斑时，喷施 400g/L 淇林田钧 600～800 倍液，可控制危害，起到很好的治疗效果。

8. 樱花褐斑穿孔病的症状识别和防治方法

（1）症状　樱花褐斑穿孔病有由真菌和细菌引起的穿孔之分。真菌引起的穿孔如樱花褐斑穿孔病主要为害叶片，也侵染新梢，多从树冠下部开始，渐向上扩展。发病初期叶正面散生针尖状的紫褐色小斑点，后扩展为圆形或近圆形、直径 3～5mm的病斑，褐斑边缘紫褐色，后期病斑上出现灰褐色霉点。斑缘产生分离层，病斑干枯脱落，形成穿孔。而细菌引起的穿孔病则病斑开始呈水渍状圆形病斑，周围有淡黄色晕圈，病部无霉点，而潮湿时病斑上溢出污黄分泌物，干燥时病斑脱落形成穿孔（彩图 71）。

（2）防治方法

① 加强栽培管理，促进通风透光，多施磷、钾肥，增强抗病力。秋季清除病落叶，结合修剪剪除病枝，减少来年侵染源。

② 药剂防治。选用塞姆利 800～1000 倍或淇林柯骏 1000 倍液，或 65%代森锌 600 倍液或 50%多菌灵 1000 倍液，在发病较严重或发病高峰期，间隔 1 周重喷 1 次连续 2～3 次。

9. 红枫叶枯病的症状识别和防治方法

（1）症状　初发病时，叶尖及叶片上部的叶缘产生水渍褪绿小斑点，此后随着病情发展，病部出现枯焦状，并逐渐向叶片下部和内部扩展。叶片上半部枯死。病部与健部交界处呈赤褐色，中为深赤色，最后整个叶片的3/4枯死，仅叶片基部呈绿色。枯死的部分、叶尖卷曲，呈灰白色，全株叶片似火烧。由于叶片失去了叶绿素，严重影响光合作用，使植株生长衰弱，失去观赏价值（彩图72）。

（2）防治方法

① 加强栽培管理。在施肥上，忌偏施氮肥，适量增施磷、钾肥，促使植株生长健壮，增强抗病能力；平时浇水不宜过量。

② 药剂防治。50%多菌灵500倍液或淇林柯骏稀释1000～1500倍液喷雾防治或45%代森锌800倍液均匀喷雾；在发病较严重或发病高峰期，间隔1周重喷1次连续2～3次。

10. 红叶李褐斑穿孔病症状识别和防治方法

（1）症状　红叶李褐斑穿孔病是危害红叶李的主要病害之一，在全国各地均有发生。该病主要为害成长的叶片和嫩枝，导致叶片上出现密集的孔洞，引起病叶大量脱落，严重影响红叶李的正常生长。病叶初期出现针头大小的紫褐色小点，扩大后成圆形斑，边缘呈紫色至红紫色，中间褐色并略带轮纹，且病斑上长有绒状小点。后期病斑脱落，成穿孔斑。

（2）防治方法

① 秋、冬季节应及早清除落叶，并集中烧毁。经常修剪，去除病虫枝、瘦弱枝、枯死枝，以确保树冠通风良好。

② 药剂防治。发病初期，选用塞姆利800～1000倍或淇林柯骏1000倍液，也可用50%多菌灵可湿性粉剂500倍液，或70%的甲基硫菌灵可湿性粉剂1000倍液均匀喷洒植株，间隔7～10天1次，连续3～4次，具有较好的防治效果。

11. 榆树黑斑病的症状识别和防治方法

（1）症状　黑斑病发生早且严重时，则引起榆树过早落叶，甚至导致小枝枯死，影响树木正常生长。病害发生在叶上，从早春新叶开放起，直到晚秋都有发生。该病最初在叶片表面形成近圆形至不规则形的褪色或黄色小斑。病斑逐渐扩大，边缘不整齐，并在斑内产生略呈轮状排列的黑色小突起。10～11月份间，病斑上出现圆形黑色小粒点，病斑呈疮痂状。每一病叶上的病斑数，由几个到十几个不等，有时几个病斑联合在一起呈不规则形的大斑。该病一般发生于春末夏初，通常平均气温在20℃以上、降雨量多、湿度大的条件有利于病害的发生。

（2）防治方法

① 晚秋或初冬时，及时剪除发病较重的枝叶，以减少病菌的再次侵染。收集并烧毁落地病叶，消灭越冬病原。

② 药剂防治。多雨的春季，即榆树落叶后、子囊孢子飞散前，可用65%代森锌可湿性粉剂500倍液，或淇林仕勋600～800倍液均匀喷雾防治，间隔7～10天1次，连续喷2～3次。

12. 鸢尾细菌性软腐病的症状识别和防治方法

（1）发病规律　病菌在土壤和残茬上越冬，在土壤中可存活几个月，在土壤中的病株残体内可长年存活。病菌经伤口侵入。尤其是鸢尾钻心虫的幼虫在幼叶上造成的伤口，或分根移栽造成的伤口，都有利于细菌的侵入。病害借雨水、灌溉水和昆虫传播。6～9月为病害发生期。在高温、高湿的环境下发病严重，尤其是土壤潮湿时发病多；种植过密、绿荫覆盖度大的地方球茎易发病；连作地发病严重。德国鸢尾、奥地利鸢尾发病普遍。

（2）症状　鸢尾新叶先端发黄，不久外面的叶片也发黄，全株立枯。病株根颈部位发生水渍状软腐病，地上部易拔起，球根糊状腐败，发生恶臭。叶开始为水渍状软腐，污白色到暗绿色立枯。种植前球根发病时，有似冻伤状水渍斑点，下部变茶褐色，恶臭，具污白色黏渍。轻病球根种后叶先端产生水渍状褐色病斑，展叶停止，不久全叶变黄、枯死，整个球根腐烂（彩图73）。

（3）防治方法

① 减少侵染来源。摘除病叶，拔除病株，清除病株残体并烧毁。有病土壤不能连续使用。移栽时细心操作、及时防治地下害虫，以减少伤口；增施磷、钾肥，加强通风透光，浇水以滴灌为佳，忌使块茎顶端沾水。

② 药剂防治。淇林柯骏或者塞姆利800～1000倍液，或0.0001%的链霉素100～150倍液或链霉素加土霉素(10∶1)的混合液均匀喷雾；病害严重的土壤可用0.5%～1%福尔马林或菌医600～800倍液灌根进行消毒，在发病较严重或发病高峰期，间隔1周重喷1次连续2～3次。

13. 鸢尾褐斑病的症状识别和防治方法

（1）症状　鸢尾叶片受害后，表面会出现褐色圆形病斑，后逐渐沿叶脉扩展呈不规则形病斑，中央呈灰白色，暗褐色边缘，带有水渍状环纹，病斑生有黑点霉状物，严重时病斑融合，致部分叶组织或全叶干枯。有时茎部也可感病（彩图74）。

（2）防治方法

① 加强管理。秋冬及时清除病残体，以减少下年菌源。

② 药剂防治。6%甲基硫菌灵悬浮剂600倍液、淇林仕勋稀释600～800倍液，或40%淇护可湿性粉剂400～800倍液均匀喷雾，在发病较严重或发病高峰期间隔1周重喷1次连续2～3次。

14. 月季灰斑病的症状识别和防治方法

（1）症状　月季灰斑病在苗圃或盆栽月季上均有发生。病菌侵害叶片后，形成圆形、近圆形或不规则形的病斑，直径 2～6mm，初为黄绿色，后中央变为灰褐色至灰白色，边缘褐至红褐色，湿度较高时，在叶面生淡黑色的霉状物（彩图 75）。

（2）防治方法

① 做好发病前的防病工作，在冬季对病株进行重修，清除病茎、枝上的病源，同时在月季栽植区进行病落叶及土面处理。改善环境条件，控制病害的发生。灌水最好采用滴灌、沟灌或沿盆边浇水，切忌喷灌，灌水时间最好是晴天的上午，以便使叶片保持干燥。

② 药剂防治。选用淇林淇护 400～500 倍液，或 75% 百菌清 600～800 倍液，或 25% 多菌灵 500 倍液均匀喷雾，在发病较严重或发病高峰期，间隔 1 周重喷 1 次连续 2～3 次。

15. 月季黑斑病的症状识别和防治方法

（1）症状　月季黑斑病是世界性病害，在我国南方和北方等地均发病较重。该病主要危害叶片，发病初期，叶面出现褐色小斑点，逐渐扩大为圆形或不规则状紫黑色病斑，边缘红褐色或紫褐色，呈放射状。后期病斑连在一起，形成大斑，周围叶肉大面积变黄，病叶易于脱落，严重时整个植株下部叶片全部脱落，变为光杆状，使月季、玫瑰秋季开花遭到毁灭性打击，并严重削弱树势。高温潮湿或雨日多、降雨量大易发生此病，北方 7～9 月份为发病盛期，南方 3～6 月份及 9～11 月份为发病盛期（彩图 76）。

（2）防治方法

① 随时清扫落叶、摘除病叶，以减少侵染来源。冬季对重病株进行重度修剪，清除病茎上的越冬病原。加强栽培管理，合理施肥，增强树势，提高树体抗病能力。

② 药剂防治。夏季新叶刚刚展开时，即应开始喷药。病害发生初期，可喷施 40% 淇护可湿性粉剂 400～600 倍液，或淇林仕勋 600～800 倍液进行防治，发病严重时，间隔 7～10 天 1 次，连续喷 2～3 次。

16. 月季霜霉病的症状识别和防治方法

（1）症状　月季霜霉病属真菌侵染性病害，发病速度快，危害十分严重，是一种毁灭性的病害。该病主要危害月季的嫩枝、嫩叶，以嫩叶为重。初期叶上出现不规则褪绿病斑，后扩大呈黄褐色和暗紫色，渐次扩大蔓延至健康的组织。在潮湿天气下，病叶背面可见到稀疏的灰白色霜霉层。病斑呈多角形，逐渐变成灼烧状，叶片开始脱落，枝条由下而上落叶，最终形成光杆；花蕾较大的枝条，则由中部嫩叶向上脱落。新梢和花感染时，病斑与病叶上的相似，但梢上病斑略显凹陷，严重时叶萎缩脱落，新梢腐败枯死。霜霉病在 5～11 月份均有发生，高湿、低温条件下最易发生（彩图 77）。

(2) 防治方法

① 合理施肥，平衡营养，多施有机肥，增强植株的抗性。发现病叶及时摘除，并随时清扫落叶，集中销毁。保持良好通风环境，可减少病源扩大传播。

② 药剂防治。发病初期可喷施淇护可湿性粉剂 400～600 倍液，或 25% 甲霜灵可湿性粉剂 1200～1500 倍液，间隔 7～10 天 1 次，连续喷 2～3 次。

17. 紫薇煤污病的症状识别和防治方法

紫薇煤污病侵害紫薇主要是在其遭受紫薇绒蚧和紫薇长斑蚜危害以后，以它们排泄出的黏液为营养，诱发煤污病菌的大量繁殖。

(1) 症状　发病后病株叶面布满黑色霉层，不仅影响紫薇的观赏价值，而且会影响叶片的光合作用，导致植株生长衰弱、提早落叶(彩图 78)。

(2) 防治方法

① 加强栽培管理，合理安排种植密度。及时修剪病枝和多余枝条，以利于通风、透光，从而增强树势，减少发病。

② 药剂防治。先喷施如淇林广正等杀虫剂防治紫薇绒蚧和紫薇长斑蚜，然后喷洒淇林柯骏 800～1500 倍液或 70% 甲基硫菌灵 500 倍液，在发病较严重或发病高峰期，间隔 1 周重喷 1 次连续 2～3 次。

18. 杜鹃黄化病的症状识别和防治方法

(1) 症状　黄化病多发生嫩梢新叶上。初期叶脉间叶肉褪绿、失去光泽，后逐渐变成黄白色，但叶脉仍保持绿色，使病叶呈网纹状。随着黄化程度逐渐加重，除主脉外，全叶变成黄色或黄白色。严重时，沿叶尖、叶缘向内焦枯，顶梢干枯甚至死亡。黄化病主要是由于土壤缺铁或铁素不能被吸收利用，因而影响叶绿素形成，使叶片变黄、变白(彩图 79)。

(2) 防治方法

① 避免在碱性和含钙质较多的土壤中种植；庭园露地栽植，不要靠近水泥、砖墙或用过石灰的地方。可施用堆肥、绿肥或其他有机肥料。也可将硫酸亚铁混入肥料中施用。

② 药剂防治。可用植大壮和岁达混合淋溶或直接施到土壤中，叶片上用岁达、植大壮或岁达进行叶面喷雾。在发病较严重或发病高峰期，间隔 1 周重喷 1 次连续 2～3 次。

19. 杜鹃白绢病的症状识别和防治方法

(1) 症状　杜鹃白绢病又叫白霉病。主要危害茎、叶柄基部及块茎。叶柄基部及球茎染病后，初呈暗褐色不规则的小型斑，后软化，使叶柄湿腐、植株倒伏、叶片由绿变黄。高温、高湿时病部长出一层白色绢丝状霉，并可蔓延到周围土面形成一层白色绢丝状的网膜。后期生圆形菌核，茶褐色，似油菜籽。病菌可通过叶柄基部向下蔓延，直接危害地下块茎，引起腐烂。白绢病有时和软腐病同时发生，病部表面产生白色菌丝及褐色菌核，内部组织软腐、多为糊状、有恶臭。

（2）防治方法

① 加强管理。在苗木生长期要及时施肥、浇水、排水、中耕除草，促进苗木旺盛生长，提高苗木抗病能力。

② 药剂防治。50%代森铵800～1000倍液，或仕勋600～800倍液或者凯润1500～2000倍液，在发病较严重或发病高峰期，间隔1周重喷1次连续2～3次。

20. 紫荆角斑病的症状识别和防治方法

（1）症状 紫荆角斑病主要发生在叶片上，多从下部叶片先感病，逐渐向上蔓延扩展，病斑呈多角形，黄褐色至深红褐色，后期着生黑褐色小霉点。严重时叶片上布满病斑，常连接成片，导致叶片枯死脱落。一般在每年7～9月份发生此病，植株生长不良，多雨季节发病重（彩图80）。

（2）防治方法

① 秋季清除病落叶，集中烧毁，减少侵染源。

② 药剂防治。病害发生初期，可喷施50%多菌灵可湿性粉剂700～1000倍液，或40%淇护可湿性粉剂600～800倍液，间隔10天1次，连喷3～4次有较好的防治效果。

五、常绿园林植物叶、花、果病害

1. 山茶花炭疽病的症状识别和防治方法

（1）症状 该病发生于山茶的叶部，主要发生在成叶或老叶。病斑近圆形或不规则形，呈水渍状暗绿色，最后变黄褐色或红褐色。病斑上生有细小的黑色粒点。病斑大小不一，有的可扩大到叶片的1/2以上，边缘有黄褐色隆起线，与健全部分界限明显。发病后叶部出现病斑，影响光合作用，造成早期落叶，使植株生长势衰弱，且有碍观赏（彩图81）。

（2）防治方法

① 清除枯枝落叶，消灭侵染源。加强栽培管理，增施有机肥料。勤除杂草，合理灌溉，以增强植株的抗病力。

② 药剂防治。40%淇护400～600倍液或70%甲基硫菌灵1000倍液，或仕勋600～800倍液均匀喷雾，在发病较严重或发病高峰期，间隔1周重喷1次连续2～3次。

2. 竹黑痣病的症状识别和防治方法

（1）症状 发病初期，感病叶面产生苍白色小斑点，以后扩大为圆形、椭圆形或纺锤形病斑，病斑渐变为橙黄至赤色。发病后期，病斑上产生疹状隆起、有光泽的小黑点，外围有明显的橙黄色的变色圈。病斑可互相联合成不规则形，最后病叶局部或全部变褐枯死（彩图82）。

（2）防治方法

① 加强抚育管理，及时松土、施肥，以促进竹子生长，增强抗病力。

② 药剂防治。病害发生初期，可喷施 75% 百菌清 600～800 倍液，或 50% 甲基硫菌灵 500～800 倍液，发病严重时，间隔 10～15 天 1 次，连续喷 2～3 次。

3. 桂花炭疽病的症状识别和防治方法

（1）发病规律　病菌以菌丝和分生孢子盘在病叶和残体上越冬，分生孢子借风雨传播，从伤口侵入。苗木和幼树发病比大树重。病菌在病叶和病落叶中越冬，翌年 6～7 月，借风雨传播。温室和露地栽植都发病，盆栽浇水过多、湿度过大时容易发病；7～9 月为发病盛期。温室内放置过密、通风不良病重。

（2）症状　桂花炭疽病是桂花的重要病害，发生普遍，造成桂花大量落叶，严重影响观赏性。该病主要危害叶片，发病初期，病斑为褪绿小点，扩大后呈圆形、椭圆形、半圆形或不规则形，中央灰褐色至灰白色，边缘褐色至红褐色。后期病斑上散生小黑点，也有排列成轮纹状。潮湿时小黑点上分泌出粉红色黏液，是病菌分生孢子与黏液混合物。该病一般在春季开始发生，梅雨季节是病害高发期，7～9 月份为发病盛期（彩图 83）。

（3）防治方法

① 合理修剪，调整枝叶疏密度，降低环境湿度。如发现病叶及时摘除，并随时清扫落叶，集中销毁。

② 药剂防治。病害发生初期，喷施淇林仕勋 600～800 倍液，或 70% 代森锰锌 600 倍液，或淇林淇护 400～600 倍液，发病严重时，间隔 10～15 天 1 次，连续喷 3～4 次。

4. 桂花褐斑病的症状识别和防治方法

（1）症状　多发于叶片，大多从叶尖和叶缘向整个叶片发展。发生初期在桂花树叶上出现一些小黄斑，散生，逐渐变为黄褐色至灰褐色的近圆形斑，或受叶脉限制而呈不规则形斑，直径 2～3mm，没有明显边缘，外缘有一黄色晕圈。在叶片正面产生大量细小的灰黑色霉点。病斑可相互汇合成大斑，导致叶片枯死（彩图 84）。

（2）防治方法

① 选择无病株作繁殖母株。加强栽培管理，结合树冠整形，剪除弱病枝，调整枝叶疏密度，增强树势。

② 药剂防治。仕勋 600～800 倍，或淇林淇护 400～600 倍液均匀喷雾，在发病较严重或发病高峰期，间隔 1 周重喷 1 次连续 2～3 次。

5. 加拿利海枣黑点病的症状识别和防治方法

（1）发病规律　病菌在病残组织越冬，全年均可发病。在温暖多雨季节的天气，或栽植过密、通风不良、湿度大的环境条件下，病害发生较重。

（2）症状　黑点病主要危害加拿利海枣、中国蒲葵，引起黄化干枯。该病危害叶片，初期病叶出现小黄斑，扩大后圆形或长椭圆形，呈黑褐色，边缘明显，外围有一较宽的黄圈。病斑两面散生或群生近圆形黑色粒点，大多数中部开裂，有时在其上产生一些黄白色粒状物，严重时叶片病斑累累、变黄干枯。在温暖多雨季节的天气，或栽植过密、通风不良、湿度大的环境条件下，病害发生较重（彩图85）。

（3）防治方法　在春季开始发病时可用50%多菌灵可湿性粉剂600～800倍液均匀喷雾进行药剂防治。

6. 香樟黄化病的症状识别和防治方法

（1）症状　香樟黄化病又称缺绿病，多为生理性病害，在香樟种植地发生普遍，影响观赏性。发病初期，枝梢新叶脉间失绿黄化，但叶脉尤其主脉仍保持绿化，黄绿相间现象十分明显。随着黄化程度的加重，叶片由绿变黄、变薄，叶面有乳白色斑点，叶脉也失去绿意，呈极淡的绿色。随后全叶发白，叶片局部坏死，叶缘焦枯，叶片凋落。发病严重时，则枝梢枯顶，以至整株死亡。黄化病开始多发生在香樟树顶端，新叶比老叶严重，冬、春季比夏季严重（彩图86）。

（2）防治方法

① 发生此病时，可因地制宜施用酸性化肥或有机肥等调节樟树周围土壤的酸碱度，改善土质。

② 药剂防治。病害发生初期，采取叶面喷施0.1%～0.2%硫酸亚铁溶液，或岁达2000～3000倍液，均有良好的复绿效果。当症状严重时，可间隔15天1次，连续喷2～3次。

7. 香樟赤枯病的症状识别和防治方法

香樟赤枯病，又称香樟赤斑病，是香樟叶部的主要病害之一。

（1）症状　发病初期，在叶缘、叶脉处形成近圆形或不规则的橘红色病斑，边缘褐色，中央散生黑色小粒。随着病斑的扩大，叶面病斑连在一起，看上去像“半叶枯”，引起叶片提前大量脱落（彩图87）。

（2）防治方法

① 在冬季一定要将落叶、修剪的病枝枯叶集中烧毁，消灭病害越冬病原。合理修剪，加强肥水管理，提高树木抗病能力。

② 药剂防治。淇林仕勋600～800倍或淇护400～600倍液均匀喷雾，在发病较严重或发病高峰期，间隔1周重喷1次连续2～3次。

8. 广玉兰叶斑病的症状识别和防治方法

（1）症状　广玉兰叶斑病发生在广玉兰叶片上，初期病斑为褐色圆斑，扩展后圆形，内灰白色，外缘红褐色，斑块周边褪绿；后期病斑干枯，呈黑色颗粒状

（彩图 88）。

（2）防治方法

① 及时清除病残体，加强肥水管理。

② 药剂防治。淇林仕勋 600～800 倍液，或 50% 多菌灵可湿性粉剂 500 倍液，或 70% 甲基硫菌灵可湿性粉剂 1000 倍液，或淇护 400～600 倍液均匀喷雾，在发病较严重或发病高峰期，间隔 1 周重喷 1 次连续 2～3 次。

9. 广玉兰褐斑病的症状识别和防治方法

（1）症状　广玉兰褐斑病又名斑点病，为广玉兰常见病害，在我国栽培广玉兰的地区均有发生。该病主要危害叶片，病叶表面最初出现淡褐色或黄色小点，逐渐扩大为圆形或不规则形病斑，边缘深褐色，中央为灰白色，上面着生许多黑色小点。病斑间可相互融合成不定形大型坏死斑，严重时引起大量落叶，甚至全株枯死（彩图 89）。

（2）防治方法

① 平衡施肥，增强树势，提高植株抗病力。及时清除病叶，集中销毁。苗圃地更应注意卫生管理，尽早摘除病叶，减少侵染源。

② 药剂防治。发病初期可喷施 50% 甲基硫菌灵可湿性粉剂 800 倍液，或淇林仕勋 600～800 倍液进行防治，发病严重时，间隔 7～10 天 1 次，连续喷 2～3 次。

10. 椰子芽腐病的症状识别和防治方法

（1）症状　椰子芽腐病是椰子树常见病害，主要危害椰子树冠中央幼嫩叶片和芽。发病初期，树冠中央未展开的嫩叶先行枯萎，呈淡灰褐色，基部组织呈糊状腐烂，并发出臭味，随后下垂，最后从基部倾折。已展开的嫩叶基部常见有水渍状斑痕，在潮湿条件下，病组织长出白色霉状物。病害从中间嫩叶的基部向里扩展到芽的细嫩组织，致使嫩芽枯死腐烂，此时植株不再长高，周围未被侵染的叶子仍保持绿色达数月之久。随后较老的叶片按叶龄凋萎并倾折，最后剩下一根无叶的光杆树。该病在高湿多雨季节发病最重，尤其在寒冷和小雨天气植株死亡率极高。

（2）防治方法　病害发生初期，可喷施 72% 双脲锰锌可湿性粉剂 600 倍液，或 65% 甲霜灵 600～800 倍液进行防治，发病严重时，间隔 15 天 1 次，连续喷 3～4 次。

11. 大叶黄杨白粉病的症状识别和防治方法

（1）症状　白粉病主要危害大叶黄杨的叶片，病斑多分布于叶面，产生白粉霉斑；病害严重时，叶背和新梢也可发生，导致叶片皱缩畸形，新梢扭曲、萎缩停长，并引起落叶枯梢。发病初期，在叶片上散生许多白色圆形小斑，随着病斑逐渐扩大，相互愈合，成为不规则的大斑，甚至占据全部叶面。如将病斑表面白色粉层抹去时，在发病部位呈现黄色圆斑。病菌以菌丝体（即灰色膜状菌层）在大叶黄杨的被害组织内或芽鳞间越冬。翌春在大叶黄杨展叶和生长期产生大量的分生孢子通过气流传播感染，成为病害初次侵染的菌源。病菌在寄主枝叶表面寄生，产生吸器深入表皮细胞内吸收养分，每年春、夏季和秋季产生大量孢子多次侵染叶片和新梢（彩图 90）。

（2）防治方法

① 注重改善大叶黄杨的生长环境，使之通风透光。合理灌溉、施肥，增施磷、钾肥，增强植株长势，提高抗病能力。

② 药剂防治。25%粉锈宁 800～1000 倍液，或 70%甲基硫菌灵 800 倍液或淇林田钧 1000～1500 倍液均匀喷雾，在发病较严重或发病高峰期，可间隔 2～3 周再重喷一次，效果更佳。

12. 大叶黄杨疮痂病的症状识别和防治方法

（1）症状　大叶黄杨疮痂病主要危害枝条、叶片。叶面最初出现圆形或近椭圆形斑点，后期病组织干枯脱落形成穿孔。新梢被侵染时，表面出现深褐色圆形或椭圆形稍隆起的病斑，如疮痂状，中央灰白色。后期在病斑中央产生 1 个至 2 个小黑点，即分生孢子盘。严重时造成叶片脱落，最终导致枝条枯死。温度高、雨水多、湿度大的条件易造成感病加重（彩图 91）。

（2）防治方法

① 加强管理，增强苗木生长势，结合修剪，剪除部分病叶并烧毁，减少发病条件。改善栽植环境，控制植株密度，促进通风透光，特别是扦插苗床。

② 药剂防治。病害发生初期，可喷施 65%代森锌 500～800 倍液，或 50%多菌灵 700～1000 倍液防治，7 天至 10 天喷施 1 次，连续喷施 3～4 次，防效良好。

13. 苏铁叶斑病的症状识别和防治方法

（1）发病规律　苏铁叶斑病是由苏铁白斑病和苏铁叶枯病的病原真菌引起的，栽培土壤瘠薄、栽培环境不通风、透光条件差、土壤黏重、排水不良引起根腐，或因冬季防寒措施不佳发生冻害，都易引发叶斑病。通常在每年的 4～10 月发病，危害严重的时期为 8～9 月。

（2）症状　该病主要危害叶片。病斑多始于叶缘或叶尖，初为黄褐色，后变为枯白色，病健交界处呈紫红色，病斑上着生有黑色小粒点。通常在每年的 4～10 月份发病，危害严重的时期为 8～9 月份（彩图 92）。

（3）防治方法

① 加强栽培管理。冬季要及早采取防寒措施，春季新叶展开后，应及时将植株下部的老叶和病枯叶剪除。

② 药剂防治。发病初期可喷施淇护 400～600 倍液，或 50%多菌灵可湿性粉剂 500 倍液，或 50%甲基硫菌灵可湿性粉剂 800 倍液，喷药次数依发病情况而定，一般每 10 天喷 1 次，连续喷 2～3 次，发病中也可以使用仕勋 600～800 倍液喷雾防治。

14. 苏铁斑点病的症状识别和防治方法

（1）发病规律　此菌主要以分生孢子器或菌丝体在被害叶片上越冬，次年形成分生孢子，借风雨传播蔓延。此病在广州地区自5～11月均有发生，以8～9月发生较重，高温多雨利于病害的发生。苏铁栽植在瘦瘠的黏质土壤中，或将盆栽苏铁放置于辐射热强烈的水泥地上，都会加重病害的发生。

（2）症状　叶片染病多从叶尖中部或基部产生近圆形至不规则形病斑，大小1～5mm，中央暗褐色至灰白色，边缘红褐色，上生黑色小点。病斑融合可致叶片成段干枯或全叶枯死（彩图93）。

（3）防治方法

① 加强栽培管理，种植时宜选择土层深厚，带微酸性沙质壤土，周围环境应通风透光；新叶展开时，适当剪除下部老叶；适当增施有机肥，以增强树势，提高抗病力。

② 药剂防治。淇林仕勋600～800倍液，或50%甲基托布津可湿性粉剂800～1000倍液均匀喷雾，每隔10天左右喷1次。喷药次数视病害发展情况而定。在发病较严重或发病高峰期，间隔1周重喷1次连续2～3次。

15. 苏铁白斑病的症状识别和防治方法

（1）症状　白斑病是危害苏铁的主要病害。该病危害叶片，初期仅在叶片正面可见叶尖中部或基部产生近圆形至不规则形病斑。随着病情发展，病斑逐渐扩大，正、反两面均可看到紫红色或红褐色斑点。后期病斑不规则，边缘呈红褐色或紫红色，病健交界明显。病斑中央呈白色，上生黑色粒状物，病斑融合可致叶片成段干枯或全叶枯死（彩图94）。

（2）防治方法

① 加强栽培管理，增强树势，提高抗病能力。及时剪除病叶，集中烧毁。

② 药剂防治。发病初期可喷施75%百菌清可湿性粉剂600倍液，或50%甲基硫菌灵可湿性粉剂800～1000倍液进行防治，间隔10～15天喷1次，连续喷2～3次。

16. 红叶石楠灰霉病的症状识别和防治方法

（1）症状　红叶石楠灰霉病为害红叶石楠的嫩枝、幼茎、叶片、花和果实。病斑初为水渍状小点，随后扩展成灰色大斑，并具不规则轮状，最后染病部位满布灰色霉层，直至坏死或腐烂（彩图95）。

（2）防治方法

① 平时加强栽培管理，注意排除积水，降低湿度，清除病残体。

② 药剂防治。50%多菌灵300～400倍液，或甲基硫菌灵300～400倍液或柯骏800～1500倍液均匀喷雾，在发病较严重或发病高峰期，间隔1周重喷1次连续2～3次。

17. 红叶石楠赤斑病的症状识别和防治方法

（1）症状　赤斑病主要发生在红叶石楠叶片上，初期病斑褐色，扩展后病斑半圆形或不规则形，灰白色稍显轮纹状。后期病斑干枯，着生黑色颗粒，严重时可引起落叶。病菌一般从伤口及皮孔侵染，病叶可作为病源引起再侵染。该病常年发生，梅雨季节发病较重（彩图 96）。

（2）防治方法

① 合理施肥，平衡营养，及时摘除病叶，增强植株的抗性。

② 药剂防治。病害发生初期，可喷施仕勋 600～800 倍液，或 50% 多菌灵可湿性粉剂 800 倍液进行防治，发病严重时，间隔 7～10 天 1 次，连续喷 2～3 次。

18. 金叶女贞褐斑病的症状识别和防治方法

（1）症状　金叶女贞褐斑病是金叶女贞常见病害，影响植株的正常生长和观赏性。该病危害植物叶片，发病初期叶上出现黄褐色小点，逐渐扩展成圆形或近圆形病斑。病斑为暗褐色或内圈灰白色、外圈暗褐色的轮纹状，病健交界明显。严重发生时，叶片上有多数病斑，造成叶片大量焦枯脱落，或呈扭曲、卷缩状。后期湿度大时，病部散生黑褐色霉层（彩图 97）。

（2）防治方法

① 及时清除病残体，清扫落叶，集中烧毁。合理密植，加强水肥管理，适量增施磷、钾肥。

② 药剂防治。病害发生初期，可喷施 70% 甲基硫菌灵可湿性粉剂 1000 倍液，或仕勋 600～800 倍液进行防治，发病严重时，间隔 7～10 天 1 次，连续喷 2～3次。

六、针叶园林植物叶、花、果病害

1. 油松针锈病的症状识别和防治方法

（1）症状　油松针锈病初产生淡绿色小斑，后产生黄褐色丘状突起，常排成一行，这是病原锈菌的性孢子器。春季在丘疹状的性孢子器的对侧，产生由黄白色变为橘黄色的疱囊，即病原菌的锈孢子囊。囊破后，散出黄色粉状的锈孢子，最终只剩下锈孢子囊的包被，白色膜状。待包被失去后，松针常常枯萎变黄褐色并早落，偶遇春旱时，病情虽然发展缓慢，但病树新梢生长受阻，2～3 年后病株死亡（彩图 98）。

（2）防治方法

① 进行科学的肥水管理，增施磷钾肥，适时的灌溉来提高油松的抗病能力。

② 药剂防治。用田钧稀释 1000～1500 倍液或三唑酮乳油 1500～2000 倍液均匀喷雾，在发病较严重或发病高峰期，间隔 1 周重喷 1 次连续 2～3 次。

2. 松针红斑病的症状识别和防治方法

（1）症状　松针红斑病是一种具有较高传染性的病害，主要危害云杉、樟子松等树种。该病一般多发生于叶的尖端。发病初期，病斑中心渐变成褐色，随着病斑扩大，渐变成红至红褐色，呈短条状。发病重的针叶，病斑布满全叶，致使针叶枯黄，提早落叶。树冠下部枝条上的针叶先发病，逐渐向树冠上方发展。重病树呈火烧状。病树生长衰弱，逐渐枯死（彩图 99）。

（2）防治方法

① 加强检疫。针松红斑病是近年来我国新发现的病害，做好进苗检疫工作是防止该病扩散的主要途径。

② 修剪病针叶，集中深埋或烧毁，减少重要侵染来源。加强栽培管理，及时浇水、增施肥料，提高树木抗病力。

③ 药剂防治。在树木长出新叶后、病菌孢子放散前以及在孢子放散盛期，可喷施 75%百菌清 600～1000 倍液，或仕勋 600～800 倍液进行防治，均有一定的防治效果。

3. 罗汉松叶枯病的症状识别和防治方法

（1）症状　病害早期多在嫩梢部位的叶片上发生。叶片发病又多从叶尖、叶缘开始，向叶基扩展，病斑条形或不规则形，灰褐色至灰白色，边缘淡红褐色，病健交界处明显。病枯斑大多达叶片的 1/2 或 2/3，严重的整个梢头的叶片枯死，形成枝条干枯或大部分叶片死亡。后期病部长出扁平的小黑点，此为病菌的分生孢子盘（彩图 100）。

（2）防治方法

① 清除枯枝落叶，加强养护管理，可增强植株的抗病力。避免风害、冻害、日灼和人为创伤，可减少发病。选用无病健壮的枝条作繁殖材料。

② 药剂防治。柯骏 800～1000 倍液或 75%百菌清 500 倍液均匀喷雾，在发病较严重或发病高峰期，间隔 1 周重喷 1 次连续 2～3 次。

七、根部病害

1. 槐树根腐病的症状识别和防治方法

（1）症状　国槐根腐病主要危害国槐小苗，成株期也能发病。发病初期，仅仅是个别国槐树支根和须根感病，并逐渐向主根扩展。主根感病后，早期植株不表现症状，随着根部腐烂程度的加剧，吸收水分和养分的功能逐渐减弱，地上部分因养分供不应求，新叶首先发黄。在中午前后光照强、蒸发量大时，国槐树上部叶片才出现萎蔫，但夜间又能恢复。病情严重时，萎蔫状况夜间也不能再恢复，整株叶片发黄、枯萎。此时，根皮变褐，并分离，最后全株死亡。该病一般多在 3 月份下旬至 4 月份上旬发病，5 月份进入发病盛期。病害发生与气候条件关系很大，低温高湿和光照不足，是引发此病的主要环境条件。

（2）防治方法

① 加强水肥管理，增强树势，提高植株抗性。

② 药剂防治。发病初期，可用腐菌灵800倍液，或70%五氯酚钠可湿性粉剂250～300倍液进行灌根防治。

2. 樱花根癌病的症状识别和防治方法

（1）症状　根癌病发生于樱花树根颈部位及侧根上。最初病部出现肿大，不久扩展成球形或半球形的瘤状物。幼瘤为乳白色或白色，以后变硬，肿瘤不断增大，褐色或黑褐色，表面粗糙、龟裂。苗木受害后根系发育不良，根的数量减少，植株矮化，地上部生长缓慢，树势衰弱，严重时叶片黄化、早落，甚至全株枯死。肿瘤可增大到2倍或几倍于生长部位的茎和根的粗度，有时可大到拳头状，引起幼苗迅速死亡。樱树的根癌病菌是通过各种伤口侵入植株的，通常土壤潮湿、积水，有机质丰富时发病严重，且碱性土壤有利于病害发生（彩图101）。

（2）防治方法

① 樱苗栽种前最好用柯骏800倍液或1%硫酸铜液浸置5～10分钟，再用水洗净，然后栽植。

② 发现病株集中销毁。发病轻时，可用刀锯切除癌瘤，然后用淇林柯骏800倍液或500～2000mg/L链霉素或500～1000mg/土霉素涂抹伤口，并于根部灌注14%多效灵水剂150倍液进行消毒。

3. 园林植物根结线虫病的症状识别和防治方法

（1）症状　线虫侵入后，细根及粗根各部位产生大小不一的不规则瘤状物，即根结，初为黄白色，外表光滑，后呈褐色并破碎腐烂。线虫寄生后根系功能受到破坏，根部肿大畸形呈鸡爪状，根组织变黑腐烂，也有的根上产生球状根结，植株地上部生长衰弱、变黄，影响生长。线虫为害的根部易产生伤口，诱发根部病原真菌、细菌的复合侵染，加重为害（彩图102）。

（2）防治方法

① 加强检疫，选择无病地建立无病育苗圃，采用无病壮苗进行种植。

② 药剂防治。植株发生病害时，可用净线2000倍液进行灌根，用水量以能渗透至地下15～20cm为宜，或用生物农药2.0%的阿维菌素4000～6000倍液灌根也可。

4. 园林植物幼苗猝倒病的症状识别和防治方法

（1）症状　猝倒病俗称“倒苗”“霉根”“小脚瘟”，严重时可引起成片死苗。猝倒病多发生在早春，常见的症状有烂种、死苗和猝倒。烂种是播种后，在种子尚未萌发或刚发芽时就遭受病菌侵染而死亡。猝倒是幼苗出土后，真叶尚未展开前，遭受病菌侵染，致使幼茎基部发生水渍状暗斑，继而绕茎扩展，逐渐缢缩呈细线状，子叶来不及凋萎幼苗即倒伏地面。湿度大时，在病苗及其附近地面上常密生白色棉絮状菌丝。幼苗大多从茎基部感病，初为水渍状，并很快扩展、溢缩变细如线样，病部不变色或呈黄褐色，病势发展迅速，在子叶仍为绿色、萎蔫前即从茎基部倒伏而贴于床面。出苗前染病，引起子叶、幼根及幼茎变褐腐烂，即为烂种或烂芽。开始往往仅个别幼苗发病，条件适合时以这些病株为中心，迅速向四周扩展蔓延，形成一块一块的病区（彩图 103）。

（2）防治方法

① 土壤消毒，合理施肥，及时排灌，加强苗圃管理。

② 药剂防治。病害发生初期，可喷施仕勋 600 倍液，或 69% 烯酰吗啉·锰锌可湿性粉剂 800 倍液进行防治。

第四节　园林植物害虫无公害防治技术

一、食叶害虫

1. 园林植物食叶害虫的主要类群及特点

园林植物食叶害虫的种类繁多，主要为鳞翅目的蓑蛾、刺蛾、斑蛾、尺蛾、枯叶蛾、舟蛾、灯蛾、夜蛾、毒蛾及蝶类；鞘翅目的叶甲、金龟子；膜翅目的叶蜂；直翅目的蝗虫等。它们的危害特点如下。

① 食叶片，削弱树势。

② 大多裸露生活，虫口密度变动大。

③ 多数种类繁殖能力强、产卵集中，易爆发成灾，并能主动迁移扩散，扩大危害的范围。

④ 食叶害虫的发生多具有阶段性和周期性。

2. 园林植物食叶害虫发生为害的阶段

（1）初始阶段　食料充足、气温温暖干旱，适宜害虫发生，天敌数量较少，此时害虫数量不大，不易发现。

（2）增殖阶段　条件有利，虫口显著增长，林木受害面积扩大，天敌相应增多。

（3）猖獗阶段　虫口爆发成灾，随后食料缺乏，小环境恶化，加之天敌数量增加，抑制作用加强。

（4）衰退阶段　虫口减少，天敌也随之他迁，或因寄主缺乏，种群数量大减，预示一次大发生的结束。

3. 蓑蛾类害虫的无公害防治

（1）概述　蓑蛾类属鳞翅目蓑蛾科。又名袋蛾。雌雄异型。雄蛾有翅，雌蛾无翅。幼虫吐丝缀叶形成护囊，雌虫终生不离幼虫所织的护囊。常见的种类有大袋蛾、小蓑蛾、白囊蓑蛾等。

（2）代表种大蓑蛾的发生特点

① 分布与危害。大蓑蛾又名避债蛾，属鳞翅目蓑蛾科（彩图 104）。分布于华东、中南、西南等地，山东、河南发生严重。该虫食性杂，幼虫取食悬铃木、刺槐、泡桐、榆等多种植物的叶片，易暴发成灾，对城市绿化影响很大。

② 生活习性。北方多数 1 年 1 代。以老熟幼虫在袋囊内越冬。翌年 3 月下旬开始出蛰，4 月下旬开始化蛹，5 月下旬至 6 月份羽化，卵产于护囊蛹壳内，每头雌虫平均产卵 2000 粒。6 月中旬开始孵化，初龄幼虫从护囊内爬出，靠风力吐丝扩散。取食后吐丝并咬啮啐屑、叶片筑成护囊，袋囊随虫龄增长扩大而更换，幼虫取食时负囊而行，仅头胸外露。初龄幼虫剥食叶肉，将叶片吃成孔洞、网状，3 龄以后蚕食叶片。7～9 月份幼虫老熟，多爬至枝梢上吐丝固定虫囊越冬。

（3）蓑蛾类的防治措施

① 冬春人工摘除越冬虫囊，消灭越冬幼虫，平时也可结合日常管理工作，顺手摘除护囊，特别是植株低矮的树木花卉更易操作。

② 药剂防治。虫量多时可喷 40.7%毒死蜱乳油 1000 倍液或淇林广正 1500～2000 倍，或使用淇林御蛾稀释 800～1000 倍液喷雾防治。根据幼虫多在傍晚活动的特性，宜在傍晚喷药。喷药时应注意喷施均匀，要求喷湿护囊，以提高防效。

③ 生物防治。用青虫菌或 Bt 制剂 500 倍液喷雾，保护蓑蛾幼虫的寄生蜂、寄生蝇。

④ 防治新技术。使用根除净根施防治，根据园林树木的胸径，按 1g(药剂)/1cm(胸径)根施，施后浇 15kg 水，待水阴干后埋土即可。亦可按 0.3g(药剂)/1cm(胸径)的用量，兑水 300～500mL 输液。这两种新方法效果很好，药效可达3～6 个月，且不杀伤天敌、不污染环境、简便易行，特别适合高大树木害虫的防治。

4. 刺蛾类害虫的无公害防治

（1）概述　刺蛾类属鳞翅目刺蛾科，幼虫蛞蝓形，体上常具有瘤和枝刺。蛹外常有光滑坚硬的茧。在园林植物上主要有黄刺蛾（彩图 105）、桑褐刺蛾、扁刺蛾、丽绿刺蛾、褐边绿刺蛾、两色绿刺蛾等。

（2）代表种黄刺蛾的发生特点

① 分布与危害。黄刺蛾又名洋辣子。该虫分布几乎遍及全国。是一种杂食性食叶害虫，主要危害重阳木、三角枫、刺槐、梧桐、梅花、月季、海棠、紫薇、杨、柳等 120 多种植物。初龄幼虫只食叶肉，4 龄后蚕食叶片，常将叶片吃光。

② 生活习性。1 年 1～2 代，以老熟幼虫在枝杈等处结茧越冬，翌年 5～6 月

份化蛹，6月出现成虫，成虫有趋光性。卵散产或数粒相连，多产于叶背。卵期5～6天。初孵幼虫取食卵壳，而后在叶背食叶肉，4龄后取食全叶。7月份老熟幼虫吐丝和分泌黏液作茧化蛹。

（3）刺蛾类的防治措施

① 消灭越冬虫茧。可结合抚育修枝、冬季清园等进行。利用黑光灯诱杀成虫。

② 初孵幼虫有群集习性，可人工摘除虫叶。

③ 药剂防治。中、小龄幼虫，可喷施 Bt 乳剂 500 倍液，或 20% 菊杀乳油 2000 倍液，或淇林御蛾稀释 800～1000 倍液，或生物杀虫剂灭蛾灵 1000 倍液。

④ 防治新技术。使用根除净根施防治，根据园林树木的胸径，按 1g(药剂)/1cm(胸径)根施，施后浇 15kg 水，待水阴干后埋土即可。亦可按 0.3g(药剂)/1cm(胸径)的用量，兑水 300～500mL 输液。这两种新方法效果很好，药效可达3～6个月，且不杀伤天敌、不污染环境、简便易行，特别适合高大树木害虫的防治。

5. 尺蛾类害虫的无公害防治

（1）尺蛾类概述　尺蛾类属鳞翅目尺蛾科。在园林植物上主要有国槐尺蛾（彩图 106）、木橑尺蛾、沙枣尺蛾、油桐尺蛾、丝绵木金星尺蛾等。

（2）代表种国槐尺蛾的发生特点

① 分布与危害。国槐尺蛾又名吊死鬼、槐尺蛾。山东、河北、北京、浙江、陕西等地均有分布。主要危害国槐、龙爪槐、有时也危害刺槐，以幼虫取食叶片，严重时可使植株死亡。是我国庭园绿化、行道树种主要食叶害虫。1999 年在全国各分布区大发生。

② 生活习性。1年3～4代，以蛹在土中越冬。越冬代成虫每年5月上旬出现。成虫有趋光性。卵散产于叶片正面、叶柄或嫩枝上。幼虫期共有6龄，5～6龄为暴食期。幼虫有吐丝下垂习性，故又称“吊死鬼”。

（3）尺蛾类的防治措施

① 结合肥水管理，人工挖除虫蛹。利用黑光灯诱杀成虫。

② 幼虫期喷施杀虫剂，如 2.5% 功夫乳油 2000～3000 倍液、2.5% 溴氰菊酯乳油或 10% 氯氰菊酯乳油或树虫一次净 800～1000 倍液。

③ 防治新技术。使用根除净根施防治，根据园林树木的胸径，按 1g(药剂)/1cm(胸径)根施，施后浇 15kg 水，待水阴干后埋土即可。亦可按 0.3g(药剂)/1cm(胸径)的用量，兑水 300～500mL 输液。这两种新方法效果很好，药效可达3～6个月，且不杀伤天敌、不污染环境、简便易行，特别适合高大树木害虫的防治。

6. 毒蛾类害虫的无公害防治

（1）概述　毒蛾属鳞翅目毒蛾科。在园林植物上常见的主要有舞毒蛾(彩图 107)、乌桕黄毒蛾、杨雪毒蛾、刚竹毒蛾、侧柏毒蛾、棉古毒蛾等。

（2）代表种舞毒蛾的发生特点

① 分布与危害。舞毒蛾又名舞舞蛾、柿毛虫、秋千毛虫等。分布广，食性杂。可危害500多种植物。分布于东北、华北，陕西、新疆、云南、四川等地。以幼虫取食叶片，严重时可将叶片吃光。

② 生活习性。1年1代，以完成胚胎发育的幼虫在卵内越冬。卵块在树皮上、石缝中等处。翌年4～5月树发芽时开始孵化。1～2龄幼虫昼夜在树上群集叶背，白天静伏，夜间取食。幼虫有吐丝下垂、借风传播习性。3龄后白天藏在树皮缝或树干基部石块杂草下，夜间上树取食。6月上、中旬幼虫老熟后大多爬至白天隐藏的场所化蛹。成虫于6月中旬至7月上旬羽化，盛期在6月下旬。雄虫有白天飞舞的习性。

（3）毒蛾类的防治措施

① 消灭越冬虫体，如刮除舞毒蛾卵块、搜杀越冬幼虫等。

② 对于有上、下树习性的幼虫，可用溴氰菊酯毒笔在树干上划1～2个闭合环(环宽1cm)，可毒杀幼虫，死亡率达86%～99%，残效8～10天。也可绑毒绳等阻止幼虫上、下树。

③ 人工摘除卵块及群集的初孵幼虫。幼虫越冬前，可在干基束草诱杀越冬幼虫。

④ 药剂防治。幼虫期喷施淇林御蛾800～1000倍液，或2.5%溴氰菊酯乳油4000倍液，或25%灭幼脲Ⅲ号胶悬剂1500～2500倍液等；用5%高效氯氰菊酯4000倍液喷射卵块。

⑤ 防治新技术。使用根除净根施防治，根据园林树木的胸径，按1g(药剂)/1cm(胸径)根施，施后浇15kg水，待水阴干后埋土即可。亦可按0.3g(药剂)/1cm(胸径)的用量，兑水300～500mL输液。这两种新方法效果很好，药效可达到3～6个月，且不杀伤天敌、不污染环境、简便易行，特别适合高大树木害虫的防治。

7. 夜蛾类害虫的无公害防治

（1）概述　夜蛾类属鳞翅目夜蛾科。在园林植物上普遍发生的有斜纹夜蛾（彩图108）、银纹夜蛾、臭椿皮蛾、黏虫、变色夜蛾等。

（2）代表种斜纹夜蛾的发生特点

① 分布危害。东北、华北、华中、华西、西南等地均有分布。尤以长江流域和黄河流域各省危害严重。食性杂。以幼虫取食叶片、花蕾及花瓣。

② 生活习性。发生代数因地而异，在华中、华东一带，一年可发生5～7代，以蛹在土中越冬。翌年3月羽化，成虫对糖、酒、醋等发酵物有很强的趋性。卵产于叶背。初孵幼虫有群集习性，白天栖居阴暗处，傍晚出来取食。幼虫老熟后即入土化蛹。此虫世代重叠明显，每年7～10月为盛发期。

（3）夜蛾类的防治措施

① 清除园内杂草或于清晨在草丛中捕杀幼虫。人工摘除卵块、初孵幼虫

或蛹。

② 幼虫期喷 Bt 乳剂 500～800 倍液，或淇林广正 1500～2000 倍液，或 2.5% 溴氰菊酯乳油或 10% 氯氰菊酯乳油或 2.5% 功夫乳油 2000～3000 倍液，或 20% 灭幼脲Ⅲ号胶悬剂 500～1000 倍液等。

③ 防治新技术。使用根除净根施防治，根据园林树木的胸径，按 1g(药剂)/1cm(胸径)根施，施后浇 15kg 水，待水阴干后埋土即可。亦可按 0.3g(药剂)/1cm(胸径)的用量，兑水 300～500mL 输液。这两种新方法效果很好，药效可达到 3～6 个月，且不杀伤天敌、不污染环境、简便易行，特别适合高大树木害虫的防治。

8. 天蛾类害虫的无公害防治

(1) 概述　天蛾类属鳞翅目天蛾科。我国天蛾科昆虫种类约 130 种，园林植物上常见的有霜天蛾(彩图 109)、鬼脸天蛾、咖啡透翅天蛾、蓝目天蛾等。

(2) 代表种霜天蛾的发生特点

① 分布与危害。霜天蛾又名泡桐灰天蛾。分布于华北、西北、华东、华中、华南等地。危害梧桐、丁香、女贞、泡桐、白蜡、苦楝、樟、楸等园林花木，以幼虫食叶。

② 生活习性。1 年 1～3 代，以蛹在土中越冬，翌年 4 月下旬至 5 月羽化。6～7月份危害最烈，可食尽树叶，树下有深绿色大粒虫粪。8 月下旬至 9 月中旬第 2 代幼虫危害。10 月底幼虫老熟入土化蛹越冬。成虫有趋光性，卵多散产于叶背。幼虫老熟后在表土中化蛹。

(3) 天蛾类的防治措施

① 结合耕翻土壤，人工挖蛹。根据树下虫粪寻找幼虫进行捕杀。

② 利用新型高压灯诱杀成虫。

③ 虫口密度大、危害严重时，喷洒 Bt 乳剂 600 倍液，或淇林广正 1500～2000 倍液，2.5% 溴氰菊酯乳油 2000～3000 倍液、或淇林御蛾或战虫 800～1000 倍液。

④ 防治新技术。使用根除净根施防治，根据园林树木的胸径，按 1g(药剂)/1cm(胸径)根施，施后浇 15kg 水，待水阴干后埋土即可。亦可按 0.3g(药剂)/1cm(胸径)的用量，兑水 300～500mL 输液。这两种新方法效果很好，药效可达3～6 个月，且不杀伤天敌、不污染环境、简便易行，特别适合高大树木害虫的防治。

9. 枯叶蛾类害虫的无公害防治

(1) 概述　枯叶蛾类属鳞翅目枯叶蛾科。在园林植物上发生普遍的有黄褐天幕毛虫、松毛虫类、栗黄枯叶蛾等。

(2) 代表种马尾松毛虫的发生特点

① 分布与危害。马尾松毛虫(彩图 110)主要以幼虫危害马尾松针叶，也危害湿地松、火炬松等。大发生时能在短时间内，使大面积松针被吃光，松针状

如火烧、成片枯死。

② 生活史及习性。发生代数因地而异，长江流域1年2～3代，福建、台湾及珠江流域等省则1年3～4代。马尾松毛虫以3～4龄幼虫在针叶丛中，树皮缝或地被物下越冬。雄蛾羽化一般较雌蛾早。卵常成串球状或堆状。成虫有趋光性。初孵幼虫有群集习性和吐丝下垂借风传播习性。3龄后开始分散危害，可啃食整条针叶。幼虫一般6龄，以5～6龄食量最大。

（3）枯叶蛾类的防治措施

① 物理机械防治。人工摘除卵块或孵化后尚群集的初龄幼虫及蛹茧；灯光诱杀成虫；于幼虫越冬前，干基绑草绳诱杀。

② 化学防治。发生严重时，可喷洒2.5%溴氰菊酯乳油3000～5000倍液、淇林御蛾800～1000倍液、25%灭幼脲Ⅲ号稀释1000倍液喷雾防治。

③ 生物防治。利用松毛虫卵寄生蜂；用白僵菌、青虫菌、松毛虫杆菌等微生物制剂使幼虫致病死亡。

④ 防治新技术。使用根除净根施防治，根据园林树木的胸径，按1g(药剂)/1cm(胸径)根施，施后浇15kg水，待水阴干后埋土即可。亦可按0.3g(药剂)/1cm(胸径)的用量，兑水300～500mL输液。这两种新方法效果很好，药效可达3～6个月，且不杀伤天敌、不污染环境、简便易行，特别适合高大树木害虫的防治。

10. 螟蛾类害虫的无公害防治

（1）概述　螟蛾类属鳞翅目螟蛾科。较常见的有竹织叶野螟、棉卷叶野螟、樟巢螟、黄杨绢野螟（彩图111）等。

（2）代表种黄杨绢野螟的发生特点

① 分布危害。黄杨绢野螟又名黄杨黑缘螟蛾，属鳞翅目螟蛾科。分布于陕西、河北、江苏、浙江、湖南、广东、福建、贵州、西藏等地。危害黄杨、雀舌黄杨、庐山黄杨、朝鲜黄杨等。幼虫常以丝连接周围叶片作为临时性巢穴，在其中取食，发生严重时，将叶片吃光，造成整株枯死。

② 生活习性。江苏南通1年发生3代，幼虫在寄主两张叶片构成的巢内越冬。越冬代幼虫3月下旬开始活动取食。越冬代及第1代、第2代蛹期分别为12～18天、6天和7～11天。幼虫一般6龄，少数5龄，越冬代幼虫则为9～10龄。成虫羽化后，夜间交配，次日产卵，卵多产于叶背，每雌产卵153～222粒。幼虫孵化后经5～12h后开始取食，一生取食80～100片叶，取食期间常用丝连接周围叶片作临时性巢穴。越冬幼虫做巢后，即在其中蜕皮化蛹。

（3）螟蛾类的防治措施

①在幼虫危害期，可人工摘虫苞。

②发生面积大时，可于初龄幼虫期喷淇林广正1500～2000倍液，或20%灭幼脲Ⅲ号稀释1000倍液，或10%氯氰菊酯乳油2000～3000倍液。

11. 灯蛾类害虫的无公害防治

（1）概述　灯蛾类属鳞翅目灯蛾科。在园林植物上常见的有红缘灯蛾、美国白蛾（彩图 112）、人纹污白灯蛾等。

（2）代表种美国白蛾的发生特点

① 分布危害。美国白蛾属鳞翅目、灯蛾科，又名秋幕毛虫，是危害园林植物的一种重要检疫害虫。它具有食性杂、繁殖力强、传播途径多等特点，其主要寄主有糖槭、元宝槭、三球悬铃木、桑树、白桦、榆树、杨属等植物。在国内主要分布于辽宁、河北、天津、山东、上海等地。

② 生活习性。美国白蛾在唐山等北方地区 1 年发生 2 代，以蛹结茧在老皮树下、表土层及枯枝落叶中越冬。两代幼虫危害期分别在 5 月下旬至 7 月下旬和 8 月上旬至 11 月中旬。初孵幼虫吐白丝结网，群居危害。因幼虫群居危害，每株树上多达几百只乃至上千只幼虫，常把树木叶片蚕食一光，严重影响树木生长，也影响了城市绿化景观效果（彩图 113）。

（3）灯蛾类的防治措施

① 冬季深翻园地消灭虫蛹。利用黑光灯诱杀成虫，可取得较好的防治效果。

② 发生严重时，可喷施 2.5%溴氰菊酯乳油 1500～2000 倍液，或 20%氰戊菊酯乳油 4000 倍液，或淇林广正 1500～2000 倍液。

③ 生物防治。利用周氏啮小蜂防治美国白蛾效果好。

④ 防治新技术。使用根除净根施防治，根据园林树木的胸径，按 1g(药剂)/1cm(胸径)根施，施后浇 15kg 水，待水阴干后埋土即可。亦可按 0.3g(药剂)/1cm(胸径)的用量，兑水 300～500mL 输液。这两种新方法效果很好，药效可达3～6 个月，且不杀伤天敌、不污染环境、简便易行，特别适合高大树木害虫的防治。

12. 舟蛾类害虫的无公害防治

（1）概述　舟蛾属鳞翅目、舟蛾科。因幼虫静止时首尾上翘，形似小船而得名。主要有杨扇舟蛾（彩图 114）、杨小舟蛾、苹掌舟蛾、国槐羽舟蛾等。

（2）代表种杨扇舟蛾的发生特点

① 分布与危害。杨扇舟蛾分布几乎遍及全国各地。以幼虫危害各种杨树、柳树的叶片，在广东、海南岛危害母生，发生严重时可食尽全叶。

② 生活习性。发生代数因地而异，1 年 2～8 代，越往南发生代数越多。均以蛹结薄茧在土中、树皮缝和枯叶卷苞内越冬。成虫有趋光性。卵产于叶背，单层排列呈块状。初孵幼虫有群集习性，取食叶肉，3 龄以后分散取食，常缀叶成苞，夜间出苞取食。老熟后在卷叶内吐丝结薄茧化蛹。

（3）舟蛾类的防治措施

① 消灭越冬蛹。可结合松土、施肥等挖除蛹。

② 人工摘除卵块、虫苞，特别是第 1 代、第 2 代，可抑制其扩大成灾。

③ 初龄幼虫期喷施 2.5%溴氰菊酯乳油 3000 倍液，或 5%来福灵乳油 4000 倍液，或用 Bt 乳剂 500～800 倍液。

④ 保护和利用天敌，如黑卵蜂、舟蛾赤眼蜂、小茧蜂等。

⑤ 防治新技术。使用根除净根施防治，根据园林树木的胸径，按 1g(药剂)/1cm(胸径)根施，施后浇 15kg 水，待水阴干后埋土即可。亦可按 0.3g(药剂)/1cm(胸径)的用量，兑水 300～500mL 输液。这两种新方法效果很好，药效可达3～6 个月，且不杀伤天敌、不污染环境、简便易行，特别适合高大树木害虫的防治。

13. 蝶类害虫的无公害防治

（1）概述　蝶类属鳞翅目球角亚目。在园林植物上常见的有粉蝶科的合欢黄粉蝶，菜粉蝶，凤蝶科的柑橘凤蝶（彩图 115）、玉带凤蝶，蛱蝶科的茶褐樟蛱蝶等。蝶类是一类能给人们带来美的享受的昆虫，因此，在可能的条件下，我们要保护利用这些昆虫。

（2）代表种柑橘凤蝶的发生特点

① 分布与危害。柑橘凤蝶又名花椒凤蝶、黄凤蝶等。分布几乎遍及全国。危害柑橘、金橘、柠檬、佛手、花椒、黄波罗等。以幼虫取食幼芽及叶片，是园林中常见的蝶类。

② 生活习性。各地发生代数不一，东北 1 年 2 代，长江流域及其以南地区 1 年 3～4 代，台湾 1 年 5 代。以蛹悬于枝条上越冬。以 3 代为例，翌年 4 月出现成虫，5 月上中旬为第 1 代幼虫，7 月中旬至 8 月中旬为第 2 代幼虫，9 月上旬至 10 月为第 3 代幼虫。有世代重叠现象。成虫白天活动，卵单个产于嫩叶及枝梢上。初孵幼虫茶褐色，似鸟粪。幼虫老熟后吐丝缠绕于基物上化蛹。成虫春、夏二型，颜色有差异。

（3）蝶类的防治措施

① 人工摘除越冬蛹，并注意保护天敌。

② 结合花木修剪管理，人工采卵、杀死幼虫或蛹体。

③ 严重发生时喷施淇林广正 1500～2000 倍液，或 20%除虫菊酯乳油 2000 倍液，或 5%高效氯氰菊酯乳油 3000 倍液，或 20%杀灭菊酯 2000 倍液。

④ 防治新技术。使用根除净根施防治，根据园林树木的胸径，按 1g(药剂)/1cm(胸径)根施，施后浇 15kg 水，待水阴干后埋土即可。亦可按 0.3g(药剂)/1cm(胸径)的用量，兑水 300～500mL 输液。这两种新方法效果很好，药效可达3～6 个月，且不杀伤天敌、不污染环境、简便易行，特别适合高大树木害虫的防治。

14. 叶蜂类害虫的无公害防治

（1）概述　叶蜂类属膜翅目叶蜂总科。在园林植物上较重要的有三节叶蜂科的蔷薇三节叶蜂（彩图 116）、叶蜂科的樟叶蜂等。

（2）代表种蔷薇三节叶蜂的发生特点

① 分布与危害。蔷薇三节叶蜂又名月季叶蜂、田舍三节叶蜂。分布于华北、华东、华南等地。危害蔷薇、月季、十姐妹、黄刺玫、玫瑰等花卉，以幼虫食叶，严重时可把叶片食光。

② 生活习性。1年1～9代，以老熟幼虫在土中做茧越冬，翌年3月上、中旬化蛹、羽化、交尾和产卵。成虫用产卵管将月季、蔷薇等寄主植物的新梢纵向切一开口，产卵于其中，使茎部纵裂，并变黑倒折。幼虫孵化后，就爬出来危害叶片。初龄幼虫有群集习性，先啃食叶肉，后吞食叶片。天敌有蜘蛛、捕食性蝽象等。

（3）叶蜂类的防治措施

① 冬春季结合土壤翻耕消灭越冬茧。寻找产卵枝梢、叶片，人工摘除卵梢、卵叶或孵化后尚群集的幼虫。

② 幼虫危害期喷洒淇林广正1500～2000倍，或2.5%溴氰菊酯乳油3000倍液，或20%杀灭菊酯2000倍液，或20%灭幼脲Ⅲ号胶悬剂3000倍液。

③ 防治新技术。使用根除净灌根防治，根据园林树木的胸径，按1g（药剂）/1cm（胸径）根施，施后浇15kg水，待水阴干后埋土即可。亦可按0.3g（药剂）/1cm（胸径）的用量，兑水300～500mL输液。这两种新方法效果很好，药效可达3～6个月，且不杀伤天敌、不污染环境、简便易行，特别适合高大树木害虫的防治。

15. 甲虫类害虫的无公害防治

（1）概述　甲虫类属鞘翅目的昆虫，在园林植物上常见的甲虫有叶甲科的榆蓝叶甲、柑橘台龟甲、杨叶甲、柳蓝叶甲（彩图117）、泡桐叶甲、葡萄十星叶甲，瓢虫科的茄二十八星瓢虫以及金龟子成虫、象甲等。

（2）代表种榆蓝叶甲的发生特点

① 分布与危害。榆蓝叶甲又名榆蓝金花虫、榆毛胸萤叶甲、榆绿毛萤叶甲。辽宁、河北、山东、河南、陕西、江苏、甘肃、台湾等地均有分布。以成虫、幼虫取食榆叶，常将叶片吃光。

② 生活习性。北京、辽宁1年发生2代，均以成虫越冬。翌年4～5月份成虫开始活动，危害叶片，并产卵于叶背，成2行。初孵幼虫剥食叶肉，被害部呈网眼状，2龄以后将叶食成孔洞。老熟幼虫于6月中下旬开始爬至树洞、树杈、树皮缝等处群集化蛹。成虫羽化后取食榆叶补充营养。成虫有假死性。越冬成虫死亡率很高，所以第一代危害不太严重。

（3）甲虫类的防治措施

① 加强植物检疫。防止椰心叶甲随着植物的引种、推广应用和产销交流传播蔓延。

② 消灭越冬虫源。清除墙缝、落叶、杂草下等处越冬的成虫，减少越冬基数。

③ 人工振落捕杀成虫或人工摘除卵块。

④ 化学防治。 各代成虫、幼虫发生期喷洒广正 1500～2000 倍液，或 40.7% 乐斯本 1000 倍液或 2.5%溴氰菊酯 2000～3000 倍液。

⑤ 保护、利用天敌寄生蜂、瓢虫、小鸟等来减少虫害。

⑥ 防治新技术。 使用根除净灌根防治，根据园林树木的胸径，按 1g(药剂)/1cm (胸径) 根施，施后浇 15kg 水，待水阴干后埋土即可。 亦可按 0.3g(药剂)/1cm (胸径)的用量，兑水 300～500mL 输液。 这两种新方法效果很好，药效可达3～6 个月，且不杀伤天敌、不污染环境、简便易行，特别适合高大树木害虫的防治。

16. 蝗虫类害虫的无公害防治

(1) 概述　蝗虫类属直翅目的昆虫，在园林植物上常见的蝗虫有短额负蝗 (彩图 118)、 花胫绿纹蝗、 中华蚱蜢、 云斑车蝗、 东亚飞蝗等。

(2) 代表种短额负蝗的发生特点　短额负蝗又名小尖头蚂蚱，各省均有分布。 可为害大部分草本花卉。 在河南 1 年 2 代，以卵越冬。 5 月上旬开始孵化，6 月上旬为孵化盛期。 7 月上旬第一代成虫开始产卵，7 月中、下旬为产卵盛期。第二代若虫 7 月下旬开始孵化，8 月上、中旬为孵化盛期。 10 月下旬至 11 月上旬产卵盛期，产下越冬卵。 主要在地被植物和草坪上危害，成、若虫大量发生时，常将叶片食光，仅留秃枝。 初孵若虫有群集为害习性，2 龄后分散为害。

(3) 蝗虫类的防治措施

①若虫或成虫盛发时，可喷洒树虫一次净 800～1000 倍液或战虫 1000～1500 倍液，均有良好的效果。

② 蝗蝻 2～3 龄期施药，可采用麦麸作为微孢子虫液载体，加工制成麦麸饵料，使含孢量达到 $1.5\times10^8\sim3\times10^8$ 个/g，按每亩面积施用 100～150g。

17. 软体动物类害虫的无公害防治

(1) 概述　软体动物多喜阴湿环境，常在温室大棚、阴雨高湿天气或种植密度大时发生严重。 主要种类有蜗牛、蛞蝓等。 蜗牛属软体动物门、腹足纲、柄眼目、蜗牛科的一类动物。 蜗牛啃食花卉和观叶植物的花、芽、嫩茎及果，造成叶片缺刻、孔洞及幼苗倒伏、果实腐烂。

(2) 代表种灰巴蜗牛的发生特点　灰巴蜗牛 (彩图 119) 1 年发生 1 代，寿命达 1 年以上，成贝与幼贝白天在砖块、花盆或叶下栖息，晚间活动取食，阴天也可整天活动取食。 成贝产卵于松土内，初孵幼贝群集为害，以后分散。

(3) 软体动物防治措施

① 人工捕捉。 发生量较小时，可人工捡拾，集中杀灭。

② 使用氨水。 用稀释成 70～100 倍的氨水，于夜间喷洒。

③ 撒石灰粉。 用量为 75～112.5kg / hm^2。

④ 施药。 撒施 8% 灭蜗灵颗粒剂或用蜗牛敌(10% 多聚乙醛)颗粒剂，15kg/

hm^2；用蜗牛敌+豆饼+饴糖(1∶10∶3)制成的毒饵撒于草坪，杀蛞蝓。

二、吸汁害虫

1. 刺吸害虫的发生特点

① 均具刺吸式口器，成虫和若虫均能为害：引起植物养分和水分减少，影响植物生长发育，严重时可引起植株枯死；能分泌大量蜜露，引致煤污病的发生；很多种类可能传播花木的病毒病；有些种类有发达的产卵器，产卵时使植物的枝叶产生伤口。

② 体形变化大。

③ 繁殖力较强，除两性生殖外，尚有孤雌生殖。

④ 均为不完全变态。

2. 刺吸式害虫的危害特征

① 叶片失绿，出现黄色或红色斑点等。

② 叶片卷曲，皱缩变形。

③ 形成各种虫瘿。

④ 嫩枝梢变色萎蔫，弯曲下垂，畸形丛生，甚至枯死。

⑤ 枝叶有蜜露，诱发煤污病。

3. 刺吸害虫的防治原则

① 加强植物检疫措施，防止蚜、蚧等刺吸害虫随种苗调运而传播。

② 加强害虫的监督、预测预报，以及时发现危害，避免对植株造成严重损害。

③ 化学防治时选择适宜的时期和适宜的药剂。如触杀剂、内吸性杀虫剂或杀螨剂，以幼虫初龄期防治为好。常用药剂有氧化乐果、辛硫磷、菊酯类农药、吡虫啉、抗虫威、叶蝉散、蓟马灵等。

④ 发展生物防治。

⑤ 各项防治措施应该在生态学的基础上协调进行。

4. 叶蝉、蜡蝉类害虫的无公害防治

(1) 概述

① 叶蝉类。叶蝉属同翅目、叶蝉科。身体细长，体后逐渐变细，常能跳跃，有横走习性，俗称浮尘子。种类很多，主要有大青叶蝉(彩图120)、小绿叶蝉、棉叶蝉等。以成虫和若虫刺吸植物汁液，受害叶片呈现小白斑，枝条枯死，影响植物生长发育，并可传播病毒。

② 蜡蝉类。主要有白蛾蜡蝉、龙眼鸡、斑衣蜡蝉(彩图121)，属同翅目、蛾蜡蝉科。白蛾蜡蝉为害大红花、九里香、米兰、茉莉、人面子、假连翘、茶、桃、李、白兰花、黄皮、荔枝、龙眼、芒果、洋紫荆、人心果、石榴、番石榴等花木。

以成、若虫刺吸枝、叶汁液，其排泄物可诱发煤烟病，使树势削弱。

（2）叶蝉、蜡蝉类的防治措施

① 加强庭园绿地的管理，勤除草；结合修剪，剪除被害枝叶以减少虫源。设置黑光灯，诱杀成虫。

② 在成虫、若虫危害期，喷施植茹 500～600 倍液，或淇林广正 1500～2000 倍液，或 20% 杀灭菊酯 2000～3000 倍液进行防治，或用 0.5% 藜芦碱醇溶液 75～100mL 兑水 50kg 均匀喷雾。

5. 木虱类害虫的无公害防治

（1）概述　主要种类有蒲桃木虱、柑橘木虱、梧桐木虱、樟木虱、合欢木虱（彩图122）等，属同翅目、木虱科。

（2）木虱类的防治措施

① 苗木调运时加强检查，禁止带虫材料外运。结合修剪，剪除带卵枝条。保护和利用天敌。

② 若虫发生盛期，喷施淇林广正 1500～2000 倍液，或用 5% 啶虫脒 2000～2500 倍液喷雾。

6. 蚜虫类害虫的无公害防治

（1）概述　蚜虫属同翅目、蚜总科，已知种类近 4000 种，我国有 13 科 89 属 207 种。常见的种类有棉蚜、桃蚜（彩图 123）、橘蚜、菊小长管蚜、月季长管蚜、白兰台湾蚜、竹蚜等。蚜虫常造成植物枝叶变形、生长缓慢停滞，严重时造成落叶以至枯死。植物受害后出现斑点、卷叶、皱缩、虫瘿、肿瘤等多种被害状，同时其排泄物常诱发煤污病。蚜虫的另一大害是可传带上百种植物病毒病害和其他病害。

（2）蚜虫类的防治措施

① 注意检查虫情，抓紧早期防治。保护和利用天敌。

② 药剂防治。虫口密度大时，喷施淇林植茹 500～600 倍液，或淇林广正 1500～2000 倍液，也可喷施 10% 吡虫啉、20% 杀灭菊酯、2.5% 溴氰菊酯乳油 1500～2000 倍液。

③ 物理机械防治。用 15cm×20cm 的黄色纸板，最好在纸板上涂一层 10 号机油或治蚜常用的农药，插或挂于园林植物间。机油黄板诱满蚜后要及时更换，药物黄板使蚜虫触药即死。

7. 网蝽类害虫的无公害防治

（1）概述　属同翅目、网蝽科。网蝽类害虫主要种类有杜鹃冠网蝽、梨网蝽（彩图 124）等。

（2）网蝽类的防治措施

① 冬季清除杂草和枯枝落叶，集中销毁。保护天敌。

② 当叶片上若虫群中发现刚羽化的个别白色成虫时，表明第1代若虫已基本孵出，这是防治的有利时机。可用广正1500～2000倍液，或25%速灭威可湿性粉剂4000倍液喷雾防治。

8. 介壳虫类害虫的无公害防治

（1）概述　蚧虫属同翅目、蚧总科，在形态上和木虱、粉虱、蚜虫等有不少类似之处，容易发生混淆。但蚧虫无论在若虫期或成虫期，它的足末端仅有一个爪，有的种类雌成虫足已消失，只要见到有较长的口针和不分头胸腹的虫体，就是蚧虫。介壳虫的种类很多，有些对植物造成严重威胁。当前在园林植物害虫的防治上，蚧虫的问题比较突出，原因是蚧虫虫体小、繁殖系数大、种类多，寄主植物更多。防治食叶害虫的药剂对蚧虫作用不大，反而杀伤大量天敌。药物防治不及时，效果不大。

（2）代表种的发生特点

① 松突圆蚧。

a. 分布与危害。该虫1982年在珠海、深圳首次被发现，到1998年发生面积1103000hm^2，连片枯死已更新砍伐植株140000hm^{2}以上，分布于广东、香港、澳门、台湾。危害马尾松、火炬松、加勒比松、南亚松等松属植物。以成虫、若虫刺吸枝梢和针叶的汁液危害，被害处变色发黑、缢缩或腐烂，针叶枯黄脱落，新抽枝条变短、变黄，严重时导致全株枯死。

b. 生活史及习性。广东1年5代，世代重叠，无明显的越冬阶段。主要以雌蚧虫在松树叶鞘包被的老针叶茎部吸食汁液危害，其次在刚抽的嫩梢基部、新鲜球果的果鳞和新长针叶柔嫩的中下部。而在叶鞘上部的针叶、嫩梢和球果里多为雄蚧。此蚧虫通过若虫爬行或借助风力作近距离扩散，并随苗木、接穗、新鲜球果、原木、盆景等的调运作远距离传播。

② 吹绵蚧。

a. 分布及危害。吹绵蚧（彩图125）广泛分布于热带和温带较温暖的地区。寄主很广，危害月季、海棠、海桐、金橘等。若虫和成虫群集在枝叶上，刺吸汁液危害。严重时，叶片发黄、枝梢枯萎、引起落叶、影响植株生长，甚至全株枯死，并能诱发煤污病发生。

b. 生活习性。该虫一年发生代数因地而异，广东1年3～4代，浙江2～3代，以雌成虫或若虫在枝干上越冬。

（3）介壳虫类的防治措施

① 加强植物检疫。介壳虫极易随苗木、果品、花卉的调运传播。如松突圆蚧、湿地松粉蚧。

② 栽培管理措施。通过园林技术措施来改变和创造不利于蚧虫发生的环境条

件。冬季或早春，结合修剪，剪去部分有虫枝，集中烧毁，以减少越冬虫口基数。介壳虫少量发生时，可用软刷、毛笔轻轻清除，或用布团蘸煤油抹杀。

③ 化学防治。当介壳虫发生量大，危害严重时，药剂防治仍是主要的防治手段。冬季和早春植物发芽前，可喷施1次3～5波美度石硫合剂、3%～5%柴油乳剂、10～15倍的松脂合剂或40～50倍的机油乳剂，消灭越冬代若虫和雌虫。

在初孵若虫期进行喷药防治。常用药剂有：淇林齐伐800～1000倍液、40%乐斯本乳油、10%高效灭百克乳油2000倍液、20%好年冬乳油3000倍液、0.3～0.5波美度石硫合剂。每隔7～10天喷1次，共喷2～3次，喷药时要求均匀周到，或用蚧虫净800～1000倍液喷雾。

④ 防治新技术。使用根除蚧灌根防治，根据园林树木的胸径，按1g(药剂)/1cm(胸径)根施，施后浇15kg水，待水阴干后埋土即可。亦可按0.3g(药剂)/1cm(胸径)的用量，兑水300～500mL输液。这两种新方法效果很好，药效可达3～6个月，且不杀伤天敌、不污染环境、简便易行，特别适合高大树木害虫的防治。

9. 螨类害虫的无公害防治

（1）概述　在园林植物害螨中叶螨、瘿螨发生较普遍，主要吸取植物的汁液，直接破坏叶片的组织，阔叶、针叶等都受其害。发生与危害特点是：主要危害春梢、嫩叶、花蕾、幼果等部位，受害叶片失绿，呈苍白色斑点、斑块，或叶片卷曲、皱缩、畸形、出现虫瘿等，严重时全叶枯焦、落叶。

（2）代表种的发生特点

① 柏小爪螨主要刺吸为害侧柏、圆柏、龙柏、沙地柏等柏树的叶和嫩枝，造成柏树叶失绿、树势衰弱，并易招致双条杉天牛、小蠹虫等弱寄生蛀干、蛀枝害虫危害而加速树枯枝、死树(彩图126)。

② 酢浆草茹叶螨危害酢浆草属植物。成、若虫以口针刺吸植物组织，吮吸汁液，使叶面形成黄白色密集的小点或斑块，使叶发黄枯死。

③ 叶螨大发生的原因。

a. 发生代数多，繁殖快，危害重。主要危害春梢嫩叶、花蕾、幼果等部位。

b. 当温度为12℃时，冬卵大量孵化，20～24℃为最适温度，26℃繁殖受到抑制。秋季干旱、降雨量少，叶螨繁殖快，越冬虫口基数大，导致翌年大发生；不合理的施药使环境条件恶化，天敌数量减少。

（3）螨类害虫的防治措施

① 园林栽培技术管理与调控。从改善园林的生态环境出发经常做好清园工作，全面清除杂草枯枝落叶，挖除濒死老树及害虫残株烧毁，冬季深翻改土，可以杀死害虫、改善环境；科学施肥，增施有机肥和磷、钾肥，适时浇灌；冬干春旱，更要经常浇灌，增加园内湿度，促进植株生长健壮，提高抗害虫能力。

② 药剂防治。加强虫情测报。早春用药挑治，不仅能压低虫口基数，而且能减少施药次数。

根据各种螨虫的防治指标，掌握在高峰期前全面用药防治，可选用淇林少葆1000～1500倍液，或15%哒螨灵3000倍液，或10%联苯菊酯3000倍液，或50%溴螨酯乳油稀释1000～2000倍液喷雾。喷药时应力求喷湿树木叶片的正、反两面，以提高防治效果。

③ 生物防治。防治效果达85%～95%，年可减少农药使用量40%～60%，防治成本仅为化学防治的1/3，具有操作方便、省工省本、无毒、无公害的特点。但应注意在使用胡瓜钝绥螨时，不可使用任何化学农药。

④ 防治新技术。使用根除螨输液防治，根据园林树木的胸径，按0.3g(药剂)/1cm(胸径)的用量，兑水300～500mL输液。这种新方法效果很好，药效可达3～6个月，且不杀伤天敌、不污染环境、简便易行，特别适合高大树木害虫的防治。

三、蛀干害虫

1. 园林植物蛀干害虫的种类及特点

园林植物枝干害虫主要包括鞘翅目的天牛、小蠹虫、吉丁虫、象甲，鳞翅目的木蠹蛾、透翅蛾、螟蛾，膜翅目的树蜂、茎蜂等。多数枝干害虫为次期性害虫，危害树势衰弱或濒临死亡的植物，以幼虫钻蛀树干，被称为“心腹之患”。蛀干害虫的特点有以下三点。

（1）生活隐蔽　除成虫期营裸露生活外，其他各虫态均在韧皮部、木质部营隐蔽生活。害虫危害初期不易被发现，一旦出现明显被害征兆，则已失去防治有利时机。

（2）虫口稳定　枝干害虫大多生活在植物组织内部，受环境条件影响小，天敌少，虫口密度相对稳定。

（3）危害严重　枝干害虫蛀食韧皮部、木质部等，影响输导系统传递养分、水分，导致树势衰弱或死亡，一旦受侵害后，植株很难恢复生机。

蛀干害虫的发生与园林植物的抚育管理有着密切的关系。适地适树、加强抚育管理、合理修剪、适时灌水与施肥，促使植物健康生长，是预防次期性害虫大发生的根本途径。

2. 天牛类害虫的无公害防治

（1）概述　天牛是园林植物的蛀干害虫，属鞘翅目天牛科。主要种类有星天牛（彩图127）、光肩星天牛、菊小筒天牛、锈色粒肩天牛、合欢双条天牛、松褐天牛等。

（2）代表种星天牛的发生特点

① 分布与危害。星天牛又名白星天牛、柑橘星天牛。分布很广，几乎遍及全国。食性杂，危害杨、柳、榆、刺槐、悬铃木、母生、乌桕、相思树、柑橘、樱花、海棠等。以成虫啃食枝干嫩皮，以幼虫钻蛀枝干，输导组织被破坏，影响正

常生长及观赏价值，严重时被害树易风折枯死。

② 生活习性。南方1年1代，北方2～3年1代，以幼虫在被害枝干内越冬，翌年3月以后开始活动。成虫5～7月羽化飞出，6月中旬为盛期，成虫咬食枝条嫩皮补充营养。产卵时先咬一“T”形或“八”字形刻槽，卵多产于树干基部和主侧枝下部，以树干基部向上10cm以内为多。每一刻槽产一粒，产卵后分泌一种胶状物质封口，每雌可产卵23～32粒。卵期9～15天，初孵幼虫先取食表皮，1～2个月以后才蛀入木质部，11月初开始越冬。

（3）天牛类的防治措施

① 适地适树，采取以预防为主的综合治理措施。对天牛发生严重的绿化地，应针对天牛取食树种种类，选择抗性树种，避免其严重危害；加强管理，增强树势；除古树名木外，伐除受害严重虫源树，合理修剪，及时清除园内枯立木、风折木等。

② 人工防治。

a. 利用成虫羽化后在树冠活动(补充营养、交尾和产卵)的一段时间，人工捕杀成虫。

b. 寻找产卵刻槽，可用锤击、手剥等方法消灭其中的卵。

c. 用铁丝钩杀幼虫。特别是当年新孵化后不久的小幼虫，此法更易操作。

③ 饵木诱杀。对公园及其他风景区古树名木上的天牛，可采用饵木诱杀，并及时修补树洞、干基涂白等，以减少虫口密度，保证其观赏价值。在泰山岱庙内，用侧柏木段作饵木，诱杀古柏上的双条杉天牛，每米段可诱到百余头。

④ 保护利用天敌。如人工招引啄木鸟，利用天牛肿腿蜂、啮小蜂等。

⑤ 药剂防治。在幼虫危害期，用蛀虫清插瓶在树干基部或新鲜排粪孔下面插瓶，在成虫羽化前喷2.5%溴氰菊酯触破式微胶囊。

⑥ 防治新技术。

a. 选择绿色环保、防除钻蛀性害虫的药剂蛀虫清(插瓶)。在树干基部或靠近新鲜排粪孔下方钻孔(5分钻头深度3～5cm，达到木质部1/3为准)，然后将瓶盖拧开，去掉铝膜，剪断插瓶管后拧到瓶子上，直接插入钻孔进行。依据树的胸径大小确定用药量，胸径小于10cm的树木慎用，每棵树最大使用量不得超过40mL。

b. 在天牛幼虫危害初期使用根除蛀根施防治。先沿苗木周围挖10～15cm深的环形沟，将药剂按照树木的胸径(cm)∶用药量(g)∶兑水量(kg)= 1∶1∶2稀释，搅拌溶解后均匀浇于环形沟中，待水阴干后覆土即可。

c. 程攻套餐喷干快速防除蛀干害虫。在天牛危害初期选择无风晴天，将1瓶程攻(200mL)+ 2瓶御蛾或齐伐(400mL)兑水15kg对树干喷雾，范围为树干离地面范围内。

3. 小蠹虫类害虫的无公害防治

（1）概述　小蠹虫属鞘翅目小蠹科，为小型甲虫。大多数种类侵入树皮下，种类不同，钻蛀坑道的形状也不同，是园林植物的重要害虫。主要种类有松纵坑切梢小蠹、松横坑切梢小蠹、柏肤小蠹等（彩图 128）。

（2）小蠹虫类的防治措施

① 园林技术防治。加强抚育管理，适时、合理地修枝、间伐，改善园内卫生状况，增强树势，提高树木本身的抗虫能力。伐除被害木，及时运出园外，并对虫害进行剥皮处理，减少虫源。

② 诱杀成虫。根据小蠹虫的发生特点，可在成虫羽化前或早春设置饵木，以带枝饵木引诱成虫潜入，并经常检查饵木内的小蠹虫的发育情况并及时处理。

③ 化学防治。利用成虫（如松纵坑切梢小蠹等）在树干根际越冬的习性，于早春 3 月下旬，在根际撒毒死蜱等粉剂，然后干基培土，高 4～5cm，杀虫率达 90%以上。在成虫羽化盛期或越冬成虫出蛰盛期，喷施 2.5%溴氰菊酯乳油、20%速灭杀丁乳油 2000～3000 倍液。

④ 防治新技术。

a. 选择绿色环保、防除钻蛀性害虫的药剂蛀虫清（插瓶）。在树干基部或靠近新鲜排粪孔下方钻孔（5 分钻头深度 3～5cm，达到木质部 1/3 为准），然后将瓶盖拧开，去掉铝膜，剪断插瓶管后拧到瓶子上，直接插入钻孔进行。依据树的胸径大小确定用药量，胸径小于 10cm 的树木慎用，每棵树最大使用量不得超过 40mL。

b. 在小蠹虫危害初期使用根除蛀根施防治。先沿苗木周围挖 10～15cm 深的环形沟，将药剂按照树木的胸径（cm）：用药量（g）：兑水量（kg）= 1∶1∶2 稀释，搅拌溶解后均匀浇于环形沟中，待水阴干后覆土即可。

c. 程攻套餐喷干快速防除蛀干害虫。在小蠹虫危害初期选择无风晴天，将 1 瓶程攻（200mL）+ 2 瓶御蛾或齐伐（400mL）兑水 15kg 对树干喷雾，范围为树干离地面范围内。

4. 木蠹蛾类害虫的无公害防治

（1）概述　木蠹蛾类属鳞翅目木蠹蛾总科。以幼虫蛀害树干和枝梢，是园林植物的重要害虫。常见的种类有芳香木蠹蛾东方亚种（彩图 129）、黄胸木蠹蛾、咖啡木蠹蛾、榆木蠹蛾等。

（2）代表种芳香木蠹蛾东方亚种的发生特点

① 分布与危害。分布于东北、华北、西北、华东、华中、西南。寄主有柳、杨、榆、桦、白蜡、槐树、丁香、核桃、山荆子等。幼虫蛀入枝、干和根际的木质部，蛀成不规则坑道，使树势衰弱，严重时能造成枝干甚至整株树枯死。

② 生活习性。辽宁、北京 2 年发生 1 代，跨 3 年。第 1 年以幼虫在树干内越冬，第 2 年老熟后离树干入土越冬。第 3 年 5 月间化蛹，6 月出现成虫。成虫寿命 4～10 天，有趋光性。卵产于离地 1～1.5m 的主干裂缝为多，多成堆、成块或成行排列。幼虫孵化后，常群集 10 余头至数十头在树干粗枝上或根际爬行，寻找被害孔、伤口和树皮裂缝等处相继蛀入，取食韧皮部和边材。树龄越大被害

越重。

（3）木蠹蛾类的防治措施

① 加强管理，增强树势，防止机械损伤，伐除受害严重的枝干，及时剪除被害枝梢，以减少虫源。秋季人工捕捉地下越冬幼虫，刮除树皮缝处的卵块。

② 幼虫孵化后未侵入树干前用50%杀螟松乳油喷干毒杀。

③ 幼虫初蛀入韧皮部或边材表层期间，用50%杀螟松乳油柴油液涂虫孔。

④ 对已蛀入枝、干深处的幼虫，可用蛀虫清插瓶或根除蛀根施防治。

⑤ 防治新技术。

a. 在木蠹蛾危害初期使用根除蛀根施防治。先沿苗木周围挖10～15cm深的环形沟，将药剂按照树木的胸径（cm）：用药量（g）：兑水量（kg）= 1：1：2稀释，搅拌溶解后均匀浇于环形沟中，待水阴干后覆土即可。

b. 程攻套餐喷干快速防除蛀干害虫。在木蠹蛾危害初期选择无风晴天，将1瓶程攻（200mL）+ 2瓶御蛾或齐伐（400mL）兑水15kg对树干喷雾，范围为树干离地面范围内。

5. 其他蛀干害虫的无公害防治

（1）概述　危害园林植物的蛀干类害虫除了前面介绍的几类外，重要的还有鳞翅目辉蛾科的蔗扁蛾，透翅蛾科的白杨透翅蛾（彩图130）、葡萄透翅蛾，蝙蝠蛾科的柳蝙蛾等。

（2）代表种白杨透翅蛾的发生特点

① 分布与危害。分布于东北、华北、西北、华东等地，危害杨柳科植物。以幼虫钻蛀树干和顶芽，抑制顶芽生长、徒生侧枝、形成秃梢。蛀入树干后，被害组织增生形成瘤状虫瘿，因此易造成枯萎或风折。

② 生活习性。1年1代，以幼虫在被害枝干内越冬。翌年4月开始活动取食，5月上、中旬开始化蛹，6月初开始羽化成虫，盛期在6月下旬，羽化时蛹皮有2/3伸出孔外，并遗留在孔外经久不掉，极易识别。成虫飞翔力很强，且极为迅速，白天活动，交尾产卵，夜晚静止于枝叶上不动。卵多产于1～2年生幼树叶柄基部、有茸毛的枝干上、旧虫孔内、伤口及树干缝隙处。幼虫孵化后爬行迅速，寻找适宜的侵入部位，在嫩芽上，幼虫能穿破整个组织，使嫩芽枯萎脱落；如幼虫在侧枝或主干上，即钻入木质部与韧皮部之间，围绕枝干，钻蛀虫道，被害处形成虫瘿。近9月下旬，幼虫停止取食，在虫道末端吐丝作薄茧越冬。

（3）透翅蛾类的防治措施

① 消灭越冬幼虫。可结合修剪将受害严重且藏有幼虫的枝蔓剪除，或用解剖刀等将虫瘤剖开，杀死幼虫。6、7月份经常检查嫩梢，发现有虫粪或枯萎的枝条及时剪除。如果被害枝条较多，不宜全部剪除时，可用铁丝从蛀孔处刺入，杀死初龄幼虫。

② 可从蛀孔处下方用蛀虫清插瓶防治。

③ 可在成虫羽化盛期，喷2.5%溴氰菊酯乳油3000倍液，以杀死成虫。

④ 防治新技术。

a.选择绿色环保、防除钻蛀性害虫的药剂蛀虫清(插瓶)。在树干基部或靠近新鲜排粪孔下方钻孔(5分钻头深度3～5cm，达到木质部1/3为准)，然后将瓶盖拧开，去掉铝膜，剪断插瓶管后拧到瓶子上，直接插入钻孔进行。依据树的胸径大小确定用药量，胸径小于10cm的树木慎用，每棵树最大使用量不得超过40mL。

b.在危害初期使用根除蛀根施防治。先沿苗木周围挖10～15cm深的环形沟，将药剂按照树木的胸径(cm)：用药量(g)：兑水量(kg)＝1：1：2稀释，搅拌溶解后均匀浇于环形沟中，待水阴干后覆土即可。

c.程攻套餐喷干快速防除蛀干害虫。在危害初期选择无风晴天，将1瓶程攻(200mL)＋2瓶御蛾或齐伐(400mL)兑水15kg对树干喷雾，范围为树干离地面范围内。

四、地下害虫

1. 园林植物主要地下害虫

根部害虫又称地下害虫，在苗圃和一二年生的园林植物中，常常危害幼苗、幼树根部或近地面部分，种类很多。常见的有鳞翅目的地老虎，鞘翅目的蛴螬(金龟子幼虫)、金针虫，直翅目的蟋蟀、蝼蛄(彩图131)，等翅目的白蚁等。

2. 蝼蛄类的无公害防治

(1) 分布与危害　蝼蛄属直翅目、蝼蛄科，俗称土狗、地狗、拉拉蛄等。常见的有东方蝼蛄、华北蝼蛄两种。东方蝼蛄分布几乎遍及全国，但以南方为多。华北蝼蛄分布于北方。蝼蛄食性很杂，主要以成虫、若虫危害植物幼苗的根部和靠近地面的幼茎。同时成虫、若虫常在表土层活动，钻筑坑道，造成播种苗根土分离、干枯死亡，清晨在苗圃床面上可见大量不规则隧道、虚土隆起。近几年来，危害草坪也较严重。

(2) 防治方法

① 施用的厩肥、堆肥等有机肥料要充分腐熟，可减少蝼蛄的产卵。

② 灯光诱杀成虫。特别在闷热天气、雨前的夜晚更有效。

③ 鲜马粪或鲜草诱杀。在苗床的步道上每隔20m左右挖一小土坑，将马粪、鲜草放入坑内，次日清晨捕杀，或施药毒杀。

④ 毒饵诱杀。用40.7%乐斯本乳油或地虫净0.5kg拌入50kg煮至半熟或炒香的饵料(麦麸、米糠等)中作毒饵，傍晚均匀撒于苗床上。

⑤ 使用淇林火吉稀释1000～1500倍对地表进行喷雾，每亩药液量100kg；或者使用淇林迪虫菁颗粒剂按照每亩2000～3000g的用量将颗粒均匀撒施到苗木根部15～20cm范围内，然后浇水。

3. 地老虎类的无公害防治

地老虎类属鳞翅目、夜蛾科。其中以小地老虎(彩图 132)分布最广、危害最严重。下面以小地老虎为例说明。

(1) 分布与危害 分布比较普遍，其严重危害地区为长江流域、东南沿海各省，在北方分布在地势低洼、地下水位较高的地区。小地老虎食性很杂，幼虫危害寄主的幼苗，从地面截断植株或咬食未出土幼苗，亦能咬食植物生长点，严重影响植株的正常生长。

(2) 防治方法

① 清除杂草。杂草是小地老虎产卵的主要场所及初龄幼虫的食料，春季细耕整地清除田边杂草，可以消灭部分卵和幼虫。

② 诱杀成虫。

a. 在春季成虫羽化盛期，用糖醋液诱杀成虫。糖醋液配制比为糖 6 份、醋 3 份、白酒 1 份、水 10 份加适量毒死蜱，盛于盆中，于近黄昏时放于苗圃地中。

b. 用黑光灯诱杀成虫。

③ 在播种前或幼苗出土前，用幼嫩多汁的新鲜杂草 70 份与 25%西维因可湿性粉剂 1 份配制成毒饵，于傍晚撒于地面，诱杀 3 龄以上幼虫。

④ 人工捕杀。清晨巡视苗圃，发现断苗时，刨土捕杀幼虫。

⑤ 药杀幼虫。幼虫危害期，使用淇林火吉稀释 1000～1500 倍对地表进行喷雾，每亩药液量 100kg；或者使用淇林迪虫菁颗粒剂按照每亩 2000～3000g 的用量将颗粒均匀撒施到苗木根部 15～20cm 范围内，然后浇水；或者喷洒 25%功夫乳油 3000～5000 倍液，或 40.7%乐斯本乳油 1000～2000 倍液，或 30%佐罗纳乳油 2000～3000 倍液，或 25%爱卡士乳油 800～1200 倍液。

4. 蛴螬类的无公害防治

(1) 蛴螬是金龟子类幼虫的统称。分布广，食性杂，危害重。危害花卉幼苗的根茎部(受害部位伤口比较整齐)，使其萎蔫枯死，造成缺苗断垄现象。常见种类有铜绿金龟子、大黑鳃金龟子、朝鲜金龟子、苹毛金龟子、小青花金龟子、白星花金龟子等。蛴螬乳白色，头橙黄或黄褐色，体圆筒形，身体呈“C”形蜷曲，具 3 对胸足(彩图 133)。

(2) 防治措施

① 成虫防治。

a. 金龟子成虫一般都有假死性，可利用人工振落捕杀大量成虫；

b. 夜出性金龟子成虫大多有趋光性，可设置黑光灯进行诱杀；

c. 成虫发生盛期可喷洒淇林广正 1500～2000 倍液，或 2.25%功夫乳油3000～5000 倍液，或 40.7%乐斯本乳油 1000～2000 倍液，或 30%佐罗纳乳油 2000～3000 倍液，或 25%爱卡士乳油 800～1200 倍液。

② 蛴螬防治。

a. 加强苗圃管理，圃地勿用未腐熟的有机肥或将杀虫剂与堆肥混合施用、冬季翻耕，将越冬虫体翻至土表冻死。

b. 每亩使用淇林迪虫菁颗粒剂 2000～3000g 或 5% 毒死蜱颗粒剂 30～37.5kg，将颗粒均匀撒施到苗木根部 15～20cm 范围内，然后浇水。

c. 苗木出土后，发现蛴螬危害根部，可使用淇林火吉稀释 1000～1500 倍对地表进行喷雾，用 2.5% 溴氰菊酯乳油 3000 倍液灌注苗木根际。灌注效果与药量多少关系很大，如药液被表土吸收而达不到蛴螬活动处，效果就差。

d. 土壤含水量过大或被水久淹，蛴螬数量会下降，可于 11 月前后冬灌，或于 5 月上中旬适时浇灌大水，均可减轻危害。

5. 种蝇的无公害防治

（1）分布与危害　种蝇又名地蛆、种蛆，分布于全国各地。以幼虫危害月季、仙客来、马蹄莲、榆叶梅、银杏及松柏等植物的种子、幼苗的根、幼茎以及插条的愈伤组织等。花圃、盆花均有发生（彩图 134、彩图 135）。

（2）生活习性　种蝇 1 年 3 代，以蛹在土中越冬。成虫于 3～4 月间羽化，成虫喜在晴朗干燥的天气活动，早晚及多风天气大都躲在土块缝隙或其他隐蔽场所。常聚集在肥料堆上或田间地表的人畜粪堆上，并在那里产卵，第 1 代幼虫为害最重。种蝇喜欢生活在腐臭或发酸的环境中，对蜜露、腐烂有机质及糖醋液发出的酸味有趋性。

（3）防治方法

① 糖醋液诱杀成虫。红糖 2 份、醋 2 份、水 5 份加适量敌百虫或乐斯本。

② 幼虫发生期，用 2.5% 溴氰菊酯乳油 3000 倍液或 40% 毒死蜱乳油 1000～2000 倍液浇灌根部消灭幼虫。

③ 成虫发生期，每隔 1 周左右用 40% 毒死蜱乳油 100～2000 倍液喷洒植株周围地面或根际附近，连喷 2～3 次。

第五章

园林植物施肥与生长调节剂应用技术

第一节 基础知识

一、肥料知识

1. 肥料的基本概念

凡是施入土壤或喷洒于花木的地上部分（根外追肥），能直接或间接供给植物养分、提高花木质量、改良土壤的理化性质和肥力的物质，都称为肥料。肥料三要素氮、磷、钾植物需要较多，而土壤中含量却较少，要用肥料补充。直接供给作物必需营养的那些肥料称为直接肥料，如氮肥、磷肥、钾肥、微量元素和复合肥料都属于这一类。而另一些主要是为了改善土壤物理性质、化学性质和生物性质，从而改善作物的生长条件的肥料称为间接肥料，如石灰、石膏和细菌肥料等就属于这一类。

2. 肥料种类

（1）按化学成分　单一肥料，如尿素；复合肥料，如磷酸铵；完全肥料，含氮、磷、钾，如有机肥。

（2）按见效快慢分　速效肥料、缓效肥料、迟效肥料和长效肥料。

（3）按来源分　自然肥料、工业肥料。

（4）按形态分　有机肥料、矿质肥料、生物肥料。

3. 园林植物必需的营养元素

凡是植物正常生长发育必不可少的元素，叫做必需营养元素。现在在植物体中已发现了70种以上的元素，但并不都是植物必需营养元素。根据研究，必需营养元素有16种，它们是碳(C)、氢(H)、氧(O)、氮(N)、磷(P)、钾(K)、钙(Ca)、镁(Mg)、硫(S)、铁(Fe)、锰(Mn)、锌(Zn)、硼(B)、钼(Mo)、铜(Cu)、氯(Cl)。

植物生长发育必需上述16种元素，但对其需要量有很大差别，根据作物对它们需要量的多少，可分为大量营养元素、中量营养元素和微量营养元素。

（1）大量营养元素　包括碳、氢、氧、氮、磷、钾。

（2）中量营养元素　包括钙、镁、硫。

（3）微量营养元素　包括铁、锰、铜、锌、钼、硼、氯等。

植物所需的碳、氢、氧来自空气和水，其余元素来自土壤。所以除了碳、氢、氧外，植物主要靠根系从土壤中吸收这些养分。

4. 氮肥的作用

氮是构成作物体内蛋白质和酶的主要组成部分，又是叶绿素的主要组成部分，而叶绿素是进行光合作用所必需的。植物吸收的氮素主要是无机态氮，即铵态氮和硝态氮，也可以吸收利用有机态氮。氮肥供应充分时，植物叶大而鲜绿、叶片功能期延长、分枝（分蘖）多、营养体壮健、花多、产量高。植物缺氮时，植株矮小、叶小色淡或发红、分枝分蘖少、花少、子粒不饱。

5. 磷肥的作用

磷是植物细胞核的主要成分，直接关系作物的生长和发育。在植物体内磷脂亲水性好，细胞渗透压提高，有利于植物对养分的选择吸收；磷也是酶的主要成分之一，参加碳水化合物和氧化物合成，促使作物开花结果；磷还能提高细胞质缓冲性能，增加对外界的适应能力，提高植物抗逆性。缺磷时，蛋白质合成受阻，新的细胞质和细胞核形成较少，影响细胞分裂，造成植物生长缓慢、叶小、分枝或分蘖减少、植株矮小。缺磷时叶色暗绿，可能是因为细胞生长慢，叶绿素含量相对升高。某些植物有时呈红色或紫色，因为缺磷阻碍了糖分运输，叶片积累大量糖分，有利于花色素苷的形成。

6. 钾肥的作用

钾有利于作物代谢、呼吸作用的进行，提高碳素营养，促使作物生长健壮、茎秆粗硬，增强对病虫害和倒伏的抵抗能力；促进糖分和淀粉的生成。土壤中有氯化钾等盐类存在，这些盐在水中解离出钾离子，进入根部。钾在植物中呈离子状态，部分在细胞质中处于吸附状态。钾主要集中在植物生命活动最活跃的部位，对酶的活化作用是钾在植物生长过程中最重要的功能之一，现已发现钾是60多种酶的活化剂。因此。钾同植物体内的许多代谢过程密切相关，如光合作用、呼吸作用和碳水化合物、脂肪、蛋白质的合成等。钾不足时植株茎秆柔弱易倒伏，抗旱性和抗寒性均差；叶色变黄，逐渐坏死。

7. 微量元素的作用

钙是一种不易移动的元素，缺钙时，细胞壁形成受阻，影响细胞分裂，或者不能形成新细胞壁，生长受抑制，严重时幼嫩器官溃烂坏死。镁主要存在于幼嫩器官或组织中，植物成熟时则集中于种子，是叶绿素的组成成分之一。缺镁时叶绿素不能合成，叶脉仍绿而叶脉之间变黄，有时呈红紫色。缺镁严重会形成褐斑、坏死。缺铁时，会出现叶脉间缺绿，嫩叶缺铁过久叶脉也会缺绿，全叶白化。缺锰时，叶脉间缺绿，伴随小坏死点的产生。缺硼时花粉发育不良，不易形成果实，嫩芽和顶芽坏死，丧失顶端优势，分枝多。缺锌时植株茎部节间短，叶小而变形，叶片失绿。钼是固氮酶中钼铁蛋白的成分，缺钼时老叶叶脉间缺绿、坏死，缺钼主要发生在豆科植物上。缺氯症状，植株叶小，叶尖干枯、黄化，最终坏死。

8. 园林植物养分的吸收形态

作物主要是吸收土壤中的无机态离子，如 K^+、NH_4^+、NO_3^-、Ca^{2+} 等，但也能吸收某些可溶性有机物，如尿素、氨基酸、酰胺、核酸和磷酸甘油酸等。化肥主要供给无机态离子养分，容易溶在水中的，肥效就快。有机肥既能供给离子态养分（分解后），又能供给部分有机态养分。

9. 肥料利用率

肥料利用率是指当季作物从所施肥料中吸收的养分占肥料中该种养分总量的百分数。

目前栽培技术管理水平下，化肥的利用率大致在以下范围：氮肥为30%，磷肥15%，钾肥50%。提高肥料利用率的方法如下：

（1）坚持增施有机肥　有机肥含有丰富有机质和各种养分，它不仅是作物养分的直接来源，又可活化土壤中潜在养分和增强土壤生物学活性，促进物质转化，改善土壤理化性质。要贯彻有机肥和无机肥结合的施肥方针，不断培肥地力。

（2）科学施肥　化肥都应该深施、穴施，能增强土壤、作物根系对养分的吸收和吸附作用，减少易挥发养分的挥发。化肥与有机肥配合施用，能显著提高肥效。

10. 基肥和追肥的作用

（1）基肥的作用　基肥是播种前或移植前施入土壤的肥料。基肥的作用主要是供给作物整个生长期所需养分。为改良土壤而施用的肥料一般也作基肥施下。

（2）追肥的作用　追肥是指在作物生长中加施的肥料。追肥的作用主要是为了供应作物某个时期对养分的大量需要，或者补充基肥的不足。生产上通常是基肥和追肥相结合，一般是以基肥为主追肥为辅。

11. 园林植物根外施肥的优点

植物除了根部能吸收养分外，叶子及绿色枝条也能吸收养分。把含有养分的溶液喷到作物的地上部分（主要是叶片）叫做根外施肥。根外施肥的优点有以下几个方面：

① 直接供给作物有效养分，防止在土壤中被固定或转化而降低肥效。

② 当根的吸收力弱时进行根外施肥。如水稻生长后期叶部喷施尿素和磷酸二氢钾会收到良好效果。

③ 叶片对养分的吸收及转化比根快，能及时补充作物对养分的需要。例如，尿素施于土壤中一般需4～5天后才见效，但根外喷施往往1～2天后就见效。所以在防治缺素症时采用根外施肥效果好。

④ 根外施肥适宜机械化，经济有效。根外施肥的用量通常只有土壤施肥的10%左右，许多肥料特别是尿素可与许多农药混合同时喷施。

二、植物生长调节剂知识

1. 植物生长调节剂的概念

植物生长调节剂是指通过化学合成和微生物发酵等方式研究并生产出的一些与天然植物激素有类似生理和生物学效应的化学物质。为便于区别，天然植物激素称为植物内源激素，植物生长调节剂则称为外源激素。两者在化学结构上可以相同，也可能有很大不同，不过其生理和生物学效应基本相同。有些植物生长调节剂本身就是植物激素。

2. 植物生长调节剂的种类

植物生长调节剂种类繁多，根据其生理功能可以分为植物生长促进剂、植物生长抑制剂和植物生长延缓剂三类。植物生长调节剂的种类或浓度的不同，对植物不同部位的生长会产生促进或控制的不同效果。

（1）植物生长促进剂　植物生长促进剂主要有生长素、赤霉素、油菜素内酯等化合物，能促进植物生长。生长素对细胞的伸长作用与生长素浓度、细胞年龄和植物器官种类有关，一般在低浓度时促进生长，反之则抑制。

（2）植物生长抑制剂　植物生长抑制剂常用的有脱落酸、乙烯、水杨酸、茉莉酸甲酯、三碘苯甲酸等，其主要作用是抑制植物茎部顶端分生组织的生长。植物生长抑制剂可延缓植物的营养生长，促其茎变粗、变短，使叶片变小增厚、叶色浓绿。通常用植物生长抑制剂处理的植株其生长具有不可逆性，即恢复生长很弱。例如，用赤霉素处理植株进行恢复生长，一般不能使生长抑制剂产生的抑制效果减弱或逆转。

（3）植物生长延缓剂　植物生长延缓剂主要有多效唑、矮壮素、比久、皮克斯等。主要抑制植物茎部近顶端分生组织，经生长延缓剂处理的植物各部位被矮化，但其恢复生长良好。例如，用多效唑处理过的植物，茎长得矮，但用赤霉素处理后，植株茎生长可以恢复，且生长情况接近对照植株，即未用多效唑处理的植株。

多数植物生长调节剂能促进植物新陈代谢，增强植物免疫力，改善品质，促进作物增产增收。在农业上使用的植物生长调节剂中，赤霉素可以直接从植物体内提取，而其他大多数植物生长调节剂均是人工化学合成的。近几年来，人工合成的植物生长调节剂在农业生产上应用很多，有些生长调节剂的生理效能甚至比天然植物激素还好。植物生长调节剂在园林方面的应用还不多，利用植物生长调节剂等化控手段控制园林植被，是园林绿化管理技术的一项新技术、新措施，具广阔的发展前景。

3. 植物生长调节剂的作用机理

① 活化基因表达，改变细胞壁特性使之疏松来诱导细胞生长；诱导酶活性，促进或抑制核酸和蛋白质形成；改变某些代谢途径，促进或抑制细胞分裂和伸长；诱导抗病基因表达。

② 促进细胞伸长、分裂和分化，促进茎的生长；促进发根和不定根的形成；诱导花芽形成，促进坐果的果实肥大，促进愈伤组织分化；促进顶端优势，抑制侧芽生长。

③ 打破休眠，促进发芽；抑制横向生长，促进纵向生长，促进花芽形成；诱导单性结实。

④ 阻止茎的伸长生长；增加呼吸酶和细胞壁分解酶活性；促进果实成熟、落叶、落果和衰老；打破休眠，促进花芽形成和发根。

⑤ 促进休眠，阻止发芽；促进落叶、落果、形成离层和老化；促进气孔关闭；抑制 α-淀粉酶形成；促进乙烯形成。

第二节　园林植物施肥技术

一、主要肥料特性及使用方法

1. 碳酸氢铵的特性及使用方法

碳酸氢铵(NH_4HCO_3)简称碳铵，含氮 16.5%～17.5%，呈白色粉末状结晶。易吸水、易溶于水，水溶液呈碱性，pH 8.2～8.4，吸湿后易结块。

碳酸氢铵适宜作基肥和追肥，不能作种肥。基肥一般每亩用量 25～40kg，追肥 15～20kg。不论作基肥还是追肥，都必须深施。基肥深施深度因土壤质地而异，黏质土 10～15cm、壤质土 14～15cm、沙质土 12～18cm；追肥深施则分别为 7～10cm、10～12cm 和 10～15cm。深施可采用机械深施或人工深施。追肥部位应在株行两侧的10～20cm，肥带宽长于3cm。

2. 硝酸铵的特性及使用方法

硝酸铵(NH_4NO_3)简称硝铵，硝态氮和铵态氮各半，总含氮量34%。其产品有两种：一种是白色粉状结晶，吸湿性很强，易结块，特别在高温多雨季节会吸湿成糊状；另一种是白色或浅黄色颗粒，在硝酸铵颗粒表面有一些疏水填料作防潮剂，使用方便，易存放，吸湿性弱，不易结块。硝铵的水溶液呈中性。硝铵具有助燃性和爆炸性，不能与纸、油脂、柴草、硫黄、棉花等易燃物一起存放。硝铵在贮存、运输过程中，要注意防水、防潮，严禁与金属物质接触。结块的硝铵也不能用木棍、铁棒击打。

硝酸铵宜作追肥和旱地基肥，但不能作种肥和多雨地区基肥施用。作旱地追肥一般穴施或沟施，施入后覆土盖严，或用化肥深施追肥机追施。在雨季或多雨地区要适当浅施，避免NO_3^-向下淋失，不利作物吸收利用。

3. 尿素的特性及使用方法

尿素是一种化学合成的有机酰胺态氮肥，也是氮肥中含量最高、浓度最大的优质氮肥，含氮量46%，白色针状或颗粒状结晶。尿素易溶于水，溶解时有强烈的吸热反应，水溶液呈中性。吸湿性弱，不易结块。但当温度超过135℃时，尿素分解，生成缩二脲，并释放出氨气。

4. 过磷酸钙的特性及使用方法

过磷酸钙［$Ca(H_2PO_4)_2 \cdot H_2O$］简称普钙。是用硫酸分解磷矿石，将难溶性的磷酸钙盐转变为水溶性的磷酸钙盐而制成的，含P_2O_5 12%～20%，一般呈灰白色或浅灰色粉末。具有一定的吸湿性，产品中若游离酸含量过多，易吸湿结块，因此，普钙应存放在通风干燥处。

5. 硫酸钾的特性及使用方法

硫酸钾(K_2SO_4)含有效钾(K_2O) 48%～52%，多为白色或淡黄色结晶，也有少量的红色硫酸钾。硫酸钾易溶于水，吸湿性小，不易结块，贮运较方便。是化学中性、生理酸性肥料。

硫酸钾可用作种肥、基肥、追肥和叶面喷施。作种肥一般每亩用量1.5～2.5kg，注意不要与种子直接接触；用作基肥应视土壤丰缺情况而定。土壤有效钾低于80mg/kg的土壤，每亩施硫酸钾5～10kg，高产田每亩可适当补施5kg左右，用作追肥，要尽早追施，每亩用量5kg左右，根外追施浓度以每亩1kg硫酸钾兑水50kg均匀喷洒为宜。硫酸钾属生理酸性肥料，在酸性土壤上施用，易引起土壤酸化，应与石灰配合施用，中和土壤酸性。在中性或石灰性土壤上施用硫酸钾，生成的硫酸钙很难溶解，长期施用，会造成土壤板结，应增施有机肥，防止土壤板结。

6. 氯化钾的特性及使用方法

氯化钾(KCl)含氧化钾(K_2O) 60%左右，易溶于水，颜色大多呈白色或淡黄色，也有略带红色的产品。属化学中性、生理酸性的速效性钾肥。

氯化钾可作基肥、追肥施用。作基肥一般每亩用量 5～10kg，要与有机肥混合使用。由于氯离子对种子发芽和幼苗生长有抑制作用，故不宜作种肥。在酸性土壤上长期施用氯化钾，要与石灰配合施用。氯化钾在石灰性和中性土壤中生成的氯化钙，溶解度大，在多雨地区、多雨季节或灌溉条件下，易随水淋失至土壤下层，一般不会对作物产生毒害。在中性土壤上，会造成土壤钙的淋失，使土壤板结。由于氯化钾含有氯离子，施用时要扬长避短，对烟草、甜菜、甘薯、马铃薯、甘蔗、茶树等忌氯作物，应不施或尽量少施。在盐碱土上施用氯化钾会加重盐害，对作物产生毒害，因此，要避免在盐碱土上施用。

7. 复混肥的特性及使用方法

复混肥是指含有氮、磷、钾三种养分中的两种或三种养分的肥料。包括掺混肥料和复合肥。复合肥具有养分含量高、副成分少且物理性状好等优点，对于平衡施肥、提高肥料利用率有很大好处。

为使复混肥料中的磷、钾充分发挥作用，复混肥料多作基肥使用。由于复混肥料成分固定，在施用时应针对复混肥料的品种特性、当地的土壤条件和园林植物需肥特性，配合施用单质肥料，以保证养分的协调供应。控释肥是指通过各种机制措施预先设定肥料在作物生长季节的释放模式，使其养分释放规律与作物养分吸收基本同步，从而达到提高肥效目的的一类肥料。如有机无机复混肥"淇林培田"，是一种新型的肥料，通过一次施用，达到肥效逐渐释放的效果，省工省时。

8. 硝酸磷肥的特性及使用方法

硝酸磷肥是用硝酸分解磷矿粉，经氨化而制成的氮磷二元复合肥料。硝酸磷肥的养分含量与制造方法有关。冷冻法制造的硝酸磷肥含 N 20%、P_2O_5 20%；碳化法硝酸磷肥含 N 18%～19%、P_2O_5 12%～13%；而混酸法硝酸磷肥含 N 12%～14%、P_2O_5 12%～14%。

硝酸磷肥宜作基肥、种肥和追肥施用。施用量一般因土壤肥力水平和产量高低而定。土壤肥沃、产量高的地块，基施每亩用量为 30kg 左右；产量较低的地区，每亩用 10～20kg；用作种肥每亩 5～7.5kg 为宜，条施或穴施于土壤，注意不能直接与种子接触，以免烧苗。在缺磷的土壤上，要优先选用水溶性磷含量高、氮磷比例为 1∶1 型的硝酸磷肥。

9. 硝酸钾的特性及使用方法

硝酸钾是一种含氮、钾的复合肥，呈斜方或菱形白色结晶，总有效养分含量57%～61%。其中，含 N 12%～15%，含 K_2O 45%～46%，吸湿性小，不易结块。

硝酸钾可作旱地追肥施用，不宜用作种肥或基肥，也不适合水田施用。作追肥每亩用量 5～10kg。

10. 三元复合肥的特性及使用方法

市场最常见的复合肥品种指氮、磷、钾三种元素混合起来造粒而生产的复合肥料，三元是氮、磷、钾三种元素的缩写，如氮、磷、钾含量分别为 15%、15%、15%，总含量为 45%的复合肥，可同时为植物补充三种元素。

11. 磷酸二氢钾的特性及使用方法

磷酸二氢钾是一种高浓度的磷、钾复合肥，总有效养分含量 87%。其中，含 52%的 P_2O_5 和 35%的 K_2O。纯净的磷酸二氢钾是白色或灰白色粉末，20℃时密度 2.3g/cm^3，吸湿性弱，物理性能好，易溶于水，水溶液呈酸性，pH 3～4。磷酸二氢钾熔点为 253℃，加热到 400℃时能脱水生成偏磷酸钾。

磷酸二氢钾适用于任何土壤和作物，尤其适合于磷、钾养分同时缺乏的地区和喜磷喜钾的作物，可作底肥、种肥和追肥，一般用于根外追肥和浸种。一般每亩喷施 0.1%～0.2%的磷酸二氢钾溶液 50～75kg。

12. 无机营养型叶面肥的特点

此类叶面肥中氮、磷、钾及微量元素等养分含量较高，主要功能是为作物提供各种营养元素，改善作物的营养状况，尤其是适宜于作物生长后期各种营养的补充。其特点是吸收速度快，属速效肥料，但同化学肥料一样在植株体内残留较多。国家标准：微量元素单质之和≥10%或大量元素之和≥50%，微量元素之和≥1%。常用的有磷酸二氢钾、稀土微肥、绿芬威、硼肥等。

13. 调节型叶面肥的特点

此类叶面肥中含有调节植物生长的物质，如生长素、激素类等成分，主要功能是调控作物的生长发育等。适于植物生长前期、中期使用。其特点是吸收速度快，残留有害物质较少。国家标准：调节剂+微量元素单质≥4%。

14. 生物型叶面肥的特点

该叶面肥以豆粕、农家肥等提取的有机物为载体加入活性微生物。此类肥料中含微生物体及代谢物，如氨基酸、核苷酸、核酸类物质。主要功能是刺激作物生长，促进作物代谢，减轻和防止病虫害的发生。其特点是肥效显著、基本无残留，多属绿色肥料，但吸收速度慢、喷施条件较苛刻且很多稳定性较差。

15. 腐植酸叶面肥的特点

此类叶面肥肥效期长，提高保护地地温，有效减少低温高湿引起的常见生理性及病理性病害发生。腐植酸按其在水中溶解的情况和颜色可分为黄腐植酸、棕腐植酸、黑腐植酸。黑腐植酸基本不溶于水，棕腐植酸微溶于水，黄腐植酸分子量小、易溶于水、可螯合矿质元素。其特点是效果快，绿色、无公害等，倍受菜农们的青睐。国家标准：腐植酸含量≥8%，微量元素单质之和≥6%；或腐植酸含量≥8%，大量元素之和≥17%，微量元素之和≥3%。

16. 氨基酸叶面肥的特点

氨基酸叶面肥以氨基酸为主，并络合微肥，含有植物营养型生长调节剂和植物必需的微量元素。氨基酸叶面肥能促进根系生长、壮苗、健株、增强叶片的光合功能及作物的抗逆、抗病虫害能力，对多种作物均有较显著的增产效果。其特点是无毒、无公害，不污染环境。国家标准：氨基酸含量≥8%(发酵法)，或氨基酸含量≥10%(酶解法)；微量元素单质之和≥2%。

17. 叶面肥的使用方法

（1）选用适时的叶面肥　随着温度的升高，园林植物在生长过程中营养消耗非常旺盛，因此，此段时间应着重补充钙、镁、铁等微量元素，选择微量元素叶面肥，同时，配合施用云大-120或丰收一号等植物生长调节剂，促进植物生长，提高作物品质。

（2）混用种数不宜过多　在实际操作中，不要将数种叶面肥放在一起施用，也不要今天喷这种，明天又喷那种。叶面肥的施用并没有累加效应，喷多了甚至还会相互影响效果的发挥。一般来说，应根据当地情况选择1～2种施用即可。

（3）不能以叶面肥代替化肥　优秀的叶面肥虽然有着较为明显的增产效果，并且对作物品质的改善和抗逆性能的增强也具有一定的促进作用，但是它只能是在肥水供应充足、病虫草害防治良好等高产配套措施基础上发挥综合效应。因此，叶面肥和氮、磷、钾化肥应兼而顾之。

（4）掌握施用方法，用量不宜过大　喷施时应按照所用品种最适浓度(参照使用说明书)，在园林植物生长转折期，于晴天上午10时前或下午4时后，均匀喷施在植物叶部、幼茎和果等作用部位。随意加大施用剂量和提高施用浓度，不仅会造成浪费，甚至还会带来负面影响。喷施时要溶解充分，随配随用，并避免强光照射或下雨淋失。

（5）根据需要掺和农药　可兼防病虫害，省工多效，但忌酸碱中和。

18. 微肥的种类和特点

各种微量元素单质肥料包括硫酸亚铁、硼肥、锌肥、锰肥、钼肥。微量元素肥料通常简称为微肥，是指经过大量的科学试验与研究已证实、具有生物学意义的，也就是植物正常生长发育不可缺少的那些微量营养元素，通过工业加工过程所制的，在农业生产中作为肥料施用的化工产品。微量元素肥料的种类很多，性质和特征也各不相同。按所含营养元素的不同分，有锌肥、硼肥、锰肥、铁肥、铜肥、钼肥等；按养分组成划分，有单质微肥、复合微肥、混合微肥；按化合物类型划分，有易溶性无机盐、难溶性无机盐和螯合物肥料。

19. 有机肥的种类和特点

有机肥指含有有机物质，既能提供农作物多种无机养分和有机养分，又能培肥改良土壤的一类肥料。包括各种动物粪便，以及经过加工的商品有机肥料。国家标准：氮磷钾含量≥4%，有机质含量≥30%。具有改良土壤、培肥地力作用。微生物肥料是含有特定微生物活体的制品，应用于农业生产，通过其中所含微生物的生命活动，增加植物养分的供应量或促进植物生长，提高产量，改善农产品品质及农业生态环境。微生物肥料包括微生物接种剂、复合微生物肥料和生物有机肥。

① 微生物接种剂也叫农用微生物菌剂，国家标准(GB 20287—2006)中规定其三种剂型的有效活菌数分别为：液体≥2×10^8/cL，粉剂≥2×10^8/g，颗粒≥1×10^8/g。

② 复合微生物肥料(NY/T 798—2015)要求：液体≥0.5×10^8/cL，粉剂≥0.2×10^8/g，颗粒≥0.2×10^8/g。

③ 生物有机肥(NY 884—2012)要求：有效活菌数≥0.2×10^8/g。

微生物菌肥优点多，不仅能改良土壤结构、培肥地力，还具有增强抗逆能力、改善作物品质等功效。

二、园林植物施肥原则及技术

1. 合理施肥的原则

为客观指导园林绿地的养分管理，更好地发挥肥效，避免出现肥害，提出以下要求：

（1）有机肥、无机肥配合施用　化肥可根据不同树种需求有针对性地用于追肥，适时给予补充。有机肥所含必需元素全面，又可改良土壤结构，可作底肥，肥效稳定持久。有机肥还可以创造土壤局部酸性环境，避免碱性土壤对速效磷、铁素的固定，有利于提高树木对磷肥的利用率。

（2）不同树木施不同的肥料　落叶树、速生树应侧重多施氮肥。针叶树、花灌木应当减少氮肥比例，增加磷、钾素肥料。刺槐一类的豆科树种以磷肥为主。对一些外引的边缘树种，为提高其抗寒能力应控制其氮素施肥量，增加磷、钾素肥料。松、杉类树种对土壤盐分反应敏感，为避免土壤局部盐渍化而对松类树木造成危害，应少施或不施化肥，侧重施有机肥。

（3）不同土壤施不同肥料　根据土壤的物理性质、化学性质和肥料的特点有选择地施肥。碱性肥料宜施用于酸性土壤中，酸性或生理酸性肥料宜在碱性土壤中施用，既增加了土壤养分元素，又达到了调节土壤酸碱度的目的。

（4）看花木生长发育需求施肥

① 营养生长旺盛期多施氮肥。花果、生殖生长期多施磷、钾肥。

② 移植苗前期根系尚未完善吸收功能，只宜施有机肥作基肥，不宜过早追施速效化肥。

③ 遭遇病虫害或旱涝灾害，根系受到严重损害时，应适当缓苗，不要急于施重肥。

④ 园林植物尤其是草本花卉、草坪，休眠期控制施肥量或不施。

2. 按植物种类施肥

① 不同植物以及同种植物的不同生长阶段有不同的营养特性，如阔叶树幼林对氮肥需要量高于针叶幼林；用材林应优先考虑施氮；豆科树木大都有根瘤，可固氮，应注重施磷、钾肥；橡胶树则要多施钾肥。

② 同一植物不同生长阶段，所需肥种不同。幼苗主要需氮量较高，幼苗栽植当年，根系往往未完全恢复，吸收养分能力差，故栽植时应施磷肥和有机肥，以促进根系发育，提高苗木成活率。

③ 不同植物的施肥深度不同，如大树施肥深度为30～60cm，一般花卉和草坪为10～15cm；喜肥植物可多施肥，耐瘠植物可少施肥。

④ 观叶植物可适当多施氮肥，观花植物则应注重施磷、钾肥和有机肥；针叶树和林下耐阴植物喜铵态氮肥，而阳性阔叶树和花木则喜硝态氮肥。

3. 按气候施肥

大雨使硝态氮大量淋失，所以应在雨后施氮肥，以防氮肥损失；干旱地区施用硝态氮肥；干热天气叶面喷施磷肥。

4. 按肥料特性施肥

施肥必须考虑肥料本身的性质与成分。

有机肥肥效长而平缓，多用作基肥，施用量大；速效氮肥肥效快，多用作追肥，施用量要适中，采用撒施、条施、穴施、浇灌等均可，且施用后要覆土；磷肥移动性差且容易被固定，所以一般要集中施用，并要靠近根层；磷矿粉只适于酸性土壤；微量元素肥料以叶面喷施为主，有时沾根或浸种。

5. 各种肥料配合施用

有机肥与化学肥料配合施用，可以相互取长补短。随着有机肥的不断施用，土壤的基础肥力可以不断提高，化肥的用量也可以逐渐减少。氮、磷、钾肥配合施用，基肥、种肥和追肥配合施用，可以持续地为植物整个生长发育期提供养分，并及时满足植物营养临界期和强度营养期对养分的迫切需求。

6. 施肥的类型

（1）基肥　在播种或定植前，将大量的肥料翻耕埋入地内，一般以有机肥料为主。

（2）追肥　根据生长季节和园林植物的生长速度补充所需的肥料，一般多用速效化肥。园林树木追肥的方式主要有放射状施肥、环状施肥、条沟状施肥、穴状施肥（图5-1）。

（3）种肥　在播种和定植时施用的肥料，称为种肥。种肥细而精，经充分腐熟，含营养成分完全，如腐熟的堆肥、复合肥料等。

（4）根外追肥　在植物生长季节，根据植物生长情况喷洒在植物体上（主要是叶面），如用尿素溶液、磷酸二氢钾溶液喷洒。

7. 科学施肥

（1）计划施肥量

$$\text{计划施肥量}=\frac{\text{计划产量所需养分总量}-\text{土壤供肥量}}{\text{肥料的养分含量}\times\text{肥料的利用率}}$$

（2）施肥时期的确定

① 基肥是在播种前结合土壤耕作施入的肥料。一方面是培养和改良土壤，另一方面是供给植物整个生长发育时期所需要的养分。

② 种肥是播种时施在种子附近或与种子混播的肥料。其作用是给种子萌发和幼苗生长创造良好的营养条件和环境条件。

③ 追肥是在植物生长发育期间施入的肥料。其作用是及时补充植物在生长发育过程中所需的养分。

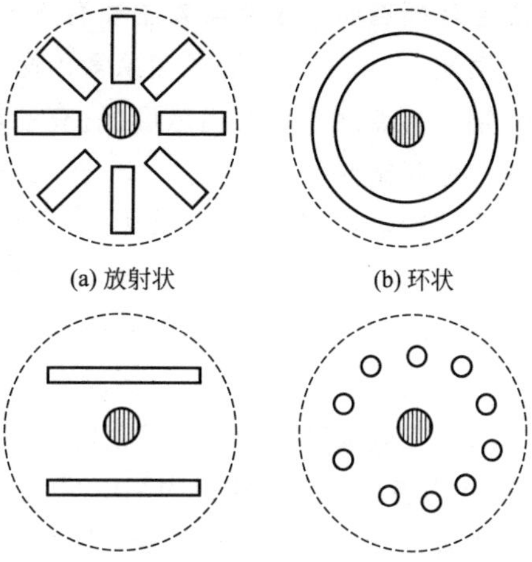

(a) 放射状　(b) 环状　(c) 条沟状　(d) 穴状

图 5-1　追施肥方式

（3）施肥方法的确定

① 撒肥。是施用基肥和追肥的一种方法，即把肥料均匀撒于地表，然后把肥料翻入土中。

② 条施。也是基肥和追肥的一种方法，即开沟条施肥料后覆土。一般在肥料较少的情况下施用。

③ 穴肥。穴施是在播种前把肥料施在播种穴中，而后覆土播种。

④ 分层施肥。将肥料按不同比例施入土壤的不同层次内。

随水浇肥。在灌溉时将肥料溶于灌溉水而施入土壤的方法。这种方法多用于追肥方式。

⑤ 根外追肥。把肥料配成一定浓度的溶液，喷洒在植物叶面，以供植物吸收。此法省肥、效果好，是一种辅助性追肥措施。

⑥ 环状和放射状施肥。常用于果园施肥，是在树冠外围垂直的地面上挖一环状沟，施肥后覆土踏实。

⑦ 其他施肥方法。根据植物的不同习性选择不同的更加合适的施肥方法，从而使作物生长得更好。

第三节　园林植物的生长调节剂使用技术

一、植物生长调节剂特点及使用方法

1. 常用的植物生长调节剂

植物生长物质是一类调节植物生长发育的物质，可以分为两类：植物激素和植物生长调节剂。植物激素是指一些在植物体内合成，并从产生之处运送到别处，对生长发育产生显著作用的微量有机物；而植物生长调节剂是指一些具有植物激素活性的人工合成的物质。植物激素主要有五大类:生长素类、赤霉素类、细胞分裂素类、乙烯和脱落酸,近年来还发现了油菜素内酯、茉莉酸、水杨酸、多胺类与多肽等。植物生长调节剂的特点之一是使用浓度低,有的甚至不到百万分之一,就能对植物的生长、发育和代谢起重要的调节作用。一些栽培技术措施难以解决的问题,能通过使用植物生长调节剂得到解决,如打破休眠、调节性别、促进开花、化学整形、防止脱落、促进生根、增强抗性等。而植物生长调节剂根据生理功能的不同,主要分为植物生长促进剂、植物成长抑制剂和植物生长延缓剂等三类。

(1) 植物生长促进剂　主要包括生长素类 (ABT 生根粉、吲哚乙酸、α-萘乙酸、2,4-二氯苯氧乙酸、防落素等)、细胞分裂素类 (6-苄氨基嘌呤)、油菜素甾醇类(油菜素内酯、表高油菜素内酯)、赤霉素类、氯吡脲、二苯基脲磺酸钙等。可促进细胞生长，起到增大增产作用，还具有保鲜耐贮藏作用。

(2) 植物生长延缓剂　主要包括多效唑、烯效唑、矮壮素、芸苔素内酯、壮丰灵、维他灵、玉米健壮素、乙烯利等。能够防止植株徒长，形成矮化健壮植株；抗倒伏。

(3) 植物生长抑制剂　包括脱落酸、比久、青鲜素、缩节胺、三碘苯甲酸、马来酰肼等。可抑制顶端分生组织的生长，抑制开花抽薹。

2. 植物生长调节剂的使用方法

(1) 喷施　最常用的一种方法，大多数调节剂都可以喷施使用。

(2) 挂大树吊液　在大树吊液中加入微肥以及调节剂，对移栽树木进行输水，增加树木营养以及调节树木生长。

(3) 浸泡　常用于促进扦插生根、催熟果实以及切花保鲜等。

(4) 涂抹　高空压条时将含有调节剂的溶液直接涂抹在经过环割的伤口处，促进生根以及伤口愈合。

(5) 浇灌　将植物生长调节剂配成水溶液，直接灌在土壤中或与肥料等混合施用，促进植开花，控制植株茎伸长。

(6) 拌种　很多苗木品种种子不易发芽，将药剂与苗木种子和草种混合拌匀，可以刺激种子萌发，促进生长、生根。

3. 应用植物生长调节剂应注意的问题

① 园林植物种类、品种、生长势和环境条件差异较大，对植物生长剂的不同浓度的反应也各不相同，所以在大量应用前要做预备试验，以免发生药害或效果不显著。

② 由于生长调节剂剂型以及浓度差别比较大，使用时要严格按照要求使用。配置以及使用浓度要准确。

③ 喷药最好在晴天傍晚前进行。不要在下雨前或烈日下进行，以免改变药液浓度，降低药效或发生药害。

④ 为了增强药效，可在稀释好的药液中加入少量的展着剂，如西维因可加入0.2%的豆浆作展着剂。

⑤ 使用后要加强水肥管理。

4. 芸苔素内酯的特点及使用方法

芸苔素内酯又叫油菜素内酯，原药外观为白色结晶粉。芸苔素内酯为甾醇类植物激素。由于它在很低浓度下，能明显地增加植物的营养体生长和促进受精，因而受到广泛注意。迄今为止，人们已从几十种植物体中分离鉴定出这类化合物。植物的各个阶段的生长发育是受自身的激素控制和调节的。鉴于目前的五大类植物内源激素不足以解释植物生长发育的全部过程，因此，人们普遍认为芸苔素是新的植物内源激素。加之芸苔素内酯的化学结构与动物性激素极其近似，因此，它在植物生殖生理中的作用引起人们越来越多的兴趣。

在上述工作的基础上，人们发现24-表芸苔素内酯使作物增产作用较其他天然芸苔素内酯更高，目前在生产上推广使用的便是24-表芸苔素内酯的化学复制品。按我国农药毒性分级标准，芸苔素内酯属低毒植物生长调节剂，对水生生物低毒。制剂为芸苔素内酯0.01%乳油。在草坪、花卉上使用时，用0.01mg/L喷洒叶面，效果独特。

5. 甲壳素的特点及使用方法

甲壳素又称壳聚糖，广泛存在自然界动物、植物及菌类中，如甲壳动物的甲壳、昆虫表皮内的甲壳、植物和真菌的细胞壁。地球上甲壳胺的蕴藏量仅次于纤维素，甲壳胺的生理功能是作为固定酶的载体。因为甲壳胺分子中的游离氨基对各种蛋白质的亲和力非常强，可以用来作酶、抗原、抗体等生理活性物质的固定化载体，使酶、细胞保持高度的活力。制剂为2%可溶性液剂。对花卉花叶病、叶斑病有效。用2%可溶性液剂600～800倍液喷雾，可调节生长、提高抗病能力；施于土壤，可改善团粒结构，减少水分蒸发。甲壳胺还可用作植物生长调节剂。

6. 赤霉素的特点及使用方法

赤霉素又叫九二〇，工业品为白色结晶粉末，遇碱易分解。赤霉素是一种广谱性植物生长调节剂。植物体内普遍存在着内源赤霉素，它是促进植物生长发育的重要激素之一，是多效唑、矮壮素等生长抑制剂的拮抗剂。赤霉素可促进细胞、茎伸长，叶片扩大，单性结实。也可促进果实生长，打破种子休眠，改变雌、雄花比率，影响开花时间，减少花、果的脱落。外源赤霉素进到植物体内，具有内源赤霉素同样的生理功能。赤霉素主要经叶片、嫩枝、花、种子或果实进入到植株体内，然后传导到生长活跃的部位起作用。赤霉素是目前农、林、园艺上使用极为广泛的一种调节剂。按我国农药毒性分级标准，赤霉素属低毒植物生长调节剂。制剂有85%赤霉素结晶粉、4%赤霉素乳油。使用10～30mL/L的赤霉素溶液将花木插条先浸泡30min，然后再扦插，可以促进插条提前生根、发芽，苗木成活率高；花木萌芽时喷施 20～30mL/L 的赤霉素溶液，抽芽快，枝叶生长旺盛。如月季等花木含苞待放时喷施 20～30mL/L 赤霉素，花朵开放鲜艳并能延长开花期；白兰花越冬前喷施 2～3 次 20～30mL/L 赤霉素，枝繁叶茂，抗寒力增强；葡萄开花后 7～10 天，用 20～50mL/L 溶液喷幼果，可促使无核果形成，果粒和果重增加；番红花大的球茎，栽种前用 100mL/L 赤霉素浸 24h，可增加雌蕊花柱产量并能增加球茎的开花数；唐菖蒲、百合等，用 1000mL/L 喷洒球根，可以打破休眠，促使发芽。

注意：第一，赤霉素用于促进坐果、刺激生长时，水肥一定要充足；第二，适当与生长抑制剂进行混用，效果才更理想；第三，赤霉素遇碱易分解，在干燥状态下不易分解。其水溶液在 5℃以上时易被破坏而失效；第四，赤霉素纯品水溶性低，用前先用少量酒精溶解，再加水稀释至所需的浓度；第五；经赤霉素处理的棉花等作物，不孕子增加，故留种田不宜施药。

7. 乙烯利的特点及使用方法

乙烯利又叫高欣，纯品为无色针状晶体，水剂棕黄色，为促进成熟的植物生长调节剂。乙烯利经植物的叶片、树皮、果实或种子进入植物体内，然后传导到起作用的部位，便释放出乙烯。也能诱导植株产生乙烯，具有内源激素乙烯的生理功能，如增进汁液分泌，促进果实成熟及叶片、果实的脱落，矮化植株，诱导某些作物雄性不育等。按我国农药毒性分级标准，乙烯利属低毒植物生长调节剂，但对皮肤、黏膜、眼睛有强烈的刺激作用。制剂为 40% 水剂。用 1000mg/kg 的乙烯利溶液喷菊花茎叶，可有效抑制节间伸长、抑制花芽发育；用 500～1000mg/kg 的乙烯利溶液浸泡球根鸢尾的种球 12～24h，可促进提早现蕾开花；用乙烯利溶液处理后的非洲菊、万寿菊可提前开花；生长于温室内的百合等植株，用 10mg / kg 的乙烯利溶液处理，可提前 7 天开花；用 100mg/kg 的乙烯利溶液处理观赏性果类花卉，可提高坐果率，加快果实成熟。

8. 丁酰肼的特点及使用方法

丁酰肼又叫比久，纯品为微臭白色粉末，贮藏稳定性好。为生长延缓剂，具有良好的内吸、传导性。可以控制内源赤霉素的生物合成和内源生长素的合成，主要作用为抑制新枝徒长、缩短节间长度、增加叶片厚度及叶绿素含量、防止落花、促进坐果、诱导不定根形成、刺激根系生长、提高抗寒力。按我国农药毒性分级标准，丁酰肼属低毒植物生长调节剂。制剂为 50% 可溶性粉剂。在菊花上，用 50% 可溶性粉剂 125～250 倍液喷雾，可控制株高，使株形美观。

注意：不能与碱性物质混用。适用于长势良好的作物，长势弱时慎用。

9. 多效唑的特点及使用方法

多效唑又叫氯丁唑，原药为白色固体。属于三唑类植物生长调节延缓剂，易被根和茎、叶吸收，通过植物木质部向顶端输导，并转至接近顶点的分生组织，能抑制内源赤霉素的合成，提高植物吲哚乙酸氧化酶的活性，降低植物内源吲哚乙酸（IAA）的水平，减少植物细胞分裂和伸长。可以明显减弱顶端优势，有利于植株矮化，防止倒伏，促进侧芽生长，使叶色浓绿。还可以促进根系发育，提高作物的抗逆性。按我国农药毒性分级标准，多效唑属低毒植物生长调节剂，对鸟类毒性低，但对水生生物毒性较高。制剂有15%可湿性粉剂、25%悬浮剂、25%乳油。

多效唑可用于观赏植物上，使用时不可随意提高使用浓度和用量，浓度过高反而会抑制植株生长。如果产生药害，可适当增施氮肥或赤霉素加以缓解。本剂在土壤中残留时间较长，田块收获后须翻耕，以防对后茬作物有影响。将多效唑粉剂混于土中，制成200倍的毒土(即25g多效唑粉剂混入50kg泥土)，随后每盆(口径为24cm左右的土盆)施50g左右的毒土，有效期可达35天之久，且随施用浓度的增加而有效期延长，但浓度也不能过大，不然会使植株簇生，不开花。喷施使用浓度一般为300mg/L左右，每7～10天喷雾一次，中途连续不间断，喷后10天左右开始有效，每次的喷雾时间以夏令时下午七点以后为宜，喷后遇雨要补喷。用于根施时，在每盆口径24cm左右的土花盆中施入200倍的多效唑药液10～15mL，施后15天便开始起作用。另外还可用其水溶液涂在植株茎秆上，也能收到良好的效果。

10. 矮壮素的特点及使用方法

矮壮素又叫CCC、矮脚虎，纯品为白色结晶，略有鱼腥味，原粉为浅黄色粉末，在水溶液中比较稳定。矮壮素能阻碍植物体内贝壳杉烯的生成，致使内源赤霉素的生物合成受阻。其生理功能是控制植株根、茎、叶的生长，使叶绿素含量增多，叶色加深，叶片增厚，光合作用增强；促进植株花和果实的生长，提高植株的坐果率；使植株的节间缩短、矮壮，增强其抗旱、抗倒伏、抗寒和耐盐碱的能力；改善品质，提高产量。按我国农药毒性分级标准，矮壮素属低毒植物生长调节剂。制剂有80%可溶性粉剂、50%水剂。在杜鹃开花前6～7个月修剪后发新枝时，叶面喷洒1800～2300mg/L的矮壮素，经8h短日照，可以促其开花，用0.3%矮壮素药液浇灌盆栽山茶，可以促进花芽形成;矮壮素对木槿矮化有特效，当木槿新芽长到5～7cm时，用0.1%的矮壮素叶面喷洒，可使植株矮化。

11. 稀土的特点及使用方法

稀土又叫益植素。本剂中包括稀有元素钪、钇及镧系元素，可以促进植物新陈代谢，使叶片肥厚，增强光合作用，提高植株的抗逆性，促进根、芽及植株生长，使其健壮。提高坐果率，使果实匀实，增加果实甜度、香味等。按我国农药毒性分级标准，稀土属于无毒级植物生长调节剂。

对于观赏类花卉，在苗期、旺长期、始蕾期、始花期、结果期分别用每25mL助长剂兑水20～25kg，每隔10～15天对叶面喷施一次。观叶植物冬季入室后寡照低温，适当勤喷，约隔10天喷一次。发生黄叶、寒冻应及时喷施。对草坪和园林树木，在新草、新叶生长时，每隔 10～15 天用 25mL 助长剂兑水 20～25kg 喷施一次。对于园林树木，在入冬前用助长剂 25mL 兑水 17.5～20kg 遍喷一次，可起到养叶防早衰，促进花芽萌发的双重效果。

12. 树木防冻剂的特点及使用方法

树木防冻剂制剂为淡黄色粉末，能抑制作物自身热量的散失，降低植株结冰点，提高细胞原生质的浓度，增强抗寒、抗逆能力，属无毒植物源生长调节剂。制剂为可湿性粉剂。用于观赏植物，在早春花芽膨大时开始到初花期喷 2 次，或依据气温预报降温前 2～3 天，喷施防冻剂，预防低温冻坏芽。在深秋初冬落叶后喷1～2 次，可以增强树势，减轻越冬冻害。每袋(100g)防冻剂，先加 50～90℃热水 0.5kg 溶化，再加凉水，气温降到 0℃以下，加凉水 15kg，气温在 0℃以上，加 25kg 水均匀喷施，间隔 7～10 天喷 1 次。

注意：第一，不可与碱性农药混用，可间隔 1～2 天后施用；第二，施防冻剂必须在气温下降前 2～3 天喷施，气温已下降不能使用；第三，盛花期禁止使用，以免影响授粉。

13. 奇茵植物基因活化剂的特点及使用方法

奇茵植物基因活化剂为浅黄色粉末，溶于水。是用世界最新生物工程技术研制而成。它不改变植物原有基因的种类，却能激活优良基因充分发挥作用，强化防御和抗逆机制，使植物在逆境中也能茁壮生长，大幅度提高产量，改善品质。本剂属低毒农药，实为无毒级，对人、畜安全，不影响天敌，不污染环境。制剂为 4%可湿性粉剂。它能激活种子和植物体内多种酶的活性，促进新陈代谢。促进发芽、根系发达、植株粗壮，增加地下部分的吸收能力与地上部分的光合效率，能使花卉、树木等植物大幅度生长。它能增强作物耐高温(热害、干热风)、抗低温(霜冻)、旱、涝、盐碱与解除(除草剂等)药害等抗逆能力。对于观赏植物，在整个生长期，每袋 20g 药粉兑水 20L 稀释为 1000 倍液喷雾。

注意：第一，本剂不能与碱性农药、肥料混用；第二，在气温 10～30℃施用效果好，也可以拌种应用，用药量为种子重量的 0.1%；第三，喷药后 4h 内遇雨应补喷。

二、植物生长调节剂的应用技术

1. 用植物生长调节剂促进扦插、移栽生根、发芽

应用植物生长调节剂促进生根的作用，有三个方面：一是刺激插条生根，即促进插条基部根原基的发生，加速生根的速度；二是促进移植后的植株生根，即激活根原基的活性，诱导促进快速生根，提高移栽成活率，常用于树木移栽或草皮移植后的生根，三是用于压条生根，压条常用于插条繁殖不生根或极难生根的品种。

促生根调节剂主要用萘乙酸(NAA)、吲哚丁酸(IBA)、NAA+ IBA，其中萘乙酸诱

导产生的根短而粗，呈刷状，吲哚丁酸产生的不定根细而长，两者结合促生根效果好；比久、吲哚乙酸(IAA)、萘乙酰胺、6-BA 也有促生根的作用。

2. 用植物生长调节剂促进种子萌发，打破休眠

植物为了避开不良环境，往往用休眠状态来保证生存，大多数植物都有一个休眠期，打破休眠的机理是植物体内生长促进物质大于抑制物质。在实践中赤霉素、细胞分裂素是最有效萌发促进剂，它们能打破种子休眠、促进发芽。在生产实践中如百合的鳞茎用赤霉素处理，贮存 6 天后就能发芽；如杜鹃、山茶花、牡丹用赤霉素 100mg/L 处理种子就能打破休眠发芽；水仙、郁金香、菊花、山毛榉、龙胆等花卉常常用赤霉素打破休眠、促进萌发。脱落酸、青鲜素等可以用来延长休眠、推迟开花。

3. 用植物生长调节剂调节花期、催花、促花

观赏植物调控花期尤为重要，为了适应市场和节日的需要，控制开花植物的开花时间及延缓或促进开花，在生产实际中除光、温度和肥水调控外，还运用植物调节剂（催花剂、迟花剂）诱导或延缓开花，增加花朵。如郁金香株高 5～10cm 时用调节剂可提前开花；用乙烯利滴在观赏凤梨科植物叶腋中，能诱导开花。除此之外，比久、矮壮素、多效唑、赤霉素等也广泛用于木本观赏植物，如牡丹、山茶花、玫瑰等。用赤霉素可促进紫罗兰、樱草、山茶花、丁香、郁金香、白芷、天竺葵、石竹、杜鹃、水仙、大丽菊、仙客来、唐菖蒲、秋海棠等花卉植物开花。用比久、IBA、NAA、PP333 可延缓杜鹃、一品红、落地生根、菊花、麝香石竹、倒挂金钟等花卉开花。

4. 用植物生长调节剂矮化草坪，减少修剪次数，提高观赏度

根据商品化生产的需要，利用植物生长调节剂修饰株形、控制植物的生长发育，创造出造型美观的中小型盆栽植物，进入千家万户，在花卉商品化生产中具有较大的潜力和广阔的市场前景。生产实践上常常利用植物生长延缓剂，如矮壮素、丁酰肼、多效唑等对苗木、草坪进行造型、矮化，延缓绿篱、灌木、草坪的生长，减少人工修剪次数，省工省时。有的利用植物生长抑制剂破坏观赏植物的顶端优势，可使植株侧枝增多、株形紧凑、根系发达。有的利用生长抑制剂抑制了植株地上部分的营养生长，进而促进了生殖生长，可使开花的部位集中，促进花大、数目增多，甚至提前开花。

5. 用植物生长调节剂防止花茎徒长，获得优质切花

花卉是一项新兴产业，其中鲜切花已成为一种高产值的商品。筛选培育高质量的切花品种，适宜的保鲜剂、包装、贮藏、运输等配套技术，是切花保鲜中不可缺少的综合措施。在园艺上延长鲜切花（切叶）的观赏寿命是重要的问题，植物生长、发育、衰老是一个必然的规律，尤其是切叶或切花，从植株上切取下来后，由于缺少从根部输送上来的细胞分裂素的供应，就会使原有的核酸和蛋白质降解，引起叶片与花朵衰老。切花是具有花、茎、叶三种器官的离体植物，失去了吸收供应水分的根系。为使组织仍保持着高水平的膨压来完成花的发育与正常开放，需通过茎或花梗基部切口处吸收插瓶中的水分、糖与激素等化学物质，以补偿蒸腾与代谢所需。在生产实践中常用植物生长促进剂（6-BA、激动素、赤霉素、2,4-D）和植物生长延缓剂（青鲜素、矮壮素、比久）延缓植物衰老、降低呼吸和代谢、阻止开花，和各种辅助因子一起配制鲜切花保鲜剂能延长鲜切花观赏期。

切花保鲜为一项综合性的技术。首先，不可忽视影响切花寿命的外界环境，如温度、相对湿度、光照、空气的流速与乙烯的浓度等。这些都会直接影响植物生长调节剂对行道树等园艺植物进行化学整形。

有的观赏植物需要打尖、整枝、整形。在生产实践上，常利用植物生长抑制剂青鲜素、乙烯利等代替人工打尖、减少修剪次数。如在绿篱植物山楂、女贞、黄杨、鼠李等春季腋芽开始生长时，或在第一次人工修剪后，用青鲜素喷洒整株植物叶面，可以控制新梢生长，促进植株下部的侧芽生长，并可减少以后夏季的修剪，使株形密集，提高观赏价值。

6. 蒸腾抑制剂在大树移栽中的应用

（1）蒸腾抑制剂的作用

① 形成半透保护膜，减少水分蒸发。

② 关闭植物气孔，降低水分蒸发量。

（2）蒸腾抑制剂的主要类型

① 半透膜型。如几丁质，喷施在植物表面后，形成一层半透膜，氧气可以通过，而二氧化碳和水不能通过。植物呼吸作用产生的二氧化碳在膜内聚集，使二氧化碳浓度升高、氧气浓度相对下降，这种高二氧化碳低氧的环境，抑制了植物的呼吸作用，阻止了可溶性糖等呼吸基质的降解，减缓了植物的营养成分下降和水分的蒸发。

② 闭气孔型。脱落酸(ABA)、聚乙二醇、长链脂肪醇、石蜡等，在茎叶表面成膜或提高气孔对干旱的敏感性，增加气孔在干旱条件下的关闭率，从而降低水分的蒸腾率。另外，黄腐酸、磷酸二氢钾等药肥合理组配，均可使植株叶绿素含量普遍升高，降低水分蒸发。

（3）注意事项　蒸腾抑制剂最好在苗木起挖装车前使用，这样可以在运输过程中减少水分的散失。也可以在施工现场栽植苗木时使用。在使用蒸腾抑制剂的喷施时要注意以下几点：

① 要通过试验来取得第一手资料，即使是同一树种，不同批次、不同季节、不同苗地，都应单独做试验。

② 要喷施均匀。要十分细致和周到，每片叶片都要喷到。

③ 要重点喷到叶子的背面。因为叶子的气孔主要集中在叶子背面。

④ 喷施的量适宜。过少可能起不了应有的作用，过多也会产生不好的影响。

喷施过多会使叶片温度升高，损害叶片或使叶子气孔封闭的时间过长使叶片受到伤害，从而不利于大树正常功能的恢复。喷完之后要及时清洗喷雾器，以免造成堵塞。

⑤ 要注意遮阴降温。目前在园林树木上应用的抗蒸腾剂多数是成膜型的，在抑制叶片蒸腾作用的同时，必然会提高叶片的温度，因此在艳阳高照的高温季节更要慎重。

第六章

园林植物内疗、内养技术

第一节　基本知识和方法

一、 基本知识

1. 植物内疗、内养技术特点和作用

植物内疗、内养技术是指外药内用的一种防治病虫害的技术，如根部施药、树干插瓶、树干输液等。植物内养指的是类似人体打吊针的方法，用很低的压力，直接向树体的木质部输入所需物质的溶液，如水、肥、农药、植物生长调节剂、生根剂等。药液从施药点进入树木体内，并通过韧皮部、木质部或管胞的纤维束进行运输，再借助蒸腾拉力随液体输导到植物各个部位，使植物达到健壮的生长状态。

植物内疗、内养技术是常规施药方式的一次革命性变革。具有其他杀虫剂、杀菌剂无可比拟的优势。成分采用国际先进缓释技术，具有智能缓释作用，可以通过定期定量释放出活性成分，被植物吸收后快速传导到整株，存在于植株的所有部位，与植物细胞膜所含的 ATP 酶结合， 新形成具有长效杀虫杀菌的活性物质，起到长效防虫防病和快速恢复损伤部位的功效。

2. 内疗、内养技术与常规施药技术相比的优点

内疗、 内养技术能充分地发挥药液的作用， 比常规施药方式， 水、 肥、药的利用率提高 50～100 倍。 其优点也解决了很多实际当中遇到的难题。

（1） 药剂利用率高，持续时间长　施药技术巧妙利用根的吸收、树干的输导作用，使药物快速、有效地分布到树的叶、茎、枝、花、果等部位，药物不受风吹雨淋、光照分解，农药输入树木体内后，则基本上避免或减弱了上述不利于药效保持的因素。据试验可知，根部施药法和树干输液法的药液利用率比常规施药方法高 60%～80%。而且药液进入树木体内后，散失和损耗均少，药效持续时间长，施药剂量准确，提高了药物的效益，降低了成本。

（2）杀虫范围广　根部施药法和树干输液法不仅可以杀死食叶害虫，对于刺吸式口器害虫，如介壳虫、蚜虫、红蜘蛛，以及隐蔽性害虫如杨干象、天牛等，常规喷药不易喷到或药液不可能同害虫发生有效接触的害虫类群都可以起到较好的防治效果。

（3）使用安全　与喷雾和喷烟等传统施药方法相比，根部施药和树干输液法工作条件好，操作者不直接接触药物，有效地保护施药者的人身安全。

（4）保护环境，无污染　树干、根部施药直接将药物输入树体，依靠树体的蒸腾作用，将药物输送至作用部位，最后自然分解。避免了与周围环境的接触，减少了对其他动、植物的直接接触，不会散落于空气中，也极少渗入土壤和水体中，对人畜安全，不杀伤非靶标动、植物，可以有效保护天敌。树干、根部施药技术只将农药施入标靶树木体内，因而不会造成对环境的污染，不仅适合人群聚集的城镇园林、庭院树木病虫害防治，而且在农林业生产中也有特殊价值。

（5）不受树木高度和危害部位等的限制　这种方法使高大树木的上部病虫害、病害和根部病虫害、具有蜡壳保护的隐蔽性吸汁病虫害、钻蛀病虫害和维管束病虫害等用常规方法难以有效防治的病虫害、病害防治变得简单易行。高大的林木、地形复杂的山林，喷雾等方法操作困难，而树干、根部施药技术容易做到，弥补了传统施药方法的不足。

（6）不受环境条件及天气的影响　在连续多雨或干旱缺水条件下也可实施防治，有效地克服了喷施等常规方法受环境因素影响大、效果不稳定的难题。

3. 目前内疗、内养技术的应用

近十几年来植物内疗、内养技术研究发展迅速，目前主要用途有以下几个方面。

（1）大树移栽　大树移栽时，通过根部喷施旺长根促进生根，树干挂输液袋补充营养和水分，反季节移栽时，结合修剪树冠喷施大树蒸腾抑制剂，成活率可提高 90%以上。

（2）树木急救　树木抗旱急救，受病虫危害严重或因肥害引起生理干燥或长期干旱等致生命垂危的果树、风景名胜树，都可通过根施、插瓶、树干输液进行急救。

（3）防治病虫害　防治高大树木的隐蔽性病、虫害，因喷药防治困难，只有通过根部施药、树干输液等方法进行防治。

（4）古树名木护理　通过根施防治病虫害，树干输液补充微量元素和水肥，来做百年高龄古树的“治病保健”工作，能起到良好的效果。

植物内疗、内养技术用途广泛，除上述用途外，还可用于果树增产保质、果品调味、防治生理病害等。随着社会的发展、人类的进步、农林经营手段的现代化和集约化，人们对环境的要求也越来越高，内疗、内养技术也逐渐被广泛应用，特别是根部施药技术和树干输液技术的研究与应用，已广泛引起国内外科技工作者的重视，并在生产实践中崭露头角。

二、常用技术和方法

1. 根部施药的适用范围和时期

根部施药防治技术是将药剂施入树木根部，利用药剂的吸收、扩散、渗透、传导等特性，使药剂传到病虫害及病害为害的部位和器官，起到治疗的目的。从理论上讲，它可以防治树木的所有病虫害。根部施药技术主要分为使用时期、适用范围、施药方法、注意事项等。

（1）适用范围　适用于已成活的高大乔木、低矮苗木、绿篱等植物的病虫害防治，也适用于新移栽的树木、新扦插的苗木，配合促进生根的旺发根，根部杀菌的腐菌灵以及树干补充水分和营养的大树吊袋一块使用，防治病虫害，提高成活率。

（2）使用时期　在病虫害、病害发生前一周或发生初期时使用，根部施药的持效期比较长，因此不用担心提早施药降低药效。在病、虫害发生高峰期，可结合树干输液、插瓶配套使用，能达到速效和长效的目的。

2. 根部施药方法

（1）直接施药法　在树干周围挖直径约 1m、深 15～20cm 的树坑，进行环形施药，先将药剂兑少量的水稀释（水不能少于 5kg），绕树一周倒入坑内，然后浇水 20kg 以上，等水阴干后填土掩埋。如防治国槐蚜虫、飞虱等刺吸式口器病虫害，可选用根施产品树虫清，根据树木胸径的大小进行配药，施药量和用水量要充足，可以起到高效、低毒、绿色环保的目的，且持效期可达 6 个月以上。

（2）根部埋药瓶法　将药液装入瓶子，在树干根基的外围地面，挖土让树根暴露，选择香烟粗细的树根剪断根梢，将树根插进瓶里，注意根端要插到瓶底，然后用塑料纸扎好瓶口埋入土中，通过树根直接吸药，药液很快随导管输送到树体。

（3）直接喷灌法　此方法主要适用于小苗木或绿篱及绿化带，将所需药液兑水稀释一定倍数，然后进行喷浇，喷浇至土层 5～8cm 深度即可。

3. 根部施药注意事项

① 药剂选择上，选择植物可以通过根部吸收并内吸传导性强的药剂。

② 配药时采用二次稀释法，先配成母液充分稀释。配好药剂要及时使用，静

置时间不要超过 12h。

③ 根据土壤含水量，用水量、用药量要充足，较高温度和较大土壤湿度，有利于药效的发挥。

④ 对绿篱、苗木喷浇时，用水量要大，药液最好能淋溶到地下 5～8cm 深处。

4. 树干输药的适用范围和时期

树干输药防治技术是指借助外力或大气压、植物蒸腾拉力等，将药液通过施药点进入植物体内，再分散到植物体各个部位，起到杀虫杀菌、补充营养和水分的目的。树干输药技术主要分为使用时期、适用范围、输液部位的选择、施药方法、注意事项等。

（1）适用范围　适用于树干直径≥10cm 已成活的木本和藤本植物，也适用于新移栽树木，结合树干输液补充营养和水分配合使用。

（2）使用时期　害虫发生初期时虫体比较小、数量比较少，使用效果最好，也可在害虫发生盛期适当加大用药量使用。

5. 树干输药部位的选择

无论是整株输液还是局部输液，一般都要求输入液能均匀分布于被处理的全株或单枝的各部分。要达到这点，必须正确地选择输液部位与合理分配每一输液部位的药量。无论哪种方法，首先都要求输液部位越低越好，以便输入液在向上输送过程中有较长的时间做横向扩散，从而使输入液分布更均匀。

目前市场上常见的输液袋是一个吊袋需要打两个孔，这两个孔的选择要求位置要低，而且两个孔相对。如果一棵树上需要同时挂两个吊袋打四个孔，那么这四个孔的位置要分布在树干的四个方向。

6. 树干涂药法

可在树干距地面 2m 高左右的部位涂抹农药，通过药剂的渗透和传导来防治害虫。如涂抹氧化乐果等农药，可防治柳树、刺槐、山楂、樱桃等树上的蚜虫、金花虫、红蜘蛛和介壳虫等害虫。此法简单易行，若在涂药部位包扎绿色或蓝色塑料纸，药效更好。塑料纸在药效显现 5～6 天后解除，以免包扎处腐烂。

7. 毒签插入法

向病虫害的蛀孔内输药，先用无药的一端试探蛀孔的方向、深度、大小，后将有药的一端插入蛀孔内，深 4～6cm，每蛀孔 1 支。插入毒签后用黄泥封口，以防漏气，一般常用的毒签为敌敌畏毒签、苦皮藤素毒签，毒杀钻蛀性虫害的防治效果达 90% 以上。

8. 多功能药剂贴(膏药)

药剂贴用具有很强的渗透和传导作用、易被树木吸收的药剂制成，利用树木渗透与反渗透原理，使药剂传到病虫害为害的部位杀死病虫害，一般用后 3～5 天即可见效。树木使用药剂贴时，上下及两端接口处必须封贴好；在贴药剂贴之前，先用刀或刮皮工具清理树木主茎外保护层，至树木韧皮处(切忌伤及树木韧皮部)，以提高树木吸收能力，保证树贴药效。

9. 树干注射法

可用电钻在树干离地面20cm以下处，打孔2～4个(具体钻孔数目根据树体的大小而定)，孔径0.5～0.8cm，深达木质部3～5cm。孔打好后，将配好的药液装在插瓶里，直接插入孔内，插瓶的容量一般为10mL。亦可在孔打好后，用兽用注射器将农药缓缓输入注射孔。输药量根据树体大小而定，一般胸径为10cm左右的树，每株注射原药5～10mL，成年大树可适当增加注射量，输药5～7天，害虫即可大量死亡。根据生产上的具体情况，主要分以下三种方法。

（1）树干高渗液强行注射法　这种方法是充分利用微型树木注射器产生的强大压力将肥料、农药、植物生长调节剂等高浓度溶液强行注射进树干木质部，借助植物蒸腾拉力进行运输分配，利用根系吸水和植物的调节功能对高浓度药液进行“稀释”利用，使植物快速获得所需养分(或药物)，且分布均匀、利用充分，从而达到经济高效的施肥目的。这种方法适合于树干直径≥10cm的灌木和木本植物。其规范化的操作步骤是：打孔→注射→消毒→堵孔。

（2）树干自动输液法　该法巧妙运用了大自然大气压差和植物蒸腾拉力的双重作用，使液体肥或药液通过斜插在树干上的自动输液器缓慢地进入树体内。该法适用于树干直径≥10cm的灌木和木本植物补充营养、防治病虫害、果树保树保花保果等方面，特别适合于大规模的高大树木病虫害防治。其方法是在树干上钻一个孔，将自动输液器直接斜插入孔中，旋转塞紧，然后在药瓶尾部上削一小孔，从孔中加入药液，利用大气压和植物蒸腾拉力将药液带入树干。

（3）自流式树干输液法　自流式树干输液法也就是指挂输液瓶或输液袋导输。主要借助于植物的蒸腾拉力，将药液输入植物体内。此方法适用于防治树木上的蚜虫、红蜘蛛、介壳虫、天牛等食叶和蛀干病虫害，轮纹病、褐斑病等病害以及缺素症。操作方法为，根据需要配出药液，将药瓶与输液管相连接并倒挂在树枝干上。在树干基部向下与树干呈45°夹角处，用木工钻打孔，深达髓心(3～5cm)。然后打开输液开关，排尽管内空气，将输液针头插入孔内，使药液慢慢注入树体。达到防治目的后应及时撤掉药具，用泥土封闭孔口。如果再使用，掏出泥土、刮出新茬即可。用此方法不仅可以注入药剂还可以注入肥料，具有操作简便、成本低、工效高、效果好等优点。

10. 挂吊袋法

给树木挂吊袋是指在树干上吊挂装有药液的药袋，用输液管把袋中的药液通过树干中的导管输送到枝叶上，从而达到防治的目的。挂袋方法是，选树主干用木钻钻一小洞，洞口向上并与树干呈45°的夹角，洞深至髓心，把装好药液的袋子钉挂在洞上方的树干上，针对不同病虫害，选择具有较高防效的农药，从树液开始流动到冬季树体休眠之前均可进行，但以4～9月的效果最好。

11. 树干输药药剂选择

一般认为，输入液应该是内吸性物质的真溶液。但实验证明，真溶液和一般乳剂都能吸入植物体内，只要这些物质满足下列条件，即可用于输液与内注。

① 有一定的水溶性或脂溶性（制成乳剂进行输注，要求油滴直径远小于导管和筛管直径），或其他溶解的性能，可制成真溶液或乳液，从而使注入的肥、药溶液能传输到植物的全身。

② 对于药物（杀虫杀菌剂、植物生长调节剂、抗生素），要求输入植物体后，有一个时期的稳定，使之充分发挥作用。

③ 不妨碍植物的生长，为植物体所能容忍的物质。对于乳剂，则要求它们脂溶性农药的载体（油脂或有机溶剂）能被植物吸收利用，在一定时期后很快解体为水溶性植物，并对植物无毒。

④ 对于处理施用作物的内注药剂，还要求它们在植物体内一定时期后，能自行分解为对人畜无毒的化合物，即残留与残效期问题。

12. 树干输药注意事项

① 施药点要选在病虫害发生位置的下部或树干基部位置。

② 树胸径小于5cm的不建议使用树干输液，建议使用根部施药法。

③ 根据树木胸径的大小、树冠大小，确定配药量，用药量和用水量要充足。

④ 配药所用水以纯净水为宜。

第二节　园林植物内养技术

一、输肥技术

1. 输肥的概念

根据人体输液原理，快速给树体提供生长所需要的水分和多种营养元素，激活大树生命活性，促进根系和叶芽生长，恢复活力，达到移植成活、弱树复壮的目的。补水、输肥技术主要指将水和肥采用树干注液法直接输送到植物体内的技术。

2. 输肥的原则

（1）按照生长期不同输不同的肥料　在树开花之前，输肥以磷、钾肥为主，氮肥次之，可以促进花芽分化、开花、结果，不然花芽分化成叶子，影响开花结果；待花芽分化之后，就开始以输氮肥为主，磷、钾肥次之。对于桑树和茶树等以产业为主的始终以输氮肥为主，磷、钾肥为次，以果实为主的应多输水分和氮、磷、钾肥。化肥的有效浓度以不超过0.05%为度，一般为0.03%～0.04%。

（2）因对象不同输不同的肥料　如竹类主要长叶片，需要钾肥的数量超过氮肥的数量，需要磷肥较少，磷肥输多了，竹子会开花，一开花竹子就会死亡。

（3）按环境不同输入不同的肥料　北方土壤缺钾严重，同时又缺铁，要多输钾肥和微量元素铁肥；高温地区需要磷肥，低温地区需要钾肥，因为低温地区光照弱，钾肥能促进光合作用。

（4）微量元素缺乏症　主要观察点是叶的变化，根据缺素症状确定所要输入的微量元素。微量元素输液的有效浓度，一般为10～120mg/L。

（5）营养液需配置平衡　任何一种元素偏高或偏低均会引起植物某几种元素缺乏症，如高氮或高磷会导致植物铁、铜、镁的吸收障碍；高铁会导致植物缺铜、锰；低钾会导致植物缺铁；高锌会导致植物缺锰、铁、铜等。

（6）营养液的pH值　营养液以pH值6.5左右较为合适。pH值太高会导致植物吸收除钼以外的5种微量元素及镁的障碍；pH值太低，会导致植物对镁、锰、钼的吸收障碍。

3. 补水、输肥技术适用范围

补水、输肥技术主要适用于胸径≥5cm的木本和藤本植物，特别适用于大树移栽、弱树复壮、古木复壮等。

二、输液技术

1. 输液及输液袋的选择

（1）大树输入液的选择　如果输入液带毒、带菌或有絮状物、粉尘、绿藻等，输了反而加速大树的死亡。因此，合格的大树输入液应该是根据大树需求进行营养配比的、无菌易吸收的、对大树成活有帮助的液体。

（2）输液袋的选择　由于输液袋不具有避光性，吊注一些促根促芽的调节剂物质，很快就见光分解失效了。保证选择的合格输入液化学性质稳定，不变质、不变色、不产生绿藻悬浮物，是选择合格输液袋的基本标准。因此合格输液袋的优点为：第一，具有一定的避光性；第二，闭口袋，保持袋内液体的纯净；第三，操作方便，可反复利用得更好。经多次考察，新植保输液袋具备以上几个优点，质量有保证，无毒无害，值得信赖。

2. 输液适期

大树输液时间选择对最终效果影响很大。一般来说大树最佳输液时期有3个：

① 大树移植断根前提前输液，贮存树体水分、养分以供给树体移植后所需。

② 在大树断根后不能吸取养分时立即输液维持细胞活性，促进收支平衡。

③ 定植后及时输液，这时细胞还具有一定活性，输液维持代谢，促进伤口恢复、根系和新芽萌发。

3. 输液部位的选择

无论是整株输液还是局部输液，一般要求从被选择部位输入的液体能均匀分布于目标部位。因为选择输液的部位不同，输入液在树体上的液流方向也不同。一般情况下输液部位低，输入液向上输送过程中有较长的时间做横向扩散，扩散的面积大，输入液在全株的分布也更趋均匀；输液时若将孔打在局部小枝上，根据就近原则，药液则单枝吸收；打在枝条的下方，根据同向运输法则，则会被打孔上方的枝条吸收。应优先选用具有一定恢复能力或易于保护的输液部位。如选择根上或根颈部位输液，愈合能力最强，伤口愈合快，由于孔口位置低，便于堆土保护，夏季保墒、防日灼，冬季防冻，还可防病虫侵入注孔。

根据树体高度和体量大小确定输液部位。针对较小树体，可选在根颈部 1～2 孔输液，全株均匀分布药液；树体高大，根颈部输液路程较远，可采用接力输送法，在主干中上部位及主枝上打孔，让药液均匀分布全株；栽植大树冠幅大，急于补充水分养分，可直接在需要救护的枝干部位打孔输液；对于松柏科植物，在生长旺盛期输液，树脂道流胶容易堵塞孔口，可在树液流动缓慢时，选用流胶少的部位(成熟的老组织)选用大孔针头、增加吊注液的压力进行输液；有些古树名木，树心部容易出现空洞，应该选择在主枝和主根上输液，有利于均匀输导药液。

4. 输液量的确定

科学地讲，输液量要考虑树木胸径、冠幅大小、树体高度、发根量、体量、移栽季节等。无论树的大小，在重建收支平衡之前都有必要输液，最终的输液量以收支平衡为准。

5. 输液方法

用直径为 4.5mm 的钻头斜向下 45° 钻孔，钻至木质部 3～5cm(不超过树木主干胸径的三分之二为宜)；结合树龄和胸径的大小可选择一个或者多个吊袋，多个钻孔时要按一定角度均匀分布。

6. 输液速度的控制

输液流速由树本身决定更科学。目前市场上很多输液管上有调节器，但很少有人知道怎样去调节，树体对水分养分的需求受到温度、树势、树种、生长季节等因素影响，没有一个确切的数值。一般情况下调节器滑轮位置放在中部，水滴以每秒 2～3 滴为宜。

7. 输液时间长短及输后处理

在输液过程中一定要注意，同一输液孔使用时间不宜过长(不超过 15 天)。若输液时间过长，钻注的伤口产生愈伤组织堵塞孔口影响液流，还有些树不耐水渍，孔口容易腐烂，造成难以愈合的伤口，因此若需连续补液，要及时更换插孔，并对使用后的插孔及时涂抹伤口愈合涂抹剂促使其快速愈合，输液完之后的袋子要及时取下，防液体回流。

第三节　园林植物病虫害的内疗、内养技术

一、概述

1. 掌握好输药时间

① 考虑食用药物的安全期(有些高效微毒的根施产品通过根部施药，此时可以使用)。

② 避免在病虫不危害植物的期间输药(根部施药持效期比较长，至少半年，此时也可使用)，如化蛹期、产卵期等。

③ 最好在病虫害发生前或发生初期进行施药。在病虫害发生盛期，最好采用树干输液和根部施药同时进行，达到速效长效的目的。

2. 讲究用药的有效量和维持量

使药物进入树体后，立即在植物体内达到要求的杀虫杀菌有效浓度叫做有效量。在特殊情况下，需要再陆续施入些药物，这称为维持量，目的是长期维持植物体内药物的杀虫杀菌有效浓度。

3. 根据害虫的性质选择农药及施药方式

(1) 刺吸式口器害虫　刺吸植物液汁，种类多，分布广，食性杂，繁殖力强，为害重。如蚜虫、飞虱、木虱等害虫，选择树虫清，在害虫发生初期进行根部施药；如草履蚧、桑白蚧等介壳虫，选择根除蚧，在害虫发生初期进行根部施药；如螨类害虫，选用根除螨，在害虫发生初期进行插瓶防治。

(2) 咀嚼式口器害虫　主要以幼虫危害，食量大、危害严重。如直翅目、鳞翅目害虫，选择树虫净，在害虫发生初期可进行根施或滴注；如鞘翅目害虫幼虫主要钻蛀树干危害，在害虫发生初期选择根除蛀进行滴注或根施，也可在发生严重期选择蛀虫清进行插瓶。

(3) 其他害虫　根据害虫的特点选用专用杀虫杀菌剂。如椰心叶甲选用根除甲进行根部施药；松材线虫选用松线净进行滴注防治。

4. 内疗、内养技术的展望

随着农药用量的日益增大、品种逐渐增多，农药对人畜健康和生态环境的危害和影响也越来越突出。尤其高毒高残留的常规农药长时间大量滥用并积累于农田、水域、地下水、食品和人体内，威胁着人类的健康，通过风和水的作用，存在于生态系统中的几乎每一个角落，影响人类生态环境，毒化全球生物圈环境。特

别是常规的施药方式，如喷雾，不仅不能有效地提高农药的利用率，而且很多药液流失到水流以及大气中，污染着环境。近年来环境问题日趋严峻，受到国家以及政府的高度重视并严禁使用高毒高残留的农药，有些地区明确规定市内严禁喷雾。因此植物源药剂的内疗、内养施药技术已成为国家以及世界所发展趋势，目前由于国内只有极少数的厂家在研究这项技术，如河南淇林园林技术有限公司，而且受到推广力度的限制，因此植物源药剂的内疗、内养技术只有一部分人认知。不过随着世界的发展、科学技术的进步以及人们对环境的高度重视，植物源药剂的内疗、内养技术在不久的将来一定会统领整个行业。

二、园林植物害虫内疗、内养技术

1. 蚜虫、飞虱、木虱、蝽等害虫的内疗、内养技术

（1）选择药剂　选择符合内疗、内养选药原则且内吸性极强并可以被植物吸收利用的药剂，如树虫清。

（2）使用适期　适合害虫大发生前1～2周，或发生初期使用。一般每年4月份开始使用，根部施药持效期比较长，不用担心药效会降低。

（3）使用方法

① 用于大树防治。先沿大树周围挖10～15cm深的坑，将药剂放入盛有水的器皿中(水不能少于5kg，充分溶解)，搅拌溶解后均匀撒施于树坑中，然后浇水，等水阴干后覆土即可，依据树的大小确定用药量和用水量，用药量、用水量一定要充足。

② 用于绿篱、盆景、小苗木防治。可直接将药剂兑水稀释1500～2000倍进行喷浇，浇至土层深度5～8cm即可。

2. 草履蚧、日本龟蜡蚧、红蜡蚧等介壳虫类的内疗、内养技术（彩图136，彩图137）

（1）选择药剂　根施长效、绿色环保的防治介壳虫类的药剂，如根除蚧。

（2）使用适期　介壳虫从2月中旬若虫即开始出土上树，2月底达到盛期，因此用药时间选在2月中旬以前最好。

（3）使用方法

① 用于大树防治。先沿大树周围挖10～15cm深的坑，药剂放入盛有水的盆中(水至少5kg)，搅拌溶解后均匀撒施于树坑中，然后浇水，阴干后覆土即可。依据树胸径的大小确定用药量和用水量。

② 用于绿篱及绿化带防治。药剂可直接兑水稀释1500～2000倍进行喷浇，至土层5～8cm深度。

3. 叶螨、锈螨等螨类的内疗、内养技术（彩图138）

（1）选择药剂　选择纯生物技术提取，绿色环保长效灭除红蜘蛛的药剂，如

根除螨。

（2）使用适期　害螨发生初期、盛期均可使用。用药 24h 后即可看到药效。

（3）使用方法　在害螨发生时，在树干基部向下呈 45° 角钻孔(5cm 钻头深度达到木质部的 1/3 为准，一般 3～5cm)，然后将瓶盖拧开，去掉铝封膜，再将插瓶的插管顶端截断后拧到瓶子上直接插入钻孔进行滴注。依据树胸径的大小确定用药量，胸径小于 10cm 的慎用。

4. 蛾类、蝶类等鳞翅目害虫的内疗、内养技术

（1）选择药剂　根施长效、绿色环保、专业防治鳞翅目害虫的药剂，如根除净(根施型、滴注型)。

（2）使用适期　根施型要在害虫发生盛期前 1～2 周或发生初期使用，滴注型在害虫发生时使用。

（3）使用方法

① 根施型。先沿大树周围挖 10～15cm 深的坑，药剂放入盛有水的盆中(水不能少于 5kg)，搅拌溶解后均匀撒施于树坑中，然后浇水，阴干后覆土即可。

② 滴注型。借助输液袋或插瓶进行使用。每个空吊袋加纯净水 500mL，然后按照树木胸径 1mL/cm 的量用针管量取药剂加入到吊袋内，轻摇后在树干基部进行滴注，单个吊袋 500mL 水最多加药剂 20mL。胸径小于 5cm 树木建议使用根施。

5. 天牛、小蠹虫、吉丁虫等鞘翅目幼虫的内疗、内养防治技术（彩图 127，彩图 128，彩图 139）

（1）药剂选择　根施长效、绿色环保、防除钻蛀性害虫的药剂，如根除蛀（根施型、滴注型）、蛀虫清（插瓶）。

（2）使用适期　根施型于害虫发生前 1～2 周或初期使用，滴注型于害虫发生前或发生时使用，插瓶于害虫发生时使用。

（3）使用方法

① 根施型。先沿树的周围挖 10～15cm 深的坑，药剂放入盛有水的盆中(水至少 5kg)，搅拌溶解后均匀撒施于树坑中，然后浇水，阴干后覆土即可，依据树木胸径的大小确定用药量和用水量。

② 滴注型。借助输液袋进行使用，每个空吊袋加纯净水 500mL，然后按照树木胸径 1mL/cm 的量用针管取药加入到吊袋内，轻轻摇动药液均匀后进行树干基部滴注。每 500mL(单个吊袋)最多可加药剂 20mL，树的胸径小于 5cm 的建议使用根施。

③ 插瓶型。在树干基部或靠近新鲜排粪孔下方钻孔(5 分钻头深度 3～5cm，达到木质部 1/3 为准)，然后将瓶盖拧开，去掉铝膜剪断插瓶管后拧到瓶子上，直接

插入钻孔进行。依据树的胸径大小确定用药量，胸径小于 10cm 的树木慎用，每棵树最大使用量不得超过 40mL。

6. 椰心叶甲的内疗、内养技术

椰心叶甲（彩图 140）是一种重大危险性外来有害生物，在国家最新公布的 19 种林业检疫性有害生物名单中名列第三位。椰心叶甲具有繁殖快、破坏性强、危害隐蔽和防治难度大的特点。自 2002 年以来，椰心叶甲的害虫吞噬着树木，近百万棵椰树和棕榈科植物遭受侵害，造成了上亿元的经济损失。专家们预测，这种害虫如得不到有效防治，用不了几年南方的椰子树将被毁光，上百万椰农的生活也将受到影响。

（1）药剂选择　根施长效、绿色环保、专业防治椰心叶甲的药剂，如根除甲。

（2）使用适期　害虫发生前或者初期使用，持效期比较长，所以不用担心药效降低，一般在害虫大发生前 1～2 周使用即可。

（3）使用方法　先沿大树周围挖 10～15cm 深的坑，药剂放入盛有水的盆中(水至少 5kg)，搅拌溶解后均匀撒施于树坑中，然后浇水，等水阴干后覆土即可，依据树的大小确定用药量和用水量。配好的药剂要及时使用，静置不要超过 12h。

三、园林植物病害内疗、内养技术

1. 杨柳腐烂病、合欢枯萎病、五叶松落针病的内疗、内养防治技术

（1）药剂选择　选择兼具保护和治疗作用、内吸性强、广谱、高效的杀菌剂，如斑腐清。

（2）使用适期　在病害发生初期使用效果最佳。

（3）使用方法　使用淇林仕勋借助输液和插瓶的方式进行，具体用药量为胸径大于 15cm 的树每棵每次剂量 3～5mL，加适量水(不少于 500mL 纯净水)后进行树体输液，同时可以采用 300～500 倍液对准病部进行涂抹。

2. 松材线虫病的内疗、内养技术

（1）药剂选择　在病虫害发生前或正在危害时，采用淇林松线净借助输液袋或插瓶进行使用。

（2）使用方法　每个空吊袋加纯净水 500mL，然后按树木胸径 2mL/cm 的量用针管量取药剂加入吊袋内，轻轻摇动让药液均匀后进行树干基部滴注；每 500mL 水(单个吊袋)最多加药剂的上限为 20mL。在树干基部用 5 分钻头向下 45° 角钻至木质部 1/3，将吊袋和插瓶的插头直接插入孔内进行滴注。

3. 生理性病害的内疗、内养技术

对于生理病害，由于树体缺乏微量元素所致，只要补充少量的微量元素一般就可以治好了。对于 8cm≤树干直径≤15cm 的树，输入微量元素为 1g；对于 15cm＜树干直径＜50cm 的树，输入微量元素 3g；对于树干直径≥50cm 的树，输入 10g 微量元素即可。

四、园林植物水肥药一体化技术

1. 水肥药一体化技术的概念

水肥药一体化技术是将灌溉与施肥、灌溉与喷药融为一体的农业新技术。其借助压力系统，将液体肥或农药，按土壤养分含量和园林植物种类的需求规律和特点，配兑成的肥液或药液，与灌溉水一起，通过一体机控制系统供肥水或供药水，使肥水或药水相融后，通过一体机连接管道和喷滴头，形成喷滴灌，均匀、定时、定量浸润作物根系发育生长区域，使主要根系土壤始终保持疏松和适宜的含水量。同时根据不同的植物的需肥需药特点，根据土壤环境和养分含量状况，根据植物不同生长期需水需肥需药规律情况，进行不同的需求设计，把水分、养分和农药定时定量、按比例直接提供给植物。

2. 水肥药一体化系统组成

一套完整的喷滴灌系统主要由水源工程、首部枢纽、输配水管网、喷水器和滴水器四部分组成。

（1）水源工程　江河、湖泊、水库、井泉水、坑塘、沟渠等均可作为喷滴灌水源，但其水质需要符合喷滴灌要求。

（2）首部枢纽　包括水泵、动力机、压力需水容器、过滤器、肥液注入装置、测量控制仪表和远程控制系统等。首部枢纽是整个系统操作控制中心。

（3）输配水管网系统　输配水管道是将首部枢纽处理过的水按照要求输送、分配到每个灌水单元和灌溉水器的。

（4）喷滴水器　它是喷滴灌系统的核心部件，水由毛管流入喷头和滴头，喷头和滴头再将灌溉水流在一定的工作压力下注入土壤。水通过喷滴水器，以一个恒定的低流量滴出或渗出以后，在土壤中向四周扩散。

3. 水肥药一体化技术的优点

（1）省工　突破传统灌溉模式，动动开关，敲敲键盘，就可以管理上千亩植物，节省 70% 以上的人工，大幅度降低劳动强度。

（2）省肥省药　结合水溶肥，将肥料农药精准施加到作物根部，可节省 50% 以上肥料农药，且效果大大提高，同时植物长势更好。

（3）省水　改变传统漫灌浇地而不是浇植物的弊端，根据植物需水特性，实现实时、适量、可控的精准灌溉，避免产生地表径流和深层渗透，可节水 40%

以上。

（4）增效　高效灌溉系统，配合液体肥和农药，苗木的产量和质量大增，产生巨大收益，还通过提高园林植物景观效果获得额外收益。

（5）环保　使用喷滴灌水肥药一体机，可根据植物需要定时定量精准施肥，减少肥料用量，减少农药用量，节约水资源，保护环境。

（6）保护土壤　在传统沟畦灌较大灌水量作用下，土壤受到较多的冲刷、压实和侵蚀，若不及时中耕松土，会导致严重板结，通气性下降，土壤结构遭到一定程度破坏。而通过喷滴灌系统，水分缓慢均匀地渗入土壤，对土壤结构能起到保持作用。

4. 观赏桃树水肥药一体化系统

桃树水肥药一体化系统是借助压力灌溉系统，将可溶性固体肥料、液体肥料和农药兑成的药肥液与灌溉水一起，通过可控管道系统供水，使水肥药相溶后的灌溉水形成滴状，均匀、定时、定量浸润作物根系发育区域，使主要根系区土壤始终保持疏松和适宜含水状态，同时这种技术还可以根据不同植物的需肥特点、病虫害发生特点及防治情况、土壤环境状况、不同生长期需水情况进行全生育期需求设计，把水分、养分及农药定时、定量、按比例直接提供给植物。

5. 观赏桃树施肥系统、施肥时间及施肥量

施肥系统为设计 120m^3 蓄水池 1 座，滴灌设施由水泵、过滤器、输配水管道、滴灌器 4 部分组成。首部选择离心、网式组合过滤器、文丘里施肥器、施肥灌，田间管网由 ϕ63 PE 管组成，每 40m 一个小区，每次供水、供肥按小区分开进行。

施肥时间及施肥量为尿素 140g，分 2 次施入；硝硫基三元复合肥 850g，分 7 次施入；有机肥 9kg(有机质≥45%，氮、磷、钾含量≥5%)，定植时作为基肥一次性施入。方法：先将肥料溶解在施肥罐(肥料溶度 5%，每次的滴灌水量控制在 40m^3/hm^2)中滴灌 15min 的清水，之后让主水管及滴灌管中充满清水后再开始灌肥；通过文丘里施肥器自动将肥料均匀供给每株果树；灌完肥后再滴灌 30min 清水，将滴灌管中残留的肥料清理干净，以免造成管道堵塞。

6. 观赏桃树喷药系统、喷药时间及喷药量

（1）喷药系统　由电动喷雾器、药罐、离心式过滤器、给药管、阀门、喷雾管组成，将 PPRϕ20 给药管铺设在田间，每 4 条共用 1 个控制阀门，喷药时只需将 $\phi5\times8$ 喷雾管及喷药枪接在控制阀门上即可正常喷药。

（2）喷药时间及喷药量　花露红前喷 3～5°Bé 石硫合剂；花后 1 周防治蚜虫 1 次；生理落果后防治食心虫 1 次，主要防治梨小食心虫及褐腐病等；新梢长至40～50cm 时根据树龄及树势控梢，喷施杀虫、杀菌剂，防治梨小食心虫、红蜘蛛、褐腐病、疮痂病等；9～10 月份根据当时发生的病虫害情况突击防治。

参考文献

[1]冯晋臣．林果吊瓶输注液节水节肥增产新技术．北京:金盾出版社,2009.

[2]张东林,束永志,陈薇．园林苗圃育苗手册．北京:中国农业出版社,2003.

[3]张东林,等．最新园林绿化种植与养护技术汇编．北京:机械工业出版社,2010.

[4]张祖荣．园林树木栽植与养护技术．北京:化学工业出版社,2010.

[5]田建林．园林植物栽培与养护．南京:江苏人民出版社,2011.

[6]龚维红,赖九江．园林树木栽培与养护．北京:中国电力出版社,2009.

[7]成海钟．园林植物栽培养护．北京:高等教育出版社,2005.

[8]祝遵凌,王瑞辉．园林植物栽培养护．北京:中国林业出版社,2005.

[9]佘远国．园林植物栽培与养护管理．北京:机械工业出版社,2007.

[10]王运兵,赵鑫．无公害农药使用问答．北京:化学工业出版社,2009.

[11]王运兵,崔朴周．生物农药及其使用技术．北京:化学工业出版社,2010.

[12]丛日晨,李延明,弓清秀,等．树木医生手册．北京:中国林业出版社,2017.

[13]宋志伟,邓忠．果树水肥药一体化实用技术．北京:化学工业出版社,2018.